21 世纪全国本科院校土木建筑类创新型应用人才培养规划教材

工程施工组织

主　编　周国恩
副主编　郑小纯　陈　华
　　　　沈建增　梁　鑫

北京大学出版社
PEKING UNIVERSITY PRESS

内 容 简 介

本书以 GB/T 50502—2009《建筑施工组织设计规范》为依据,根据土木工程项目管理的要求及人才培养目标而编写。全书内容包括工程施工组织概论、工程流水施工原理、工程网络计划技术、工程施工准备工作、施工组织总设计、单位工程施工组织设计等。每章之后均有一定数量的思考题与习题,以便学生巩固所学知识。书末的附录给出了工程施工组织设计实例,同时摘录了最新国家标准 GB/T 50502—2009《建筑施工组织设计规范》及条文说明。

本书采用了国家最新公布的施工规范与技术标准,系统地介绍了工程施工组织的基本知识、基本理论与方法,便于学生熟练地掌握建筑施工组织设计的编制方法。

本书适合作为高等院校土建工程类专业、工程管理专业、房地产专业的教材,也可作为工程施工管理人员的参考用书、土建技术员等五大员培训教材、工程类执业资格考试人员的参考用书。

图书在版编目(CIP)数据

工程施工组织/周国恩主编. —北京:北京大学出版社,2010.8
(21 世纪全国本科院校土木建筑类创新型应用人才培养规划教材)
ISBN 978-7-301-17582-8

Ⅰ.①工… Ⅱ.①周… Ⅲ.①建筑工程—施工组织—高等学校—教材 Ⅳ.①TU7

中国版本图书馆 CIP 数据核字(2010)第 146834 号

书　　名:	工程施工组织
著作责任者:	周国恩　主编
策划编辑:	吴　迪
责任编辑:	张　玮
标准书号:	ISBN 978-7-301-17582-8/TU・0135
出　版　者:	北京大学出版社
地　　址:	北京市海淀区成府路 205 号　100871
网　　址:	http://www.pup.cn　http://www.pup6.cn
电　　话:	邮购部 62752015　发行部 62750672　编辑部 62750667　出版部 62754962
电子信箱:	pup_6@163.com
印　刷　者:	三河市北燕印装有限公司
发　行　者:	北京大学出版社
经　销　者:	新华书店
	787 毫米×1092 毫米　16 开本　15.25 印张　351 千字
	2010 年 8 月第 1 版　2015 年 5 月第 5 次印刷
定　　价:	28.00 元

未经许可,不得以任何方式复制或抄袭本书之部分或全部内容。
版权所有　侵权必究　　举报电话:010-62752024
　　　　　　　　　　　电子信箱:fd@pup.pku.edu.cn

前　言

"工程施工组织"是高等教育院校土木工程、工程管理、建筑技术、工程监理、房地产等专业的一门核心专业课程，主要研究工程施工组织的科学方法、先进技术和规律，涉及面广、影响因素多、综合性强、技术更新快。本书是一本实践性很强的该专业课程的教材。为了适应建筑业改革与发展的形势，满足教学和实际工作的需要，编者在总结多年教学与实践经验的基础上，根据专业人才培养目标的基本要求，并以"必需、够用"为原则来确定本书的编写大纲、结构和内容。编写时注重理论和实践相结合，旨在培养学生从事工程施工的组织管理能力。

本书内容包括：工程施工组织概论、工程流水施工原理、工程网络计划技术、工程施工准备工作、施工组织总设计、单位工程施工组织设计等。每章之后配有一定数量的思考题与习题。书末附录了单位工程施工组织设计实例，摘录了最新的 GB/T 50502—2009《建筑施工组织设计规范》及条文说明。本书综合了目前工程施工组织中常用的基本原理、方法、步骤、技术和现代科技成果，采用了新修订的国家标准的 GB/T 50502—2009《建筑施工组织设计规范》、GB/T 50326—2006《建设工程项目管理规范》及 JGJ/T 121—1999《工程网络计划技术规程》，结合工程项目管理有关施工组织设计的理论及新法规、新规范、新标准，具有适用性和先进性，以突出工程管理的实用性，有利于学生对理论的学习和实践技能的培养。

本书由周国恩任主编，郑小纯、陈华、沈建增、梁鑫任副主编。具体编写分工为：广西工学院土木建筑工程系周国恩副教授编写第1章、第2章第1~3节、第3章，高级工程师郑小纯编写第4章，陈华编写第5章，梁鑫编写第2章第4节，广西城市职业学院沈建增编写第6章，全书由周国恩统稿。在编写过程中，参阅和引用了不少专家、学者论著中的有关资料，在此一并对他们致以衷心的感谢！

由于编者水平有限，书中如有不妥之处，恳请读者批评指正。

编　者
2010年4月于柳州

目 录

第1章 工程施工组织概论 1

1.1 工程施工组织的研究对象和任务 2
    1.1.1 工程施工组织的研究对象 2
    1.1.2 工程施工组织的任务 3
1.2 建筑产品与建筑产品生产的特点 4
    1.2.1 建筑产品及特点 4
    1.2.2 建筑产品生产的特点 4
1.3 工程建设程序与建筑工程施工程序 5
    1.3.1 工程建设程序 5
    1.3.2 建筑工程施工程序 9
1.4 施工组织设计与工程项目管理规划 ... 11
    1.4.1 施工组织设计的概念及作用 ... 11
    1.4.2 施工组织设计分类 13
    1.4.3 施工组织设计与项目管理
           规划比较与关系 14
    1.4.4 施工组织设计的编制原则 16
    1.4.5 施工组织设计的贯彻 16
1.5 工程施工组织基本原则 17
小结 26
思考题与习题 26

第2章 工程流水施工原理 27

2.1 流水施工原理概述 28
    2.1.1 组织施工的三种方式 28
    2.1.2 流水施工的特点 30
    2.1.3 流水施工的经济效果 30
    2.1.4 流水施工表达方式 31
2.2 流水施工的基本参数 32
    2.2.1 工艺参数 32
    2.2.2 空间参数 33
    2.2.3 时间参数 36
2.3 流水施工的组织方法 41
    2.3.1 有节奏流水施工 41
    2.3.2 无节奏流水施工 50
2.4 流水施工的组织实例 53
    2.4.1 流水施工的组织程序 53
    2.4.2 流水施工组织应用实例 53
小结 65
思考题与习题 65

第3章 工程网络计划技术 68

3.1 网络计划技术概述 69
    3.1.1 网络计划技术的基本概念 70
    3.1.2 网络计划技术的优点 72
3.2 双代号网络计划 73
    3.2.1 双代号网络图的表示方法 73
    3.2.2 双代号网络图的绘制 75
    3.2.3 双代号网络图时间参数的
           计算 81
3.3 单代号网络计划 85
    3.3.1 单代号网络图的概念 86
    3.3.2 单代号网络图绘制 86
    3.3.3 单代号网络计划时间
           参数计算 87
    3.3.4 关键工作和关键线路的确定 ... 89
    3.3.5 单代号网络计划时间参数
           计算示例 89
3.4 双代号时标网络计划 93
    3.4.1 双代号时标网络计划的编制 ... 94
    3.4.2 关键线路和时间参数的确定 ... 94
    3.4.3 双代号时标网络计划的
           绘制示例 95
    3.4.4 双代号时标网络计划的识读 ... 97
3.5 单代号搭接网络计划 98
    3.5.1 一般规定及工作的搭接关系 ... 98
    3.5.2 单代号搭接网络图的绘制 99

3.5.3 单代号搭接网络图
　　　　 时间参数的计算 100
　　3.5.4 关键工作和关键线路的
　　　　 确定 102
　　3.5.5 单代号搭接网络计划时间
　　　　 参数计算示例 102
3.6 网络计划的优化简介 104
　　3.6.1 工期优化 105
　　3.6.2 资源优化 105
　　3.6.3 费用优化 105
3.7 双代号网络计划在建筑施工计划中的
　　应用 106
　　3.7.1 建筑施工网络计划的
　　　　 排列方法 106
　　3.7.2 单位工程施工网络计划
　　　　 的编制 107
小结 112
思考题与习题 112

第4章 工程施工准备工作 115

4.1 施工准备工作的意义、内容与
　　要求 116
　　4.1.1 施工准备工作的意义 116
　　4.1.2 施工准备工作的分类和
　　　　 内容 117
　　4.1.3 施工准备工作的要求 119
4.2 施工信息收集的准备 121
　　4.2.1 施工信息原始资料的调查 121
　　4.2.2 施工信息原始资料调查的
　　　　 目的 121
　　4.2.3 施工信息调查收集原始资料
　　　　 的主要内容 121
　　4.2.4 参考资料的收集 123
4.3 施工技术的准备 123
　　4.3.1 熟悉和会审图纸 123
　　4.3.2 编制施工组织设计 123
　　4.3.3 编制施工图预算和
　　　　 施工预算 124
　　4.3.4 签订工程承包施工合同 124

4.4 施工现场的准备 124
　　4.4.1 "三通一平"工作 124
　　4.4.2 工程定位和测量放线 124
　　4.4.3 搭设临时设施 125
　　4.4.4 现场临时供水、供电设施 125
小结 134
思考题与习题 134

第5章 施工组织总设计 135

5.1 施工组织总设计的编制程序 136
5.2 施工组织总设计的编制准备 137
　　5.2.1 编制依据 137
　　5.2.2 编制内容 138
　　5.2.3 工程概况和特点分析 138
5.3 总体施工部署与施工方案的确定 ... 138
　　5.3.1 确定工程开展程序 138
　　5.3.2 拟定主要项目的施工方案 139
　　5.3.3 明确施工任务划分与
　　　　 组织安排 140
　　5.3.4 编制施工准备工作计划 140
5.4 施工总进度计划 141
　　5.4.1 列出工程项目一览表并
　　　　 计算工程量 141
　　5.4.2 确定各单位工程的
　　　　 施工期限 142
　　5.4.3 确定各单位工程的开、
　　　　 竣工时间和相互搭接关系 142
　　5.4.4 安排施工进度 143
　　5.4.5 总进度计划的调整与修正 143
5.5 施工准备及总资源需要量计划 144
　　5.5.1 编制施工准备工作计划 144
　　5.5.2 总资源需要量计划 144
5.6 现场临时设施 146
　　5.6.1 工地暂设建筑物 146
　　5.6.2 工地供水与供电 149
　　5.6.3 工地运输组织 149
5.7 施工总平面图设计 150
　　5.7.1 施工总平面布置图的原则、
　　　　 要求和内容 150

5.7.2 施工总平面图设计的依据 151
5.7.3 施工总平面布置图的设计步骤 151
5.8 主要技术经济指标 154
小结 158
思考题与习题 158

第6章 单位工程施工组织设计 159

6.1 单位工程施工组织设计概述 161
  6.1.1 单位工程施工组织设计的作用 161
  6.1.2 单位工程施工组织设计的内容 161
  6.1.3 单位工程施工组织设计的编制依据 162
  6.1.4 单位工程施工组织设计的编制程序 163
6.2 工程概况 164
6.3 施工方案的设计 166
  6.3.1 确定施工流向 166
  6.3.2 确定施工程序 169
  6.3.3 确定施工顺序 170
  6.3.4 选择施工方法与施工机械 175
  6.3.5 主要技术组织措施 176
  6.3.6 施工方案评价 177
6.4 编制单位工程施工进度计划 178
  6.4.1 单位工程施工进度计划的作用及分类 179
  6.4.2 单位工程施工进度计划的编制依据和程序 179
  6.4.3 单位工程施工进度计划的编制方法与步骤 180
  6.4.4 单位工程施工进度计划的实施 184
  6.4.5 单位工程施工进度计划执行中的检查与调整 184
6.5 各项资源的需用量与施工准备工作计划 184
  6.5.1 各项资源需要量计划 185
  6.5.2 施工准备工作计划 186
6.6 单位工程施工平面图设计 187
  6.6.1 施工平面图设计的依据和基本原则 187
  6.6.2 施工平面图设计的主要内容 188
  6.6.3 施工平面图设计的步骤 189
  6.6.4 施工平面图布置实例 193
  6.6.5 单位工程施工平面图的技术经济评价指标 193
小结 197
思考题与习题 197

附录 某工学院科教中心工程施工组织设计实例 198

参考文献 235

第 1 章
工程施工组织概论

 教学目标

本章主要讲述工程施工组织的基本知识。通过本章的学习，应达到以下目标。
(1) 熟悉工程施工组织的研究对象和任务。
(2) 熟悉建筑产品和建筑产品生产的特点。
(3) 熟悉工程建设程序和施工程序。
(4) 掌握施工组织设计的概念、作用、分类及内容。
(5) 熟悉施工组织设计与工程项目管理规划的关系。
(6) 掌握施工组织设计的编制原则。
(7) 掌握工程施工组织的基本原则。

 教学要求

知 识 要 点	能 力 要 求	相 关 知 识
施工组织对象和任务	准确理解工程的含义；熟悉工程施工组织的研究对象和任务	检验批次、分项工程、分部工程、单位工程；工程项目的进度、投资、质量和安全
建筑产品及其生产特点	了解建筑产品的特点；熟悉建筑产品的生产特点	建筑产品的固定性、多样性、庞体性；施工生产的流动性、单件性、工期长
建设程序和施工程序	熟悉我国工程建设程序和施工程序	工程项目的计划、设计、施工、竣工验收；工程的招标与投标
施工组织设计与项目管理规划	熟悉工程施工组织设计与项目管理规划的联系与区别	施工组织设计和项目管理规划的作用、类型、内容
工程施工组织的基本原则	掌握工程施工组织的基本原则	建筑施工技术，工程建设程序

 基本概念

工程的定义；工程建设程序；工程施工程序；工程施工组织设计；工程项目管理规划。

引例

现代工程施工是一项多工种、多专业的复杂的系统工程,要使施工全过程顺利进行,以期达到预定的目标,就必须用科学的管理思想、理论、组织、方法和手段进行施工管理。工程施工组织是施工管理的重要组成部分,它对统筹工程施工全过程、推动企业技术进步及优化建筑工程施工管理起到核心作用。

例如,某夫妇两人共度周末,从下午 5:00 起两人要做几件事情:
- 洗衣服,单独一人需要 3h 完成;
- 做饭,单独一人需要 1h;
- 两人共进晚餐,需要 0.5h;
- 两人坐公共汽车去电影院,需要 1.5h。

由于已买好电影票,两人必须在晚 7:30 之前离家去电影院。

问题:夫妇两人应如何安排上述事情?

这就是,把工程施工组织过程当做一个系统工程来处理,将组成这个系统工程的各项具体工作和各个阶段按照先后顺序,通过工程施工组织设计的形式,统筹规划,全面安排,并对整个系统工程进行科学的组织、协调和控制,以实现最有效地利用资源,并用最少的时间来完成项目的预期目标。

1.1 工程施工组织的研究对象和任务

1.1.1 工程施工组织的研究对象

什么是"工程(engineering)"?人们从不同的角度对它有不同解释。《中国百科大辞典》、《辞海》解释,工程是将自然科学的理论应用到具体工农业生产部门中形成的各学科的总称。如水利工程、化学工程、土木建筑工程、遗传工程、钢构工程、系统工程、计划生育工程等,图 1.1 所示为某体育中心工程。在现代社会中,"工程"一词有广义和狭义之分。就狭义而言,工程定义为"以某组设想的目标为依据,应用有关的科学知识和技术手段,通过一群人的有组织活动将某个(或某些)现有实体(自然的或人造的)转化为具有预期使用价值的人造产品过程"。就广义而言,工程则定义为由一群人为达到某种目的,在一个较长时间周期内进行协作活动的过程。一般来说,工程主要是针对土木建筑工程与水利工程。因此,工程施工组织的研究对象,就是土木建筑工程项目施工安装全过程的组织管理活动。即各种类型的工程项目,按不同结构层次分为建设项目、单项工程、单位工程、分部工程、分项工程等。

图 1.1 某体育中心工程

1.1.2 工程施工组织的任务

本学科的任务乃在于深入研究国内外工程施工组织科学的成就，总结我国施工组织与管理实践的规律，给社会主义建设工程的施工提供良好的组织与管理方案，为社会主义现代化建设服务。具体来讲，就是根据工程施工的技术经济特点、国家的建设方针政策和法规、业主(建设单位)的计划与要求、提供的条件与环境，对耗用的大量人力、资金、材料、机械和施工方法等进行合理的安排，协调各种关系，使之在一定的时间和空间内，得以实现有组织、有计划、有秩序的施工，以期在整个工程施工上达到相对最优效果。即进度上耗工少，工期短；质量上精度高，功能好；经济上资金省，成本低。

在我国，工程施工组织管理作为一门学科还很年轻，也很不完善，但日益引起广大施工管理者的重视。因为，它可为企业和承包者带来直接的、巨大的经济效益。学习和研究工程施工组织管理，必须具有本专业的基础知识、建筑结构和施工技术知识。进行工程施工组织与管理，即是对专业知识、组织管理能力、应变能力等的综合运用。现在，也全面发展了现代化的定量方法(如现代数学方法网络技术和计算技术等)和计算手段(电子计算机的应用)及组织方法(即采用立体立交流水作业等)，以使得在组织施工，进行进度、质量、安全、成本控制中，达到更快、更准、更简便。

工程施工组织的主要任务就是针对各类不同的项目建设特点，结合具体自然环境条件、技术经济条件和现场施工条件，总结工程项目施工组织的基本原则和规律，从系统的观点出发研究施工项目的组织方式、施工方案、施工进度、资源配置、施工平面设计等施工规划设计方法，探讨施工生产过程中的技术、质量、进度、资源、现场、信息等动态管理的控制措施，以及计算机技术的应用，从而能高效低耗地完成工程建设项目的施工任务，以保证工程施工项目质量、工期、造价、安全目标最优地实现。

 知识链接

为了实现工程施工组织的任务，技术人员应制定施工方案，并在现场加班加点地浇筑混凝土，达到抢进度，保质量目的。图 1.2 所示为工人在浇筑混凝土。

图 1.2　工人在浇筑混凝土

必须指出，工程施工对象千差万别，需要组织协调的关系错综复杂，我们不能局限于一种固定不变的管理方法与模式去运用于一切工程上。必须充分掌握施工的特点和规律，从每一个环节入手，做到精心组织，科学管理与安排，制定切实可行的施工组织设计，并据此严格控制与管理，全面协调好施工中的各种关系，充分利用各种资源以及时间与空间，以取得最佳效果。工程施工组织管理属于软科学的范畴，需要综合运用工程与管理相关课程的知识，主要包括工程结构、工程力学、施工技术、建筑材料、建筑设备、建筑电气、工程经济、项目管理学以及计算机科学、系统工程学等方面的知识。学习本门课程需要树立统筹规划、顾全大局的思想，有意识地锻炼自己全面、辩证地分析、解决问题，注重调查研究，注重理论与实际相结合，根据工程建设项目的实际情况和企业自身实际进行工程施工组织管理。

1.2 建筑产品与建筑产品生产的特点

1.2.1 建筑产品及特点

建筑产品是通过建筑规划、设计和施工等一系列相互关联、紧密配合的过程所创造的具有满足人们生产、生活、居住与交流等功能的活动空间的统称，包括建筑物与构筑物两类。与其他的工业产品相比较，建筑产品具有一些其独有的特点。

(1) 空间上的固定性。建筑产品生产出来后通常是不可移动的，建筑产品与其所依附的土地形成一个不可分离的整体，是一种不动产。

(2) 形式上的多样性。建筑产品的生产离不开建筑材料，建筑材料的多样性决定了建筑产品形式上的多样性；建筑产品的生产也离不开设计者的设计思想，不同设计者设计思想的多样性也决定了建筑产品形式上的多样性；建筑产品都是以一定的建筑结构形式存在的，建筑结构形式伴随着人类建筑技术的不断进步而不断丰富，这也决定了建筑产品形式上的多样性。

(3) 存蓄时间的长久性。建筑产品往往坚固耐用并可维护、可修复，具有存蓄时间长的特点。正因如此，在人类历史的漫长进程中建筑产品成为传承人类文明的重要载体。

(4) 体量上的庞大性。建筑产品满足人类活动需求的功能客观上要求其具有较大的体量。

(5) 功能上的集成性。建筑产品要正常发挥其服务人类的功能，就要满足安全、耐久、实用、美观、经济等多方面的要求，需要通过多种要素的集成实现其功能。

1.2.2 建筑产品生产的特点

建筑产品所独有的上述特点决定了建筑产品的生产也具有其自身的特点。

(1) 建筑产品体量上的庞大性以及空间上的固定性决定了建筑产品的生产在空间上具有高空与地下作业多、露天作业多、受建造地区自然地理条件和人文环境影响大的特点。

(2) 建筑产品体积上的庞大性以及存蓄时间的长久性，决定了建筑产品的生产在时间上具有生产周期长、投资回收期长、对自然生态环境影响时间长等特点。

(3) 建筑产品的生产是资金、材料、设备与人力高度的集成过程，涉及的规划、设计和生产单位众多，涉及的科研部门、产品供应商、金融机构以及政府职能部门众多，建筑产品的生产需要达到质量、进度、成本、安全、职业健康与环境等众多项目目标。建筑产品生产过程中的任何一个环节出现问题都会影响项目目标的实现，要保证建筑产品最优就必须保证建筑产品生产过程最优，要保证建筑产品生产过程最优就必须保证建筑产品生产过程所涉及的诸多要素在相互依赖、相互制约中实现相互协调，因此，建筑产品的生产是一个由多要素、多环节所组成的复杂系统，建筑产品功能上的集成性决定了建筑产品的生产具有较强的系统性特点。

(4) 建筑产品形式上的多样性和空间上的固定性决定了建筑产品的生产具有单件性的特点，亦即任何建筑产品在建造地点、规划设计、技术标准、施工工艺等方面都不会完全相同。

(5) 建筑产品空间上的固定性决定了建筑产品的生产具有地区性以及流动性。处于不同地区的建筑产品的生产必然要在自然、人文、宗教、风俗、地理等方面与所在地相融合；而某个地区的建筑产品的生产结束后，建设队伍及其设备、材料等会流动到另外一个地方进行新的建筑产品的生产过程。

1.3 工程建设程序与建筑工程施工程序

1.3.1 工程建设程序

可以从狭义和广义两个方面来理解工程建设。狭义上的工程建设，是指固定资产外延扩大再生产，包括新建、主要生产能力的扩建、整体性改建和重大的恢复工程；广义上的工程建设，是指固定资产扩大再生产和部分简单再生产，包括一般性改建、扩建、迁建、恢复等工程。

工程建设的主要内容包括建筑安装工作；设备、工具和器具的购置；勘察设计、征地拆迁、职工培训、科研实验、负荷联合试运转等其他基本建设工作。从经济内容上看，工程建设包括生产性建设和非生产性建设。工程建设对国家经济发展、调整国民经济结构、扩大社会生产能力、改善人民物质文化生活水平等具有十分重要的作用。

工程建设不仅涉及面广、周期长、环节多、资源消耗量大而且对国民经济发展影响深远。在社会经济发展进程中，人们对固定资产的投资、建设规律进行了长期探索和实践，对工程建设规律的认识不断加深，总结、制定了一整套符合工程建设规律的、科学的工作制度，形成了针对建设项目，从筹划建设到建成投产全过程中必须遵循的工作环节及其开展程序，即工程建设程序。我国大中型建设项目的工程建设程序可以概括为"四个阶段"和"九项主要工作内容"，如图1.3所示。

1. 决策阶段

项目决策是工程建设程序的第一阶段，就是根据国民经济和社会发展规划，综合考虑资金、技术、资源、市场等条件，提出拟建项目建议书，经批准列入建设前期工作计划后，进行可行性研究，编制设计任务书，对项目建设做出最终决策。本阶段的主要工作内容有以下三项。

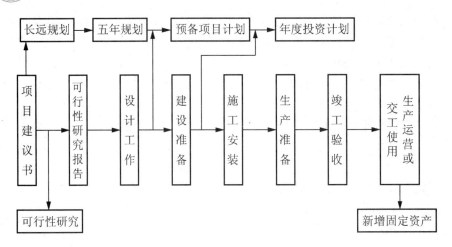

图 1.3 大中型建设项目的工程建设程序图

1) 编审项目建议书

列入建设前期计划的项目必须要有经批准的项目建议书。项目建议书是提出建设某一项目请求的建议性文件，是进行工程建设的重要一步。项目建议书中要对所提出的建设项目进行初步描述，对建设的必要性、建设条件和可能的投入产出进行阐述，为主管部门的决策提供依据。项目建议书的主要内容包括：建设项目提出的必要性和依据；产品方案、拟建规模和建设地点的初步设想；资源情况、建设条件、协作关系等的初步分析；投资估算和资金筹措设想；经济效益和社会效益的估计。

2) 开展可行性研究

项目建议书一经上级主管部门批准，即可开展可行性研究工作。可行性研究是运用多种科学手段对建设项目进行论证的过程，目的是在广泛调查研究的基础上论证建设项目在技术上是否先进、实用和可靠，在经济上是否合理，在财务上是否盈利，对不同方案进行比较分析，为项目决策提供科学依据。可行性研究报告是可行性研究工作的直接成果，经批准的可行性研究报告是确定建设项目、编制设计文件的依据。

不同的建设项目，其可行性研究报告内容应有所不同，一般包括以下内容：市场预测、资源评价、项目建设规模和产品方案；原材料、燃料、动力、供水、运输条件；建厂条件和厂址方案；技术工艺、设备选型和主要技术经济指标；主要单项工程、公用辅助设施、配套工程；环境影响评价；节能措施；依据城市规划、防震、防洪等要求采取的相应措施方案；劳动安全卫生与消防；组织机构、人力资源配置和管理制度；项目实施进度；投资估算与融资方案；经济和社会效益分析；风险分析；研究结论与建议等。

可行性研究是项目决策阶段的核心工作。20 世纪 30 年代，美国在制定田纳西河流域开发项目时最早开展了可行性研究工作。目前，建设项目可行性研究已经在世界许多国家得到广泛推广和应用，取得了良好的经济效益和社会效益，联合国工业发展组织还先后出版了《工业可行性研究编制手册》、《项目评价准则》、《项目的经济分析》等一系列专著，系统地阐述了可行性研究的概念、内容与方法，使可行性研究工作日益规范化。

按照国际惯例，可行性研究一般由粗到细分为三个阶段，即：投资机会研究；初步可行性研究；技术经济可行性研究。我国的项目可行性研究工作是在借鉴西方发达国家，尤其是联合国工业发展组织、世界银行等国际机构的可行性研究、项目经济评价工作经验的基础上发展起来的。20世纪80年代以来，我国有关部门先后颁发、出版了《关于建设项目进行可行性研究的试行管理办法》、《可行性研究及经济评价》、《工业贷款项目评估手册》、《投资项目可行性研究指南》、《建设项目经济评价方法与参数》(第一版、第二版、第三版)等一系列指导性文件和专著，使我国建设项目决策论证工作愈加科学化、规范化。

3) 编审设计任务书

设计任务书是依据可行性研究报告所提出的结论与建议，对建设项目最终选择何种方案加以明确，提出建设项目设计的指导思想、建设项目规划设计初步方案、生产工艺、产品方案以及设计任务和设计指标等，是指明项目设计工作的开展方向的技术经济文件。设计任务书一经批准，即标志着建设项目正式立项。根据有关规定，进行可行性研究的项目，在报批设计任务书时，必须附有可行性研究报告及审批意见。小型建设项目可视具体情况简化设计任务书内容。

2. 建设准备阶段

建设项目正式开工前需要做好一系列的准备工作，以保证项目建设过程的顺利进行，本阶段的主要工作内容包括：设计工作、计划安排、招标投标和施工准备工作。

1) 设计工作

设计工作是拟建项目进行具体实施所必需的关键环节，是拟建项目技术和经济方案的具体体现。设计单位应通过招标投标进行择优选择，设计内容应符合经过批准的可行性研究报告以及设计任务书的要求。对一般的建设项目可按照两个阶段进行设计，即初步设计(含总概算)和施工图设计(含施工预算)；对技术复杂、工艺难度大或有特殊要求的建设项目，应按三个阶段进行设计，即初步设计、技术设计和施工图设计。

2) 计划安排

设计工作完成后，国家有关部门对项目可行性研究以及设计委托给具有相应资质的工程咨询公司，对项目技术方案、工艺流程和经济效果进行分析评价，审核认可后再经计划部门(即发改委)研究同意列入年度基本建设计划。

3) 招标投标工作

招标投标是市场经济条件下进行大宗货物买卖、工程项目的发包与承包以及服务项目的采购和提供时，所采用的一种交易方式。其特点是单一的买方设定包括功能、质量、数量、期限、价格为主的标的，邀请多个卖方通过投标进行竞争，买方从中选择优胜者与其达成交易协议，签订合同后，随后按合同实现标的。

实行建设项目招标投标制是我国工程建设管理体制的一项重大改革。投标是法人或其他组织为了获得业务合同而响应招标、参加竞争报价的过程。招标投标制的核心是企业面向市场，实行公开、公平、公正和诚实信用的原则竞争，业主通过招标的方式择优选择投标人。招标投标工作是业主和承包商建立工程承包合同关系的基础、前提和必经程序。

4) 施工准备工作

建设项目正式开工前需要做好一系列的准备工作，以保证项目建设过程的顺利进行，其主要内容包括：征地拆迁、场地平整；施工用水、用电和道路工程；设备、材料订购；

通过招投标选择施工队伍；必要的施工图纸的准备；开工文件的准备等。

3. 施工阶段

工程建设项目在施工承包合同签订后即进入施工阶段，这一阶段的主要工作内容就是组织施工。开工前应认真做好图纸会审、技术质量安全交底工作，编制好施工图预算和施工组织设计文件。施工过程中，应控制好项目的质量、进度和投资，加强项目建设合同管理工作；建设单位、施工单位和建设监理单位应密切协作、各司其职，使项目施工过程保质、保量、有计划、按步骤地顺利进行，保证项目建设如期竣工。同时，建设单位应抓好建设项目建成后的生产准备工作，为项目投产创造良好条件。图 1.4 所示为土方工程施工现场。

图 1.4　土方工程施工

建设项目施工结束后即进入验收投产阶段，本阶段的主要工作内容就是进行项目竣工验收，履行相关固定资产交付使用手续，准备项目的投产使用。竣工验收以及相关手续需要按照规定标准和程序进行。

竣工验收是项目建设过程的最后一环，是全面考核基本建设成果、检验设计和施工质量的重要步骤，是对项目管理水平的全面反映，是基本建设转入生产阶段的标志。根据项目规模和复杂程度可将建设项目的验收分为初步验收和竣工验收两个阶段进行，规模大、较复杂的项目可先进行初步验收，然后进行全部建设项目的竣工验收；规模小、较简单的项目可以一次进行全部项目的竣工验收。

建设单位需进行的项目竣工验收准备工作主要有：技术资料整理，包括土建、安装及各种相关文件、合同和试生产的情况报告；竣工图纸的整理、绘制，竣工图是生产单位必须长期保存的技术档案，也是国家的重要技术档案，竣工图必须准确、完整、符合归档要求，方能交工验收；编制竣工决算，竣工决算是基本建设管理工作的重要组成部分，竣工决算是反映建设项目实际造价和投资效益的文件，是办理交付使用新增固定资产的依据，是竣工验收报告的重要组成部分。

4. 后评价阶段

建设项目后评价是工程项目竣工投产、生产运营一段时间后，再对项目的立项决策、设计施工、竣工投产、生产运营等全过程进行系统评价的一种技术经济活动。本阶段的主要工作内容是总结项目建设经验、提出改进建议，为项目决策水平的提高和增强投资效果积累经验。

大量的工程项目建设实践证明，严格遵守基本建设程序展开项目建设工作，对于保证工程项目的顺利建设，对于保证实现工程项目的建设目标，对于维护投资者、建设者、政府以及其他项目相关各方的合法利益都起着巨大的作用；反之，项目建设就会走弯路，项目利益方的权益难以得到最大程度的维护，某些建设项目由于严重违反基本建设程序不仅会造成项目自身经济上的损失，甚至还会对整个社会的经济发展、生态环境建设、文化发展等带来难以弥补的损失。基本建设程序是人们对客观实践经验的科学提炼与总结，伴随着人们客观实践的不断丰富和认识水平的深入，我们应不断地对基本建设程序进行丰富和完善，从而提高我们对建设项目的决策水平、管理水平和施工组织水平。

知识链接

工程质量与安全是工程施工核心目标。工程项目质量与安全的形成过程，贯穿于整个建设项目的决策过程和各个工程项目设计与施工过程，体现了工程质量安全从目标决策、目标细化到目标实现的系统过程。因此，必须了解工程建设各个阶段的质量安全要求，以便采取有效的措施控制工程质量与安全。

1.3.2 建筑工程施工程序

建筑施工程序是拟建工程项目在整个施工阶段中必须遵循的客观规律，它是多年来施工实践经验的总结，反映了整个施工阶段必须遵循的先后次序。不论是一个建设项目或是一个单位工程的施工，通常分为三个阶段进行：施工准备阶段，施工过程阶段，竣工验收阶段，这也就是施工程序。图 1.5 为施工程序简图。

一般建筑工程施工程序按以下步骤进行。

1. 承接施工任务，签订施工合同

施工单位承接任务的方式一般有三种：国家或上级主管部门直接下达；受建设单位(业主)委托而承接；通过投标而中标承接。不论是哪种方式承接任务，施工单位都要检查其施工项目是否有批准的正式文件，是否列入基本建设年度计划，是否落实投资等。

承接施工任务后，建设单位与施工单位应根据《中华人民共和国合同法》的有关规定及要求签订施工合同。施工合同应规定承包的内容、要求、工期、质量、造价及材料供应等，明确合同双方应承担的义务和职责以及应完成的施工准备工作(如土地征购、申请施工用地、施工许可证、拆除障碍物、接通场外水源、电源、道路等内容)。施工合同应采用书面形式，经双方负责人签字盖章后具有法律效力，必须共同遵守。

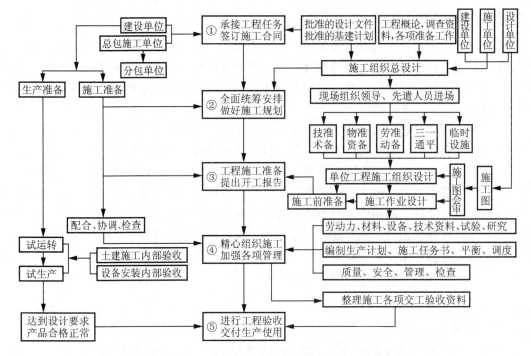

图 1.5 施工程序简图

2. 全面统筹安排，编制施工组织设计

签订施工合同后，施工单位应全面了解工程性质、规模、特点及工期要求等，进行场址勘察、技术经济和社会调查，收集有关资料，编制施工组织总设计。

当施工组织总设计经批准后，施工单位应组织先遣人员进入施工现场，与建设单位密切配合，共同做好各项开工前的准备工作，为顺利开工创造条件。

3. 落实施工准备，提出开工报告

根据施工组织总设计的规划，对首批施工的各单位工程，应抓紧落实各项施工准备工作。如会审图纸，编制单位工程施工组织设计，落实劳动力、材料、构件、施工机具及现场"三通一平"等。具备开工条件后，提出开工报告，并经审查批准，即可正式开工。

4. 精心组织施工，加强各项科学管理

施工过程是施工程序中的主要阶段，应从整个施工现场的全局出发，按照施工组织设计精心组织施工，加强各单位、各部门的配合与协作，协调解决各方面问题，使施工活动顺利开展。

在施工过程中，应加强技术、材料、质量、安全、进度等各项管理工作，按工程项目管理方法，落实施工单位内部承包的经济责任制，全面做好各项经济核算与管理工作，严格执行各项技术、质量检验制度，抓紧工程收尾竣工。

施工阶段是直接生产建筑产品的过程，所以也是施工组织与管理工作的重点所在。这个阶段需要抓好质量管理，以保证工程符合设计与使用的要求；需要抓好成本控制以增加经济效益。

5. 进行工程验收、交付生产使用

这是施工的最后阶段。在交工验收前，施工单位内部应先进行预验收，检查各分部分项工程的施工质量，整理各项交工验收的技术经济资料。在此基础上，由建设单位组织竣工验收，经主管部门验收合格后，办理验收签证书，并交付生产使用。

竣工验收也是工程施工组织管理工作的结束阶段，这一阶段主要做好竣工文件的准备工作和组织好工程的竣工收尾，同时也必须搞好施工组织管理工作的总结，以积累经验，不断提高管理的水平。

从上面所讲的工程建设程序与建筑工程施工程序来看，各环节之间的关系是极为密切的，其先后的顺序是严格的，没有前一步的工作，后一步就不可能进行，但它们之间又是交叉搭接、平行进行。顺序反映了客观规律的要求，交叉则体现了争取建设时间的主观努力。工作顺序不能违反，交叉则应掌握适当，如果交叉不适当，则不是违反了规律而造成损失，就是丧失时间而延误了建设的进程，都是对建设事业不利的。所以，掌握各个建设与施工环节交叉搭接的界限是一个极为重要的问题。在这里，我们必须反对两种不正确的做法：一种是盲目冒进，不顾客观规律而违反工程建设与施工的程序，把各个环节的工作交叉搭接得超过了客观允许的界限；另一种是等待各种条件自然成熟，不发挥人的主观能动性，不争取可以争取到的时间。这也是我们在工程施工组织工作中必须特别注意的问题。

1.4 施工组织设计与工程项目管理规划

2002年5月1日起实施GB/T 50326—2001《建设工程项目管理规范》，此规范经修订后自2006年12月1日起实施新的GB/T 50326—2006《建筑工程项目管理规范》，这规范的实施促进了我国建设工程施工项目的管理科学化、规范化和法制化，对提高建设工程施工项目管理水平、与国际惯例接轨起着重要作用，适应了社会主义市场经济发展的需要。而建筑施工组织设计在我国已有几十年的历史，虽然产生于计划经济管理体制下，但在实际的运行当中，对规范建筑工程施工管理确实起到了相当重要的作用，在目前的市场经济条件下，它已成为建筑工程施工招标与组织施工必不可少的重要文件。2009年10月1日起实施的GB/T 50502—2009《建筑施工组织设计规范》，对规范建筑施工组织设计的编制与管理，提高建筑工程施工管理水平有着重要的意义。因此，工程项目管理人员必须正确处理好施工组织设计和工程项目管理规划的关系，从而保证工程建设项目的施工有节奏地、均衡地向前推进，使其达到工期短、质量好、成本低的效果，确保工程施工项目管理目标的实现。

1.4.1 施工组织设计的概念及作用

1. 施工组织设计的概念

施工组织设计是规划和指导拟建工程从工程投标、签订承包合同、施工准备到竣工验收全过程的一个综合性的技术经济文件，是对拟建工程在人力和物力、时间和空间、技和组织等方面所作的全面合理的安排,是沟通工程设计和施工之间的桥梁。作为指导拟建工程项目的全局性文件,施工组织既要体现拟建工程的设计和使用要求,又要符合建筑施工的客观规律。它应尽量适应施工过程的复杂性和具体施工项目的特殊性,通过科学、经济、合理的规划安排,使工程项目能够连续、均衡、协调地进行施工,满足工程项目对工期、质量、投资方面的各项要求。

2. 施工组织设计的作用

施工组织设计是用以指导施工组织与管理、施工准备与实施、施工控制与协调、资源的配置与使用等全面性的技术经济文件,是对施工活动的全过程进行科学管理的重要手段。其作用具体表现在以下方面。

(1) 施工组织设计是施工准备工作的重要组成部分,同时又是做好施工准备工作的依据和保证。

(2) 施工组织设计是根据工程各种具体条件拟定的施工方案、施工顺序、劳动组织和技术组织措施等,是指导开展紧凑、有序施工活动的技术依据。

(3) 施工组织设计所提出的各项资源需要量计划,直接为组织材料、机具、设备、劳动力需要量的供应和使用提供数据。

(4) 通过编制施工组织设计,可以合理利用和安排为施工服务的各项临时设施,可以合理地部署施工现场,确保文明施工、安全施工。

(5) 通过编制施工组织设计,可以将工程的设计与施工、技术与经济、施工全局性规律和局部性规律、土建施工与设备安装、各部门之间、各专业之间有机结合,统一协调。

(6) 通过编制施工组织设计,可分析施工中的风险和矛盾,及时研究解决问题的对策、措施,从而提高了施工的预见性,减少了盲目性。

(7) 施工组织设计是统筹安排施工企业生产的投入与产出过程的关键和依据。工程产品的生产和其他工业产品的生产一样,都是按要求投入生产要素,通过一定的生产过程,而后生产出成品,而中间转换的过程离不开管理。施工企业也是如此,从承接工程任务开始到竣工验收交付使用为止的全部施工过程的计划、组织和控制的基础就是科学的施工组织设计。

(8) 施工组织设计可以指导投标与签订工程承包合同,并作为投标书的内容和合同文件的一部分。

施工组织设计作用,实际上就是为了我们追求的进度、成本、质量目标,它们的关系如图1.6所示。

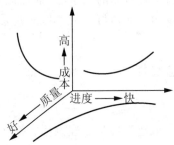

图1.6 进度、成本、质量关系

1.4.2 施工组织设计分类

施工组织设计是一个总的概念,根据工程项目的类别、工程规模、编制阶段、编制对象和范围的不同,在编制的深度和广度上也有所不同。

1. 按施工组织设计阶段不同分类

根据工程施工组织设计阶段和作用的不同,工程施工组织设计可以划分为两类:一类是投标前编制的施工组织设计(简称标前设计),另一类是签订工程承包合同后编制的施工组织设计(简称标后设计)。两类施工组织设计的特点和区别见表1-1。

表1-1 标前和标后施工组织设计的特点和区别

种 类	服务范围	编制时间	编 制 者	主要特征	追求主要目标
标前设计	投标与签约	投标书编制前	经营管理层	规划性	中标和经济效益
标后设计	施工准备至验收	签约后开工前	项目管理层	作业性	施工效率和效益

2. 按施工组织设计的工程对象分类

按施工组织设计的工程对象范围分类,可分为施工组织总设计、单位工程施工组织设计及施工方案(分部分项工程施工组织设计)。

1) 施工组织总设计

施工组织总设计是以整个建设项目或民用建筑群为对象编制的,用以指导整个工程项目施工全过程的各项施工活动的全局性、控制性文件。它是对整个建设项目的全面规划,涉及范围较广,内容比较概括。施工组织总设计一般在初步设计或扩大初步设计被批准之后,由总承包企业的总工程师负责,会同建设、设计和分包单位的工程师共同编制。

施工组织总设计用于确定建设总工期、各单位工程开展的顺序及工期、主要工程的施工方案、各种物资的供需计划、全工地性暂设工程及准备工作、施工现场的布置等工作,同时它也是施工单位编制年度施工计划和单位工程施工组织设计的依据。

2) 单位工程施工组织设计

单位工程施工组织设计是以一个单位工程(一个建筑物或构筑物,一个交工系统)为编制对象,用以指导其施工全过程的各项施工活动的局部性、指导性文件。它是施工单位年度施工计划和施工组织总设计的具体化,用以直接指导单位工程的施工活动,是施工单位编制作业计划和制定季、月、旬施工计划的依据。单位工程施工组织设计一般在施工图设计完成后,在拟建工程开工之前,由工程项目的技术负责人负责编制。单位工程施工组织设计,根据工程规模、技术复杂程度不同,其编制内容的深度和广度亦有所不同。对于简单单位工程,施工组织设计一般只编制施工方案并附以施工进度和施工平面图,即"一案一表一图"。

3) 施工方案

施工方案,即分部(分项)工程施工组织设计,又称分部(分项)工程施工作业设计。它是以分部(分项)工程为编制对象,用以具体实施其分部(分项)工程施工全过程的各项施工活动的技术、经济和组织的实施性文件。一般对于工程规模大、技术复杂、施工难度大或采用新工艺、新技术施工的建筑物或构筑物,在编制单位工程施工组织设计之后,常需对某重要的又缺乏经验的分部(分项)工程再深入编制专业工程的具体施工设计。例如深基础工程、大型结构安装工程,高层钢筋混凝土主体结构工程、无黏结预应力混凝土工程、定向爆破、冬雨期施工、地下防水工程等。分部(分项)工程作业设计一般在单位工程施工组织设计确定了施工方案后,由施工队(组)技术人员负责编制,其内容具体、详细、可操作性强,是直接指导分部(分项)工程施工的依据。

施工组织总设计、单位工程施工组织设计和分部(分项)工程施工组织设计,是同一工程项目,不同广度、深度和作用的三个层次。

1.4.3 施工组织设计与项目管理规划比较与关系

编制施工组织设计是诞生于计划经济体制下的一项重要工程管理制度,在社会主义市场经济条件下,建设工程项目管理的模式和手段都发生着显著的变化。我国建筑业工作者在长期工程建设实践中不断摸索建筑产品的生产与管理规律,对建筑产品及其生产特点的认识不断加深,在借鉴国外先进的建筑工程生产与管理理论和经验的基础上,结合我国国情并不断加以总结与完善,形成了具有中国特色的建设工程项目管理理论与模式,如图1.7所示。2002年1月10日我国建设部与国家质量监督检验检疫总局联合发布了GB/T 50326—2001《建设工程项目管理规范》,并于2002年5月1日正式实施,2006年12月1日起实施新的GB/T 50326—2006《建设工程项目管理规范》。它的颁布施行促进了建设工程项目管理的科学化、规范化和法制化,适应了建设工程项目管理在社会主义市场经济条件下发展的需要,对我国建设工程项目管理水平的提升以及与国际惯例接轨起着重要作用。

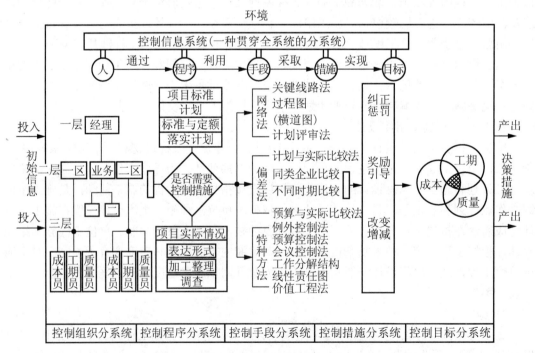

图1.7 工程项目管理施工控制系统的一般模式

GB/T 50326—2006 中要求在进行项目管理工作中要编制项目管理规划，项目管理规划分为项目管理规划大纲和项目管理实施规划。由于我国长期以来实施施工组织设计制度，并且仍在继续实施，因此，必须理清项目管理规划与施工组织设计之间的关系。

1. 项目管理规划大纲与投标施工组织设计作用的比较

项目管理规划大纲是由企业管理层在投标之前编制的，旨在作为投标依据、满足招标文件要求及签订合同要求的文件。项目管理规划大纲的作用主要有两个方面：第一，作为投标人的项目管理总体构想，指导项目投标；非经营秘密部分构成技术标书的组成部分，作为投标人响应招标文件要求，摘录其中可满足招标文件对施工组织设计的要求内容报送给招标人审查和评价。第二，作为中标后详细编制可操作性的项目管理实施规划的依据，即实施规划是规划大纲的具体化和深化。

从所起作用的角度来看，投标施工组织设计实质上承担着项目管理规划大纲的作用；从编制内容上来看，传统意义上的投标施工组织设计的编制内容已经成为项目管理规划大纲的一部分，即项目管理规划大纲的内容要比传统意义上的投标施工组织设计更全面。

2. 项目管理实施规划与投标后施工组织设计编制的比较

项目管理实施规划是在开工之前由项目经理主持项目经理部编制完成的，旨在指导施工项目实施阶段管理的文件。项目管理实施规划以项目管理规划大纲的总体构想和决策意图为指导，具体规定各项管理业务的目标要求、责任分工和管理方法，把履行施工合同和落实项目管理目标责任书的任务，贯穿在实施规划中，作为项目管理人员的行为指南。

从所起作用的角度来看，实施性施工组织设计实质上承担着项目管理实施规划的作用；从编制内容上来看，传统意义上的实施性施工组织设计的编制内容已经成为项目管理实施规划的一部分，即项目管理实施规划的内容要比投标后施工组织设计更丰富和规范。

3. 项目管理规划与施工组织设计内容的比较

施工组织设计应包括编制依据、工程概况、施工部署、施工进度计划、施工准备与资源配置计划、主要施工方法、施工现场平面布置及主要施工管理计划等基本内容。而项目管理实施规划应包括下列内容。

(1) 工程概况。
(2) 施工部署。
(3) 施工方案。
(4) 施工进度计划。
(5) 资源供应计划。
(6) 施工准备工作计划。
(7) 施工平面图。
(8) 技术组织措施计划。
(9) 项目风险管理。
(10) 信息管理。
(11) 技术经济指标分析。

4. 项目管理规划与施工组织设计之间的关系

(1) 从所发挥的作用来看，投标施工组织设计、实施性施工组织设计同施行 GB/T 50326—2006《建设工程项目管理规范》之后的项目管理规划大纲、项目管理规划是相对应的。

(2) 与施工组织设计相比，项目管理规划以项目为中心更加强调目标控制，强调成本与经济指标核算；突出了项目风险意识；突出了按照国际惯例建立质量管理体系、环境管理体系和职业健康安全管理体系，以及贯彻相应体系所规定的认证标准。

(3) 实施性施工组织设计属于企业内部文件，不对外使用。如果业主要求投标书内附有施工组织设计和满足监理工程师审核施工组织设计的需要，可以从施工项目管理规划中摘录需要的内容。

(4) 施行 GB/T 50326—2006《建设工程项目管理规范》之后，施工组织设计作为一项重要管理制度仍然在我国广泛实行，但从未来发展来看，施工组织设计将逐步向项目管理规划的方向发展，当承包人以施工组织设计代替施工项目管理规划时，施工组织设计应当满足施工项目管理规划的要求，即编制事实上的施工项目管理规划。

知识链接

施工组织设计，在我国已有几十年的历史，对工程技术人员规范建筑工程施工管理确实起到了相当重要的作用，现它已成为施工招标投标和组织施工必不可少的重要文件。GB/T 50502—2009《建筑施工组织设计规范》就是指导规范编制工程施工组织设计的，工程技术人员需要熟悉这一规范。

1.4.4 施工组织设计的编制原则

施工组织设计的编制必须遵循工程建设程序，并应符合下列原则。

(1) 符合施工合同或招标文件中有关程序进度、质量、安全、环境保护、造价等方面的要求。

(2) 积极开发、使用新技术和新工艺，推广使用新材料和新设备。

(3) 坚持科学的施工程序和合理的施工顺序，采用流水施工和网络计划等方法，科学配置资源，合理布置现场，采用季节性施工措施，实现均衡施工，达到合理的经济技术指标。

(4) 采取技术和管理措施，推广建筑节能和绿色施工。

(5) 与质量、环境和职业健康安全三个管理体系有效结合。

1.4.5 施工组织设计的贯彻

编制一份科学的、合理的施工组织设计仅仅为建设项目的顺利进行提供了一种可能性，要真正发挥施工组织设计的施工指导作用，还必须做好对施工组织设计中的各项内容的贯彻和落实；同时，施工组织设计质量的高低只有通过施工实践进行检验。为此应做好以下工作。

1. 做好施工组织设计的交底工作

施工组织设计的编制是由项目管理人员在调查研究的基础上完成的，而施工组织设计的贯彻则涉及现场的各个岗位和施工环节，没有全体人员对施工组织设计的理解和贯彻，要实现施工组织设计中的各项安排是不可能的。因此，施工之前一定要分层次逐级进行施工组织设计的交底，并对施工组织设计的贯彻制定周密的实施细则。

2. 建立良好的现场信息管理体系，保证施工信息传递渠道的畅通

施工组织设计是静态的，现场情况则是动态的，要贯彻好施工组织设计，使之既对现场管理发挥指导作用，又能适应现场情况的不断变化，必须保证施工现场信息传递渠道的畅通，使施工过程中出现的新问题和新情况能够及时、准确地反馈给项目管理者，以便适时对施工组织设计进行更符合客观实际的调整。如果现场管理体系不健全，施工信息的传递就会失真，从而导致项目管理者做出错误决定。所以，良好的现场信息管理体系是提高现场管理效率，贯彻好施工组织设计的重要前提。

3. 做好施工准备工作

良好的开端是成功的一半，施工准备工作是施工过程的第一步，是贯彻好施工组织设计的重要保证，既要做好整个项目实施前的施工准备工作，也要做好各单位工程和各分部分项工程的施工准备工作，施工准备既要着眼于项目大局，也要重视具体施工内容，不可偏废。

4. 建立健全岗位责任制

对施工组织设计的贯彻执行是项目建设全体参与者的共同责任，必须明确职责分工，逐级落实施工组织设计的各项工作安排，做到奖罚分明，保证严肃认真地执行施工组织设计的各项要求，只有这样才能避免施工组织设计的编制与实施相分离，保证项目建设协调、有序、连续、均衡地向前推进，保证项目管理目标的最终实现。

1.5 工程施工组织基本原则

施工组织设计是建筑业企业和施工项目经理部施工管理活动的重要技术经济文件，也是完成国家和地区工程建设计划的重要手段。而组织项目施工则是为了更好地落实、控制和协调其施工组织设计的实施过程。根据新中国成立以来的实践经验，结合施工项目产品及其生产特点，在组织项目施工过程中应遵守以下几项基本原则。

1. 保证重点、统筹安排，按期按质交付使用

工程项目施工的最终目标是尽快完成建设任务，使项目尽可能最早投产使用。因此，必须依据项目的轻重缓急，即根据国家或业主对项目使用的要求，对项目进行排队，把人力、物力、财力优先投入急需的工程上去，保证尽快建成投入使用。同时，注意照顾一般工程，使重点工程和一般工程很好地结合起来。还应注意主要项目与其相应的辅助、附属项目之间的配套关系，准备项目、施工项目、收尾项目和竣工投产项目的关系，做到主次分明，统筹兼顾。

2. 合理安排施工顺序

建筑施工有其本身的客观规律。它既包含了施工工艺及其技术方面的规律，又包含了施工程序和施工顺序方面的规律。按照这些规律去组织施工，就能有效地发挥生产能力，充分利用各项资源创造最佳的经济效益，保证工程质量，提高社会效益。

建筑施工工艺及其技术规律，是分部分项工程内在固有的客观规律。例如混凝土工程，其工艺顺序是选料、拌和、运输、浇捣、养护等，其中任何一道工序都不能颠倒或省略，这不仅涉及施工工艺的要求，也是技术、质量保证的要求。

施工程序和施工顺序是建筑施工过程中各分部分项工程间存在的客观规律。各分部工程的先后顺序、各分项工程的先后顺序是客观存在的，但在空间上可组织立体交叉、搭接施工，以争取时间、减少消耗，这是组织管理者遵循客观规律的主观能动性的表现。虽然，建筑施工程序和施工顺序是随着工程项目的规模、结算、施工条件与建设要求的不同而有所不同，但其共同遵循的客观规律是存在的。例如："先准备，后施工"；"先地下，后地上"；"先结构，后围护"；"先主体，后装饰"；"先土建，后设备"等。

3. 尽量采用流水作业法及网络计划技术组织施工

施工组织要采用科学的组织管理方法，流水作业与网络计划技术是重要的现代管理方法之一。流水作业的最显著优点在于专业的分工及生产的连续性、均衡性与节奏性，网络计划技术最显著特点是工艺顺序严格的逻辑性、关键线路及关键工序的揭示及时差的利用，从而达到目标的优化。

4. 提高机械化施工水平

建筑业是劳动密集型产业，在施工中以机械代替人工可以减轻劳动强度、提高生产率、加快工程进度、改善工程质量、降低工程成本。在组织施工时，应充分利用机械设备，使大型机械设备和中小型机械设备相结合，使机械化和半机械化相结合，扩大机械施工范围，提高机械化施工程序。

5. 采用先进科学技术

先进的施工技术是提高劳动生产率、改善工程质量、加快施工速度、降低工程成本的重要源泉。因此，在组织施工时，必须注意结合具体的施工条件，广泛地采用国内外的先进施工技术，吸收先进工地和先进工作者在施工方法、劳动组织等方面所创造的经验。

拟定合理的施工方案，是保证施工组织设计贯彻上述各项原则和充分采用先进经验的关键。施工方案的优劣，在很大程度上决定着施工组织设计的质量。在确定施工方案时，要注意从实际出发，在确保工程质量和生产安全的前提下，使方案在技术上是先进的，在经济上是合理的。

6. 合理安排施工现场

安排施工现场即施工现场平面布置，是施工组织设计的一项重要内容。对于大型项目的施工，可按不同的施工阶段作出不同的施工平面图。布置现场时必须以尽量减少暂设工程数量、减少不必要投资、节约施工用地、文明施工为原则。因此，可以采取下述有效措施。

(1) 尽量利用原有房屋和构筑物满足施工的需要。

(2) 在安排施工顺序时,应把可为施工服务的正式工程(包括房屋、车间、道路、管网等等)尽量提前施工。

(3) 建筑构件和制品应尽量安排在地区内原有的加工企业生产,仅确有必要时,才在工地上自行建立加工企业。

(4) 应优先采用可以移动装拆的房屋和设备。

(5) 合理地组织建筑材料和制品的供应,减少它们的储量,把仓库、堆放场等的面积压缩到最低限度。

 工程案例

贝宁科托努会议大厦项目施工组织设计

由中建国际建设公司援建的贝宁科托努会议大厦项目为援外项目,为贝宁的重点项目,也是展示我国建筑水平的重要工程,本工程工期紧,任务重,质量要求高,施工环境差。在这种条件下,施工过程中进行了深入的施工管理,尤其是对施工技术、施工组织的管理是本工程的重点。通过严密的各项准备措施,本工程达到了预期质量、工期和成本目标。

1 工程概况

本项目根据中华人民共和国政府和贝宁人民共和国政府于 1999 年 3 月 4 日在科托努签订的"贝宁共和国科托努会议大厦项目合同",帮助贝宁政府建设一座国际会议中心。

1.1 项目规模

本工程总用地 7.5hm^2,总建筑面积 10021m^2,包括主会议厅(1200 个座位)、中会议厅(300 个座位)、多功能厅(300 个座位)、餐厅(300 个座位)、30 人和 50 人小会议厅各两个,以及新闻发布、商务、办公、咖啡厅、记者休息厅等。

1.2 中外分工

1.3 工期要求

本项目施工先遣组务必于 2000 年 5 月抵达施工现场进行施工准备,并于 2000 年 6 月正式开工建设(场地填土为准),施工期限不得超过 18 个月。

1.4 建筑、结构、安装工程

1.4.1 建筑

Ⅰ区为 1200 座主会议厅:建筑面积为 3400m^2,总高度为 31.030m,其层数为二层,占地面积为 2100m^2。Ⅱ区为 300 座中会议厅:建筑面积为 1300m^2,总高度为 20.500m,其层数为一层及部分夹层,占地面积为 855m^2。Ⅲ区为多功能厅:建筑面积为 1400m^2,总高度为 20.500m,其层数为二层,占地面积为 855m^2。Ⅳ、Ⅴ、Ⅵ区为两层结构:建筑面积为 3720m^2,总高度为 11.500m,其层数为二层。见图 1.8。

1.4.2 结构

(1) 结构特点。结构为现浇钢筋混凝土框架,基础以条形基础为主。

(2) 墙体结构。内隔墙采用混凝土空心砌块砌筑;斜墙采用厚度为 150mm 现浇钢筋混凝土;内墙采用厚度为 100mmMU10 混凝土空心砌块、M5 砂浆砌筑;轻钢龙骨埃特板隔墙厚度为 70mm;公共房间露明立管均采用轻钢龙骨埃特板封钉。

图 1.8 北立面图

1.4.3 安装工程

主要是管道、强电、空调、弱电安装。

1.5 本项目主要施工特点

1.5.1 土方和基础工程

本工程场地内需回填大量土方才能达到设计标高，回填土方量约 13 万 m^3。场地内土质为砂层且地下水位高，基础施工前必须采取措施，将地下水位降至基底 500mm 以下，施工过程包括回填土前，应始终保持基坑干燥。基础设计以条基为主，会议厅基础梁高度 1400mm；设置后浇带；浇捣一个月后，采用 C30 微膨胀混凝土浇捣密实。地下水对混凝土有酸性腐蚀，基础及基础梁的表面涂冷底子油两遍和沥青胶泥两遍。

1.5.2 主体结构工程

本工程主要为三个单体工程，平面成圆形，斜柱异形框架，柱距、标高多，形式复杂多样，中间为大跨度框架。柱断面形状有圆形、方形和矩形三种，圆柱直径为 900mm，方柱主要有 500mm×500mm、400mm×400mm、300mm×300mm 等，矩形柱 800mm×1300mm、800mm×900mm、600mm×800mm、400mm×600mm 等。钢筋混凝土外墙厚度为 150mm、200mm。楼板厚度主要为 120mm、100mm，大会议厅楼层为阶梯形板。

1.5.3 预应力结构和椭圆屋顶及拉结钢丝工程

大会议厅 17m 标高屋盖井宇梁跨度达 32m×1.5m，600mm×2200mm(H)大梁、二层观众席大挑台下 32m 跨的 600mm×2400mm 大梁，都采用后张有黏结预应力混凝土结构。会议大厅的屋面为倾斜的钢筋混凝土屋盖，形状为椭圆形，中空，内设拉结钢丝。

1.5.4 装饰工程

在装饰阶段，水、电、风专业有多项内容，弱电专业有多个系统，加上土建、装饰施工，约十来个工种汇集在一起施工。

1.5.5 安装工程(略)

1.6 施工条件分析

建设场地位于科托努市政治中心区内，总统府对面，应适当注意施工噪声对总统府的影响。场地东西宽度为 250m，南北长度为 300m。场地内现有三个水塘，面积约 5000m^2。场地北侧为 MARINA 大道，是一条东西向的城市主干道，道路总宽为 21m，两侧为柏油路面，宽为各 7m，中间为绿化带，宽度也是 7m。场地自然标高低于大道约 1m，海平面低于场地约 3m。

本工程的施工环境极其恶劣，属赤道附近的热带雨林气候，最高温度为 37.4 ℃，最低温度为 18.5℃，昼夜温差变化不大。地质情况也较差，该市靠近大西洋的海滩，地基强度不高，承载力有 70～100kPa。劳动力、水源、电源经协商解决能满足施工要求。当地属蚁害区，施工中应采取防蚁措施。

2 施工部署。

2.1 施工准备工作(略)

2.1.1 组织准备(略)

2.1.2 技术准备(略)

2.1.3 物资准备(略)

2.1.4 施工现场准备(略)

2.2 总体设想

2.2.1 总工期控制

本工程以 1200 座大会议厅为主导，多功能厅和 300 座会议厅以此为基准安排施工，其他工程则穿插进行。总工期控制在 17 个月以内，尽量周密计划、统筹安排，按期、保质、保量地建成本工程。

2.2.2 施工段划分

本工程通过合理划分流水段，以加快施工进度及提高工效，并节约周转材料，以降低工程成本。拟按下列形式划分施工段。

(1) 1200 座大会议厅为第一施工段 I，再以 1～18 轴为界将 I 段划分为 I_a、I_b 两个小施工段，以 $I_a \rightarrow I_b$ 进行流水作业，不与其他施工段流水作业。

(2) 多功能厅为第二施工段 II。

(3) 300 座小会议厅和连廊为第三施工段 III。

II、III 两施工段进行流水施工，其流水顺序为 II→III。

2.2.3 施工顺序

1) 填土阶段

本工程填土方量达 13 万 m^3，拟用三个月完成，施工时间较长，为加快工期，填土顺序安排如下：

将填土分为四个区，即 A 区(生活办公区)、B 区(生产设施区)、C 区(工程施工区)、D 区(其他区)，其填土顺序为 A→B→C→D。

在填土的同时可以搭设临建，铺设临时管线和修筑临时道路，以便在 8 月旱季时按期进行 1200 座大会议厅基础施工。

2) 基础施工阶段

施工顺序为 I 段井点降水→Ia→Ib→I 段撤出井点设备→II、III 段井点降水→II→III(其中 Ia→Ib 为小流水，II→III 为大流水作业)。

其中 III 段的连廊部分采用集水井、排水沟明排水降水工艺。

在基础施工阶段，当第一施工段基础完成后，为有效、充分提高 1200 座会议厅基础模板的使用率，同时尽可能避开雨期施工，第二、三施工段立即开始基础搭接施工，并抢在雨期来临前完成。这样不但大大提高了模板等周转材料构件的使用率，也使木工、钢筋工、混凝土工这三大工种人员流动有序，不出现窝工；主会议厅房心回填土方约需 2000m^3，300 座会议厅挖土 800m^3，多功能厅挖土 750m^3，当主会议厅基础施工完成后，立即搭接插入 300 座会议厅和多功能厅的基础挖土，可做到挖、填互补，大大减少运距，并尽可能做到土方平衡；同时，井点管的依次拔除也可以充分利用于排架支撑。

3) 主体施工阶段

施工顺序为 Ia 首层→Ib 首层→Ia 夹层→Ib 夹层→Ia 屋盖→Ib 屋盖→II→III。

II、III 段为避免相关工种的用工高峰，同时为使施工能够有效地利用 I 段模板进行流水作业，II、III 段的主体结构适当后延。

土建其他单位工程穿插进行。

4) 装饰工程

装饰工程的粗装修作业从下往上,精装修作业从上往下进行,这阶段是与安装工程交叉作业,所以必须做好双方协调工作,特别是设备、电器控制室等用房的配合,尽量减少互相影响,节约工料。

5) 安装工程施工阶段

总体上可分为四个阶段:A.安装预留、预埋;B.各专业系统安装(施工高峰期);C.室外工程(与第二阶段穿插进行);D.系统调试、试运行。

其施工流水作业如下。

先施工通风系统主、干管和消防、给排水与燃气主、干管;后施工电缆托盘、管道支管、设备就位;最后施工电缆、电线敷设、通电、消防、给排水与燃气系统连接、试验、保温、油漆、系统调试、试运行。

2.2.4 周转材料配制(略)

2.2.5 土建、装饰、机电安装之间施工协调

(1) 各专业交叉作业的原则。主体施工阶段以土建为主,水电安装及其他协作单位为辅;装饰阶段则以二次装修及水电安装与其他协作单位为主,土建配合施工。土建应从上到下、分区域成片的原则,交付施工作业面给安装及二次装修,以便安排系统施工,确保整个工程工期。

(2) 以统一的施工计划、施工顺序为指导,确保整个工程优质、高速、按期交付使用基础、主体施工阶段,安装应紧密配合土建进度按照设计图纸进行前期的预留、预埋,土建要配合安装做好隐蔽的预留、预埋、产品保护,提供准确的测量放线基准;土建砌筑抹灰应按图纸预留安装孔洞、槽;为保证互相创造工作面,安装、设备的锚固铁件、连接吊杆等按土建进度要求提前插入;装饰阶段根据总控制计划,定期检查计划执行情况,并严格实行签字认可制度。由于装饰装修阶段施工是立体交叉作业,所以除计划控制外,还应采取立体交叉作业量跟踪监督,使各专业单位有一个统一施工程序和控制程序。

室外总平面图施工、安装调试、竣工收尾阶段,以工作项目内容为基准,采取划分控制点的方式确保后期工作不松懈,使工期有保证;同时,为保证顺利竣工,各专业必须及时提供交工资料给项目施工组审核,由项目组负责人统一指挥、监督。

2.2.6 施工现场总平面布置

1) 临时设施布置原则(略)

2) 临时设施

临时设施用房采用当地空心砌块做内外墙。2in×4in(1in=0.0254m)方木材桁条,镀锌瓦楞屋面,山墙顶部应做厚度为150mmC15钢筋混凝土压顶,并预埋螺栓或8号镀锌钢丝与屋面木桁条连接。内外墙面做普通水泥粉刷,刷白色涂料,夹板吊顶,地坪厚度为100mmC15素混凝土,随捣随抹光。

材料仓库除不做内粉刷和吊顶外,其他做法同宿舍和办公室。加工棚采用$\phi48mm$脚手钢管搭设,镀锌瓦楞屋面。水泥库拟采用$\phi48mm$钢管搭设,库顶和围护采用镀锌楞铁,水泥库地坪采用砌块砌筑地垄墙,上铺厚度为25mm毛板,室内外地坪高差为450mm,四面做排水明沟,防止雨期进水。

临时设施均按工程施工进度和各施工阶段施工总平面图进行搭建施工。

3) 临时供水

施工用临时水源由贝方提供,水源位置在北面临围墙中间处,给水管管径为DN100mm,经计算总管选用DN100mm可满足现场施工用水量与消火栓用水量。现场各管路可以分别采用DN100mm、DN80mm、DN50mm和DN20mm,每个临时用水点加设阀门。在会议中心东、西两侧各设一个地上消火栓,在临时宿舍、办公室区域设一个消火栓。根据设计考察资料当地城市供水情况不稳定,而且水压不足等情况,为此,施工现场东南角和西北角设两个$30m^3$临时地下水池,并配备高压水泵,与现场临时水管连网,以备缺水时调节供水。

4) 临时供电

临时用电线路布置划分为三个区域,即加工区、施工区和生活区。电源由贝方从外接入红线内临时总

配电间，配电间内设 1000kV·A、11kV/0.4kV 的变压器一台。低压配电柜 4 台。其中 1 台为进线柜、2 台为出线柜、1 台备用。

施工现场设 8 台配电箱。其中 1 号、3 号配电箱供生活区和施工区照明用电，2 号动力配电箱供加工区，5 号、6 号动力配电箱供施工区 2 台塔式起重机用电，4 号、7 号动力配电箱供施工现场电焊机等机具用电，8 号配电箱供搅拌站动力用电。零星区域用电采用移动式配电箱。出线电源采用 VV22 钢带电缆埋地敷设。考虑到受援国供电状况不正常等因素，拟在施工期间配备 120kW 柴油发电机一台，以保证施工正常持续进行。施工现场线路布置及规格，配电箱布置。

5) 施工道路和场地排水

根据施工需要，先建永久性道路路基作为施工道路路基，其路基采用级配砂石，并分别碾压密实。在工程竣工前，按设计要求再做正式路面。主入口道路宽度为 7m，其他路宽度为 5m。道路两侧设深 500mm、宽 350mm 砖砌排水沟，过往频繁处上盖钢筋混凝土盖板。

6) 施工机械布置

垂直运输以两台 QT-60Ⅱ轨道式塔式起重机为主，一台布置在会议大厦东南面，一台布置在西南面，这样布置可覆盖大部分施工场地，未覆盖部分则辅以人工水平搬运。

现场水平运输配 2t 自卸车两辆，运送混凝土。

7) 轴线、高程控制点的布置

根据施工图中贝方提供的建设用地线坐标点和各新建建筑物坐标点为依据，采用平面坐标测量法测量轴线，定出建筑物位置，并分别在每个建筑南北、东西侧设置平面控制点，并且南北、东西控制点均在对称轴上，南北、东西的连线交点应在新建建筑的圆心。

工程的水准标高根据贝方提供的城市绝对标高控制网引入施工区域，并在建筑物附近设高程控制点的固定标志，做好醒目标志加以保护。

8) 土方取舍地点

本工程填土方量大，取土地点待与业主或当地政府协商确定，基础挖方利用两台斗容 1m³ 挖掘机进行，弃土可就近堆放，以便基础回填租房心回填土之用。

2.2.7 劳动力配置计划

本项目计划用工数系根据施工图工程量表及标前答疑文件有关内容，套用北京市建设工程概算定额计算而得 215242 工日，并结合施工进度计划工期 17 个月求出的逐月用工数，其中高峰用工人数为 778 人，月均用工人数 589 人、即不均衡系数为 1.32。

项目施工工期按 17 个月，每月工作日 21.5 日，中、贝双方劳动力比例为 1：10，中、贝工人工效比为 1：1.5，概算中总工数为 215242 工日。雇用贝方工人数平均为 535 人，高峰为 778 人。

2.2.8 主要施工机械和设备、材料计划

1) 主要施工机械配备计划(略)
2) 主要设备、材料进场计划(略)

2.2.9 其他

(1) 降低地下水位。据考察报告，现场地下水位较高，必须降低地下水位后方可保证基础施工质量。由于未赴现场实地考察，暂拟采用轻型井点降水法施工。

(2) 提高机械化施工水平。主体结构的垂直运输以 2 台 QT-60Ⅱ塔式起重机解决；场内水平运输以机动车为主。混凝土工程采取 3 台滚筒式搅拌机自拌，看台预应力大梁混凝土采用自拌混凝土一次浇筑完成，不留施工缝。

(3) 提高工厂化加工程度。对成品、半成品凡能在国内加工的不到国外加工。凡需现场拼装的，也尽量在国内部件加工，包装发运，如金属拉接钢索等。凡能在现场加工的，如模板拼装成形、钢筋(柱、梁、墙)单件绑扎和墙面、平顶装饰的粗加工、玻璃幕墙构架等，均做到先加工、后安装。

2.3 施工进度计划说明

(1) 填土工程。根据设计要求需要大量回填土,计划于2000年6月20日正式开工,开始填土施工,计划用90天的时间完成整个工程的填土。

(2) 基础工程。第一施工段基础工程从8月13日开挖基坑、基槽至完成条形基础、地梁及回填土,然后按施工流水段顺序,第二、三施工段依次搭接流水连续施工。

(3) 上部结构。上部结构从第一施工段的柱、墙主筋开始,至结构封顶后转入第二、三施工段进行大流水作业,以便充分利用第一施工段的模板,并可较均衡地安排相关工种劳动力。

(4) 装饰和安装工程。安装工程随填土开始预埋并贯穿于整个结构施工阶段。当第一施工段砌内墙时,装饰和安装工程也相继进入施工。第一、二施工段装饰和安装工程工种众多、工艺复杂,应采取"立体交叉"施工。装饰施工对有设备的房间和部位,优先为安装创造条件;消防、卫生管道毛坯和风管安装赶在吊顶工程或内墙面层施工之前。总之,应统筹安排,避免互相影响,造成返工浪费,延误工期。

(5) 总体工程。总体工程施工依照先地下后地上,地下管线工程先深后浅的原则,整个施工期间穿插进行。

3 主要项目施工方法

本工程造型新颖,呈圆锥台形体,层面多且高低不一,故采用大量特殊工艺,如预应力梁和井字梁屋盖、斜柱斜墙、椭圆形屋顶、特殊机电工艺等。下面有针对性地加以说明。

3.1 井点降水方案

3.1.1 工况说明(略)

3.1.2 施工流程

定位轴线→排管、设观察井→试抽水→降水→观测水位达标→开控基槽→基槽验收→基础施工→基础结构验收→土方回填→拔管。

3.1.3 质量要求

降水过程中,随时观察水位情况及出水量,发现堵管,需采用水冲法或拔管重设及时排除;若发现水位异常或出水量有较大变化,应通知有关单位及时检查,分析原因,采取相应措施解决。

3.2 有黏结预应力梁和井字梁屋盖的施工

3.2.1 概况

本工程101号建筑物Ⅰ区标高5.970m,有一根跨度为32.70m 预应力大梁,梁断面为600mm×2900mm,梁中设9束9Φ^j15.24钢绞线。标高17.00m有预应力屋面井字梁,Y_{LH}方向最大跨度为32.80m,Y_{Lv}方向最大跨度为31.086m,梁断面均为600mm×2200mm。梁中预应力筋均为 4束9Φ^j15.24钢绞线,钢绞线f_{ptk}=1860 N/mm^2,张拉控制应力为0.75f_{ptk}。预应力梁混凝土强度等级C40,孔道内金属波纹管Φ80mm,张拉端采用STM15-9锚具,YCQ(W)-250kg千斤顶张拉。

3.2.2 施工工艺要点

1) 工艺流程

放线→支底模→梁内钢筋绑扎→固定波纹管托架→安装波纹管→锚垫层→上侧模→穿束→浇筑混凝土(抽动钢绞线)→混凝土养护(强度达100%)→锚具安装→张拉→锚固→孔道灌浆→封端→拆模。

2) 大梁支模(略)

3) 波纹管铺设

曲线孔道留设→波纹管托架制作与安装→波纹管安设→安设质量要求。

4) 钢绞线性能、下料、编束、穿束

钢绞线性能→钢绞线下料长度→钢绞线编束→钢绞线穿束→混凝土浇筑。

5) 预应力筋张拉(略)

6) 灌浆(略)

7) 封锚头(略)

3.2.3 预应力梁及井字梁施工注意事项(略)

3.3 椭圆形斜屋顶的施工

本工程(以 1200 座会议厅为例)屋顶为椭圆形的斜屋顶，整片屋顶倾斜14°，外径 $a×b$=40.721m× 30.467m，混凝土 C25，板厚 100，双层双向 Φ 10@100。中空，为一椭圆形钢索拉接钢索 ($a×b$=21.022m×19.272m)，环梁 $b×h$=350mm×850mm，钢拉索为 Φ 28 圆钢，布置 3.6m×1.8m。

3.3.1 模板工程(略)

3.3.2 钢筋工程(略)

3.3.4 拉接钢索施工

本工程拉接钢索安装因图纸未明确，目前暂时拟定采用分块地面组装、高空吊装。

1) 工艺流程

根据地面组装布置图布置临时场地→散件组装成 3.6m×1.8m 的分块拉接钢索→弹出轴线，控制标高→处理支座点→塔式起重机同步起吊分块拉接钢索就位→用钢丝绳拉在钢筋混凝土环梁的预埋吊环上(减少拉接钢索变形)→搭设临时操作平台→安装拉接钢索杆件→复测验校正确→全部拧紧螺栓球→拆除操作平台和临时钢绳支点。

2) 施工方法

根据地面组装布置图范围，平整场地铺设道渣。用振动灌浆法找平场地。地面分组负责组装，分块拉接钢索。由塔式起重机联合作业，指挥负责塔式起重机起吊拉接钢索同步就位工作；安装拉接钢索构件另分组完成。经复核符合要求后，拆除临时操作平台和钢绳支点。

3) 拉接钢索安装前准备工作(略)

4) 拉接钢索安装

(1) 拉接钢索安装过程中，节点球中心对准拉接钢索工程轴线。

(2) 按拉接钢索结构设计规程(规范)要求确定拉接钢索矢高，预拱度检查控制点，并预先计算出各点矢高值，预拱度经监理和设计代表认可后，在安装过程中应严格控制并加强检查。

(3) 安装中的拉接钢索每个控制点的预拱值，尚需计入中部有临时支承点而计算叠加的过盈值，以保证拉接钢索形成整体、中部临时支承点拆除后的有效预拱度。

(4) 各个节点处螺栓必须保证拧紧到位并及时组织检查，谨防松动现象。安装该区拉接钢索时，要特别注意，拉接钢索支座位置必须准确，位置要随安装随校正，以免拉接钢索合拢时造成困难。

3.4 扩音、即席发言及同声传译系统(略)

3.5 自然条件影响下的施工方案(略)

雨期施工方案；高温季节施工方案；防白蚁危害的措施；防盐雾腐蚀的措施。

4 质量、安全、环保施工措施(略)

工程质量保证措施；安全施工措施；文明施工措施。

5 主要经济技术指标

(1) 本项目工程总造价为 12000 万元，建筑面积 10021m²，单位造价为 11974.85 元/m²。

(2) 本项目计划于 2000 年 6 月 20 日开工，至 2001 年 11 月 20 日前竣工，总工期为 17 个月。

(3) 全员劳动生产率=12000 万元÷17 月÷602 人×12 月/年=140707.45 元/(人·年)。

(4) 单位指标

$$单位用工=215242 \text{ 工日} ÷ 1002 \text{lm}^2 = 21.48 \text{ 工日}/\text{m}^2$$

$$水泥用量=7388\text{t} ÷ 10021\text{m}^2 = 0.737\text{t}/\text{m}^2$$

$$木料用量=225\text{m}^3 ÷ 1002\text{lm}^2 = 0.022\text{m}^3/\text{m}^2$$

$$钢材用量=1983 ÷ 10021\text{m}^2 = 0.198\text{t}/\text{m}^2$$

(5) 工程质量目标为优良工程，分部分项工程合格率达到100%，优良率大于75%。

(6) 安全目标：杜绝重大伤亡事故。

小　　结

本章内容包括工程施工组织研究对象和任务，建筑产品及其生产特点，工程建设程序和施工程序，施工组织设计和项目管理规划，工程施工组织基本原则。

通过对本章的学习，应该熟悉工程施工组织研究对象和任务，能在主要工种工程施工技术的基础上，分析建筑产品和建筑产品施工特点对施工组织的影响，熟悉工程建设程序和施工程序，熟悉施工组织设计和项目管理规划的关系，掌握施工组织设计的作用、分类、内容、实施与贯彻，重点是掌握施工组织设计编制原则和工程施工组织的基本原则。

思考题与习题

1-1　什么是工程？工程施工组织的研究对象是什么？

1-2　工程施工组织的主要任务是什么？

1-3　建筑产品具有什么特点？建筑产品生产的主要特点是什么？

1-4　什么是工程建设？工程建设的主要内容包括哪些工作？

1-5　什么是工程建设程序？我国的工程建设程序应包括哪几个阶段？

1-6　建筑工程施工程序是怎样的？

1-7　什么是施工组织设计？施工组织设计有何作用？

1-8　施工组织设计是怎样分类的？

1-9　项目管理规划与施工组织设计的关系是怎样的？

1-10　施工组织设计编制应遵循哪些原则？

1-11　工程施工组织基本原则是什么？

第 2 章 工程流水施工原理

 教学目标

本章主要讲述工程流水施工的基本原理。通过本章的学习,应达到以下目标。
(1) 了解流水施工的概念及特点。
(2) 掌握流水施工的主要参数及其确定方法。
(3) 了解流水施工的分类。
(4) 熟悉流水指示图表的绘制方法。
(5) 了解流水施工的组织方式,掌握有节奏和无节奏流水组织方法(即全等节拍流水、成倍节拍流水和分别流水施工的组织方法)。

 教学要求

知 识 要 点	能 力 要 求	相 关 知 识
流水施工的基本概念	熟悉三种组织施工的优缺点,流水施工的经济效果,进度计划的表达方式	建筑施工工艺,工程识图
流水施工的基本参数	掌握施工过程、施工段、流水节拍、流水步距、工期的确定方法	建筑施工工艺,工程量计算规则,工期定额
流水施工的组织方法	掌握全等节拍、成倍节拍、分别流水施工的组织方法	建筑施工技术,工程量计算规则,工期定额,工程绘图
流水施工的组织实例	能独立编制一个单位工程流水施工进度计划图表	建筑施工技术,工程量计算规则,工期定额,工程绘图

 基本概念

流水施工;施工过程;工作面;施工段;流水节拍;流水步距;工期。

引例

某宾馆工程施工，建筑为大厅部分16层，两翼13层，建筑面积11620m^2，主体结构中间大厅部分为框剪结构，两翼均为剪力墙结构，外墙板采用大模板住宅通用构件，内墙为C20钢筋混凝土。该工程主体结构施工过程有：

- 绑扎柱钢筋A，需要时间12天；
- 安装柱模板B，需要时间12天；
- 浇筑柱混凝土C，需要时间12天；
- 安装梁板模板D，需要时间12天；
- 绑扎梁板钢筋E，需要时间12天；
- 浇筑梁板混凝土F，需要时间12天。

工程在平面上可划分为四个施工段，其中安装柱模板B、浇筑柱混凝土C允许平行搭接1天，安装梁板模板D、绑扎梁板钢筋E有2天技术组织间歇时间，上级领导规定该工程必须在28天内完成。你思考下列问题：

(1) 该工程如何安排才能达到计划目的？

(2) 如果不按上述组织方法，本工程还可采用何种组织方式？哪一种组织方式开展工作效果更好呢？

2.1 流水施工原理概述

在工程施工中，通常采用依次施工、平行施工和流水施工三种施工组织方式。理论分析和工程实践证明：在所有生产管理领域中，流水作业法是组织产品生产的最佳的、科学的形式；在建设安装工程施工中，流水施工法也是最有效的形式。流水作业法建立在分工协作的基础上，它能使生产过程具有连续性和均衡性。但是，由于建筑产品及其生产特点不同，流水施工概念、特点和效果与一般工业产品生产也略有不同。

2.1.1 组织施工的三种方式

任何一个建筑工程都是由许多施工过程组成的，而每一个施工过程可以组织一个或多个施工队组来进行施工。如何组织各施工队组的先后顺序或平行搭接施工，是组织施工的一个基本的问题。通常，组织施工时有依次施工、平行施工和流水施工三种方式。现就案例分析三种方式的特点和效果。

 **应用案例2-1**

某4幢相同的建筑物，其编号分别为Ⅰ、Ⅱ、Ⅲ、Ⅳ，它们的基础工程量都相等，而且都是由挖土方、做垫层、砌基础和回填土等4个施工过程组成，每个施工过程的施工天数均为5天，试组织其施工。

1. 依次施工

依次施工又称顺序施工,是将工程对象任务分解成若干个施工过程,按照一定的施工顺序,前一个施工过程完成后,后一个施工过程才开始施工;或前一个施工段完成后,下一个施工段才开始施工。它是一种最基本的、最原始的施工组织方式。

按照依次施工组织方式施工,施工进度计划安排如图 2.1 中"依次施工"栏所示。

由图 2.1 可以看出,依次施工组织方式的优点是每天投入的劳动力较少,机械使用不集中,材料供应较单一,施工现场管理简单,便于组织和安排。依次施工组织方式的缺点如下。

(1) 由于没有充分地利用工作面去争取时间,所以工期最长。

(2) 各队组施工及材料供应无法保持连续和均衡,工人有窝工的情况。

(3) 不利于改进工人的操作方法和施工机具,不利于提高工程质量和劳动生产率。

(4) 按施工过程依次施工时,各施工队组虽能连续施工,但不能充分利用工作面,工期长,且不能及时为上部结构提供工作面。由此可见,采用依次施工不但工期拖得较长,且在组织安排上也不尽合理。当工程规模比较小,施工工作面又有限时,依次施工是合适的,也是常见的。

2. 平行施工

平行施工是指全部工程任务的各施工段同时开工、同时完成的一种施工组织方式。

在应用案例 2-1 中,如果采用平行施工组织方式,其施工进度计划如图 2.1 中"平行施工"所示。

由图 2.1 可以看出,平行施工组织方式的优点是充分利用了工作面,完成工程任务的时间最短;施工队组数成倍增加,机具设备也相应增加,材料供应集中;临时设施、仓库和堆场面积也要增加,从而造成组织安排和施工管理困难,增加施工管理费用。

平行施工一般适用于工期要求紧,大规模的建筑群及分批分期组织施工方式只有在各方面的资源供应有保障的前提下,才是合理的。

3. 流水施工

流水施工就是指所有的施工过程按一定的时间间隔依次投入施工,各个施工过程陆续开工、陆续竣工,使同一施工过程的施工队组保持连续、均衡施工,不同的施工过程尽可能平行搭接施工的组织方式。

在应用案例 2-1 中,采用流水施工组织方式,其施工进度计划如图 2.1 "流水施工"栏所示。

由图 2.1 可以看出,流水施工所需的时间比依次施工短,各施工过程投入的劳动力比平行施工少;各施工队组的施工和物资的消耗具有连续性和均衡性,前后施工过程尽可能平行搭接施工,比较充分地利用了施工工作面;机具、设备、临时设施等比平行施工少,节约施工费用支出;材料等组织供应均匀。

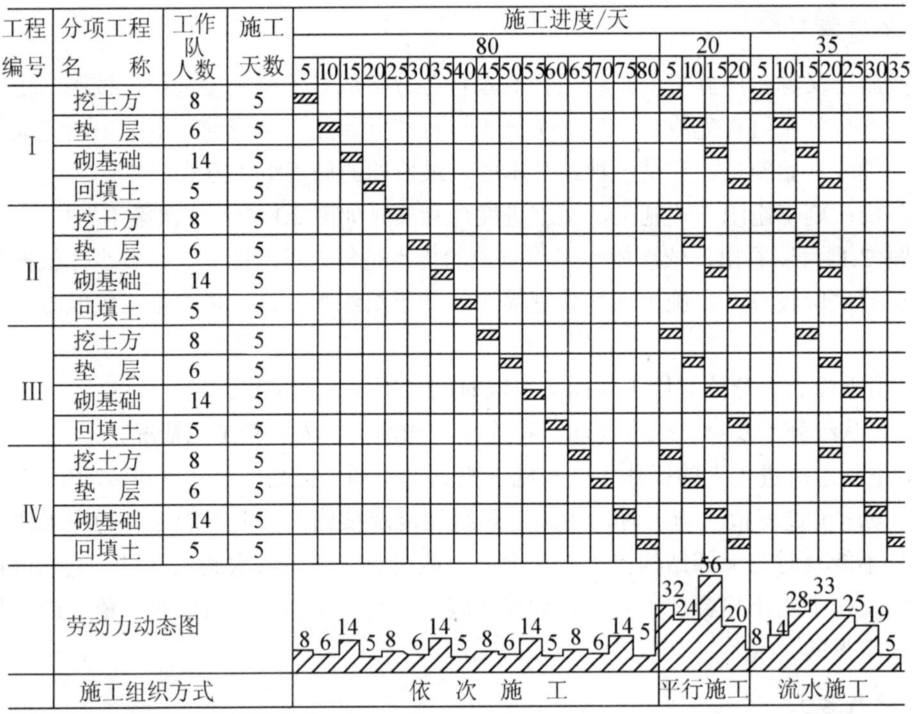

图 2.1　组织施工的三种方式比较图

2.1.2　流水施工的特点

流水施工是在依次施工和平行施工的基础上产生的，它既克服了依次施工和平行施工的缺点，又具有它们两者的优点。它的主要特点是施工的连续性、均衡性和节奏性，使各种物资资源可以均衡地使用，使施工企业的生产能力可以充分地发挥，劳动力得到了合理的安排和使用，具有以下特点。

(1) 科学地利用了工作面，争取了时间，工期比较合理。

(2) 工作队及其工人实现了专业化施工，可使工人的操作技术熟练，更好地保证工程质量，提高劳动生产率。

(3) 专业工作队及其工人能够连续作业，使相邻的专业工作队之间实现了最大限度的合理的搭接。

(4) 单位时间投入施工的资源量较为均衡，有利于资源供应的组织工作。

(5) 为文明施工和进行现场的科学管理创造了有利条件。

2.1.3　流水施工的经济效果

流水施工在工艺划分、时间排列和空间布置上统筹安排，必然会给相应的项目经理部带来显著的经济效果，具体可归纳为以下几点。

(1) 便于改善劳动组织，改进操作方法和施工机具，有利于提高劳动生产率。

(2) 专业化的生产可提高工人的技术水平，使工程质量相应地提高。

(3) 工人技术水平和劳动生产率的提高，可以减少用工量和施工暂设工程建造量，降低工程成本，提高利润水平。

(4) 可以保证施工机械和劳动力得到充分、合理的利用。

(5) 由于流水施工的连续性，减少了专业工作的间隔时间，达到了缩短工期的目的，可使拟建工程项目尽早竣工，交付使用，发挥投资效益。

(6) 由于工期短、效率高、用人少、资源消耗均衡，可以减少现场管理费和物资消耗，实现合理储存与供应，有利于提高项目经理部的综合经济效益。

2.1.4 流水施工表达方式

流水施工的表达方式，主要有水平指示图表、垂直指示图表和网络图三种表达方式。

(1) 流水施工水平指示图表，又称横道图，也称甘特图。在水平指示图表中，横坐标表示流水施工的持续时间；纵坐标表示开展流水施工的施工过程、专业工作队的名称、编号和数目；呈梯形分布的水平线段表示流水施工的开展情况，如图 2.2 所示。T 为流水施工计划总工期；T_1 为最后一个专业工作队或施工过程完成施工段全部施工任务的持续时间；n 为专业工作队数或施工过程数；m 为施工段数；K 为流水步距；t_i 为流水节拍；Ⅰ，Ⅱ，Ⅲ，Ⅳ，Ⅴ，……为专业工作队或施工过程的编号；①，②，③，④，……为施工段的编号。

水平指示图表的优点是，绘图简单，施工过程及其先后顺序清楚，时间和空间状况形象直观，水平线段的长度可以反映流水施工进度，使用方便，在实际工程中，常用水平图表编制施工进度计划。

(2) 垂直指示图表，又称斜线图。在垂直指示图表中，横坐标表示流水施工的持续时间；纵坐标表示开展流水施工所划分的施工段编号，施工段编号自下而上排列；n 条斜线段表示各专业工作队或施工过程开展流水施工的情况，如图 2.3 所示。图中各符号的含义同图 2.2 所示。

垂直指示图表的优点是，施工过程及其先后顺序清楚，时间和空间状况形象直观，斜向进度线的斜率可以明显表示出各施工过程的施工速度；利用垂直指示图表研究流水施工的基本理论比较方便，但编制实际工程进度计划不如横道图方便，一般不用其表示实际工程的流水施工进度计划。

(3) 网络图。流水施工网络图的表示方式又可分有单代号网络图、双代号网络图、双代号时标网络图和单代号搭接网络图几种，详见第 3 章工程网络计划技术中讲述。

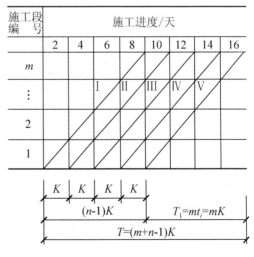

图 2.2　水平指示图表　　　　　图 2.3　垂直指示图表

2.2 流水施工的基本参数

由流水施工的基本概念及组织流水施工的条件可知：施工过程的分解、流水施工段的划分、施工队组的组织、施工过程间的搭接、各流水施工段上的作业时间共五个方面的问题是流水施工中需要解决的主要问题。只有解决好这五个方面的问题，使空间和时间得到合理、充分地利用，方能达到提高工程施工技术经济效果的目的。为此，流水施工包括工艺参数(施工过程和流水强度)、空间参数(工作面和施工段)、时间参数(流水节拍、流水步距和流水工期)等三类，称为流水施工基本参数。

2.2.1 工艺参数

在组织流水施工时，用以表达流水施工在施工工艺上开展顺序及其特征的参数，称为工艺参数。通常，工艺参数包括施工过程数和流水强度两种。

1. 施工过程数(n)

施工过程数是指参与一组流水的施工过程数目，以符号 n 表示。施工过程是指工序、分项工程、分部工程、单位工程。施工过程划分的数目多少、粗细程度一般与下列因素有关。

1) 施工计划的性质与作用

对工程施工控制性计划、长期计划及建筑群体规模大、结构复杂、施工期长的工程的施工进度计划，其施工过程划分可粗些，综合性大些，一般划分至单位工程或分部工程。对中小型单位工程及施工工期不长的工程的施工实施性计划，其施工过程划分可细些、具体些，一般划分至分项工程。对月度作业性计划，有些施工过程还可分解为工序，如安装模板、绑扎钢筋等。

2) 施工方案及工程结构

施工过程的划分与工程的施工方案及工程结构形式有关。如厂房的柱基础与设备基础挖土，如同时施工，可合并为一个施工过程；若先后施工，可分为两个施工过程。承重墙与非承重墙的砌筑，也是如此。砌体结构、大墙板结构、装配式框架与现浇钢筋混凝土框架等不同的结构体系，其施工过程划分及其内容也各不相同。

3) 劳动组织及劳动量大小

施工过程的划分与施工队组的组织形式有关。如现浇钢筋混凝土结构的施工，如果是单一工种组成的施工班组，可以划分为支模板、绑扎钢筋、浇筑混凝土 3 个施工过程；同时为了组织流水施工的方便或需要，也可合并成一个施工过程，这时劳动班组由多工种混合班组组成。

施工过程的划分还与劳动量大小有关，劳动量小的施工过程，当组织流水施工有困难时，可与其他施工过程合并，如垫层劳动量较小时可与挖土合并为一个施工过程，这样可以使各个施工过程的劳动量大致相等，便于组织流水施工。

4) 施工过程内容和工作范围

一般来说，施工过程可分为下述四类：加工厂(或现场外)生产各种预制构件的施工过程；各种材料及构件、配件、半成品的运输过程；直接在工程对象上操作的各个施工过程(安装砌筑类施工过程)；大型施工机具安置及砌砖、抹灰、装修等脚手架搭设施工过程(不构成工程实体的施工过程)。前两类施工过程，一般不应占有施工工期，只配合工程实体施工进度的需要，及时组织生产和供应到现场，所以一般可以不划入流水施工过程；第三类必须划入流水施工过程；第四类要根据具体情况，如果需要占有施工工期，则可划入流水施工过程。

2. 流水强度

流水强度是指某施工过程在单位时间内所完成的工程量，一般以 V_i 表示。

(1) 机械施工过程的流水强度为

$$V_i = \sum_{i=1}^{x} R_i S_i \qquad (2\text{-}1)$$

式中：V_i——某施工过程 i 的机械操作流水强度；

　　　R_i——投入施工过程 i 的某种施工机械台数；

　　　S_i——投入施工过程 i 的某种施工机械产量定额；

　　　x——投入施工过程 i 的施工机械种类数。

(2) 人工施工过程的流水强度为

$$V_i = R_i S_i \qquad (2\text{-}2)$$

式中：V_i——某施工过程 i 的人工操作流水强度；

　　　R_i——投入施工过程 i 的工作队人数；

　　　S_i——投入施工过程 i 的工作队平均产量定额。

2.2.2 空间参数

在组织流水施工时，用以表达流水施工在空间布置上所处状态的参数，称为空间参数。空间参数主要有工作面、施工段数和施工层数。

1. 工作面

某专业工种的工人在从事建筑产品施工生产过程中，所必须具备的活动空间，这个活动空间称为工作面。它的大小是根据相应工种单位时间内的产量定额、工程操作规程和安全规程等的要求确定的。工作面确定得合理与否，直接影响到专业工种工人的劳动生产效率，对此，必须认真加以对待，合理确定。有关工种的工作面见表 2-1。

表 2-1 主要工种工作面参考数据表

工 作 项 目	每个技工的工作面	说　　明
砖基础	7.6m/人	以 $1\frac{1}{2}$ 砖计，2 砖乘以 0.8，3 砖乘以 0.55

续表

工 作 项 目	每个技工的工作面	说　明
砌砖墙	8.5m/人	以1砖计，$1\frac{1}{2}$砖乘以0.7，2砖乘以0.57
毛石墙基	3m/人	以60cm计
毛石墙	3.3m/人	以40cm计
混凝土柱、墙基础	8 m³/人	机拌、机捣
混凝土设备基础	7m³/人	机拌、机捣
现浇钢筋混凝土柱	2.45 m³/人	机拌、机捣
现浇钢筋混凝土梁	3.20 m³/人	机拌、机捣
现浇钢筋混凝土墙	5 m³/人	机拌、机捣
现浇钢筋混凝土楼板	5.3 m³/人	机拌、机捣
预制钢筋混凝土柱	3.6 m³/人	机拌、机捣
预制钢筋混凝土梁	3.6 m³/人	机拌、机捣
预制钢筋混凝土屋架	2.7 m³/人	机拌、机捣
预制钢筋混凝土平板、空心板	1.91 m³/人	机拌、机捣
预制钢筋混凝土大型屋面板	2.62 m³/人	机拌、机捣
混凝土地坪及面层	40m²/人	机拌、机捣
外墙抹灰	16 m²/人	
内墙抹灰	18.5 m²/人	
卷材屋面	18.5 m²/人	
防水水泥砂浆屋面	16 m²/人	
门窗安装	11 m²/人	

2. 施工段数(m)和施工层数(r)

施工段数和施工层数是指工程对象在组织流水施工中所划分的施工区段数目。一般把平面上划分的若干个劳动量大致相等的施工区段称为施工段，用符号 m 表示。把建筑物垂直方向划分的施工区段称为施工层，用符号 r 表示。

划分施工区段的目的，就在于保证不同的施工队组能在不同的施工区段上同时进行施工，消灭由于不同的施工队组不能同时在一个工作面上工作而产生的互等待、停歇现象，为流水施工创造条件。

划分施工段的基本要求。

(1) 施工段的数目要合理。施工段数过多势必要减少工作面人数，工作面不能充分利用，拖长工期；施工段数过少，则会引起劳动力、机械和材料供应的过分集中，有时还会造成"断流"的现象。

(2) 各施工段的劳动量(或工程量)要大致相等(相差宜在15%以内)，以保证各施工队组连续、均衡、有节奏地施工。

(3) 要有足够的工作面，使每一施工段所能容纳的劳动力人数或机械台数能满足合理劳动组织的要求。

(4) 要有利于结构的整体性。施工段分界线宜划在伸缩缝、沉降缝以及对结构整体性影响较小的位置。

(5) 以主导施工过程为依据进行划分。例如在砌体结构房屋施工中，就是以砌砖、楼板安装为主导施工过程来划分施工段的。而对于整体的钢筋混凝土框架结构房屋，则是以钢筋混凝土工程作为主导施工过程来划分施工段的。

(6) 当组织流水施工的工程对象有层间关系、分层分段施工时，应使各施工队组能连续施工。即施工过程的施工队组做完第一段能立即转入第二段，施工完第一层的最后一段能立即转入第二层的第一段。因此，每层的施工段数必须大于或等于其施工过程数。即

$$m_{\min} \geq n \tag{2-3}$$

例如，某3层砌体结构房屋的主体工程，施工过程划分为砌砖墙、现浇圈梁(含构造柱、楼梯)、预制楼板安装灌缝等，设每个施工过程在各个施工段上施工所需要的时间均为3天，则施工段数与施工过程数之间可能有下述三种情况。

(1) 当 $m=n$ 时，即每层分三个施工段组织流水施工时，其施工进度安排如图2.4所示。

施工过程	施工进度/天										
	3	6	9	12	15	18	21	24	27	30	33
砌体墙	Ⅰ-1	Ⅰ-2	Ⅰ-3	Ⅱ-1	Ⅱ-2	Ⅱ-3	Ⅲ-1	Ⅲ-2	Ⅲ-3		
现浇圈梁		Ⅰ-1	Ⅰ-2	Ⅰ-3	Ⅱ-1	Ⅱ-2	Ⅱ-3	Ⅲ-1	Ⅲ-2	Ⅲ-3	
安板灌缝			Ⅰ-1	Ⅰ-2	Ⅰ-3	Ⅱ-1	Ⅱ-2	Ⅱ-3	Ⅲ-1	Ⅲ-2	Ⅲ-3

图2.4 $m=n$ 时的进度安排

注：图中，Ⅰ、Ⅱ、Ⅲ表示楼层；1、2、3表示施工段。

从图2.4可以看出：当 $m=n$ 时，各施工队组连续施工，施工段上始终有施工队组，工作面能充分利用，无停歇现象，也不会产生工人窝工现象，比较理想。

(2) 当 $m>n$ 时，即每层分4个施工段组织流水施工时，其施工进度安排如图2.5所示。

施工过程	施工进度/天													
	3	6	9	12	15	18	21	24	27	30	33	36	39	42
砌体墙	Ⅰ-1	Ⅰ-2	Ⅰ-3	Ⅰ-4	Ⅱ-1	Ⅱ-2	Ⅱ-3	Ⅱ-4	Ⅲ-1	Ⅲ-2	Ⅲ-3	Ⅲ-4		
现浇圈梁		Ⅰ-1	Ⅰ-2	Ⅰ-3	Ⅰ-4	Ⅱ-1	Ⅱ-2	Ⅱ-3	Ⅱ-4	Ⅲ-1	Ⅲ-2	Ⅲ-3	Ⅲ-4	
安板灌缝			Ⅰ-1	Ⅰ-2	Ⅰ-3	Ⅰ-4	Ⅱ-1	Ⅱ-2	Ⅱ-3	Ⅱ-4	Ⅲ-1	Ⅲ-2	Ⅲ-3	Ⅲ-4

图2.5 $m>n$ 时的进度安排

注：图中，Ⅰ、Ⅱ、Ⅲ表示楼层；1、2、3、4表示施工段。

从图 2.5 可以看出：当 $m>n$ 时，施工队组仍是连续施工，但每层楼板安装后不能立即投入砌砖，即施工段上有停歇，工作面未被充分利用。但工作面的停歇并不一定有害，有时还是必要的，如可以利用停歇的时间做养护、备料、弹线等工作。但当施工段数目过多，必然导致工作面闲置，不利于缩短工期。

(3) 当 $m<n$ 时，即每层分 2 个施工段组织施工时，其施工进度安排如图 2.6 所示。

施工过程	施工进度/天								
	3	6	9	12	15	18	21	24	27	30
砌体墙	Ⅰ-1	Ⅰ-2		Ⅱ-1	Ⅱ-2		Ⅲ-1	Ⅲ-2		
现浇圈梁		Ⅰ-1	Ⅰ-2		Ⅱ-1	Ⅱ-2		Ⅲ-1	Ⅲ-2	
安板灌缝			Ⅰ-1	Ⅰ-2		Ⅱ-1	Ⅱ-2		Ⅲ-1	Ⅲ-2

图 2.6 $m<n$ 时的进度安排

注：图中，Ⅰ、Ⅱ、Ⅲ表示楼层；1、2 表示施工段。

从图 2.6 可以看出：当 $m<n$ 时，尽管施工段上未出现停歇，但施工队组不能及时进入第二层施工段施工而轮流出现窝工现象，施工段没有空闲。因此，对于一个建筑物组织流水施工是不适宜的，应加以杜绝；但是，在建筑群中可与一些建筑物组织大流水施工，来弥补停工现象。

从上面的三种情况可以看出，施工段数目的多少，直接影响工期的长短，而且要想保证专业工作队能够连续施工，必须满足 $m \geq n$ 的要求。

在实际工作中，若某些施工过程需要考虑技术间歇和组织间歇时，则可用式(2-4)确定每层的最少施工段数，即

$$m_{\min} = n + \frac{\sum Z}{K} \tag{2-4}$$

式中：$m_{\min}$ ——每层需划分的最少施工段；

n ——施工过程数或专业工作队数；

$\sum Z$ ——某些施工过程之间的技术间歇和组织间歇时间之和；

K ——流水步距。

应当指出，当无层间关系或无施工层(如某些单层建筑物、基础工程等)时，则施工段数 m 并不受式(2-3)、式(2-4)的限制，可按前面所述划分施工段的原则进行确定。

施工层的划分，要考虑施工项目的具体情况，根据建筑物的高度、楼层来确定。如砌筑工程的施工层高度一般为 1.2～1.4m(即一步架高)；混凝土结构、室内抹灰、木装饰、油漆玻璃和水电安装等的施工高度，可按楼层进行施工层的划分。

2.2.3 时间参数

在组织流水施工时，用以表达流水施工在时间排列上所处状态的参数，称为时间参数。时间参数包括：流水节拍、流水步距、平行搭接时间、技术间歇时间与组织管理间歇时间、工期。

1. 流水节拍(t)

流水节拍是指在施工段上的持续时间。即指从事某一施工过程的施工队组在一个施工段上完成施工任务所需的时间,用符号 t_i 表示($i=1、2\cdots$)。

1) 流水节拍的确定

流水节拍的大小直接关系到投入的劳动力、机械和材料量的多少,决定着施工速度和施工的节奏,因此,合理确定流水节拍,具有重要的意义。流水节拍可按下列三种方法确定。

(1) 定额计算法。这是根据各施工段的工程量和现有能够投入的资源量(劳动力、机械台数和材料量等),按式(2-5)或式(2-6)进行计算。

$$t_i = \frac{Q_i}{S_i R_i N_i} = \frac{P_i}{R_i N_i} \tag{2-5}$$

或

$$t_i = \frac{Q_i H_i}{R_i N_i} = \frac{P_i}{R_i N_i} \tag{2-6}$$

式中:t_i——某施工过程的流水节拍;

Q_i——某施工过程在某施工段上的工程量;

S_i——某施工队组的计划产量定额;

H_i——某施工队组的计划时间定额;

P_i——在一施工段上完成某施工过程所需的劳动量(工日数)或机械台班量(台班数),按式(2-7)计算:

$$P_i = \frac{Q_i}{S_i} = Q_i H_i \tag{2-7}$$

R_i——某施工过程的施工队组人数或机械台数;

N_i——每天工作班制。

在式(2-5)和式(2-6)中,S_i 和 H_i 应是施工企业的工人或机械所能达到实际定额水平。

(2) 经验估算法。它是根据以往的施工经验进行估算。一般为了提高其准确程度,往往先估算出该流水节拍的最长、最短和最可能三种时间,然后据此求出期望时间作为某施工队组在某施工段上的流水节拍。因此,本方法又称为三种时间估算法。一般按式(2-8)计算。

$$t_i = \frac{a + 4c + b}{6} \tag{2-8}$$

式中:t_i——某施工过程在某施工段上的流水节拍;

a——某施工过程在某施工段上的最短估算时间;

b——某施工过程在某施工段上的最长估算时间;

c——某施工过程在某施工段上的最可能估算时间。

这种方法多适用于采用新工艺、新方法和新材料等没有定额可循的工程。

(3) 工期计算法。对某些施工任务在规定日期内必须完成的工程项目,往往采用倒排进度法,即根据工期要求先确定流水节拍 t_i,然后应用式(2-5)、式(2-6)求出所需的施工队组人数或机械台数。但在这种情况下,必须检查劳动力和机械供应的可能性,物资供应能否与之相适应。具体步骤如下。

① 根据工期倒排进度,确定某施工过程的工作延续时间。

② 确定某施工过程在某施工段上的流水节拍。若同一施工过程的流水节拍不等，则用估算法；若流水节拍相等，则按式(2-9)计算

$$t_i = \frac{T_i}{m} \tag{2-9}$$

式中：t_i——某施工过程的流水节拍；
　　　T_i——某施工过程的工作持续时间；
　　　m——施工段数。

2) 确定流水节拍应考虑的因素

(1) 施工队组人数应符合该施工过程最小劳动组合人数的要求。所谓最小劳动组合，就是指某一施工过程进行正常施工所必需的最低限度的队组人数及其合理组合。如模板安装就要按技工和普工的最少人数及合理比例组成施工队组，人数过少或比例不当都将引起劳动生产率的下降，甚至无法施工。

(2) 要考虑工作面的大小或某种条件的限制。施工队组人数也不能太多，每个工人的工作面要符合最小工作面的要求。否则，就不能发挥正常的施工效率或不利于安全生产。

(3) 要考虑各种机械台班的效率或机械台班产量的大小。

(4) 要考虑各种材料、构配件等施工现场堆放量、供应能力及其他有关条件的制约。

(5) 要考虑施工及技术条件的要求。例如，浇筑混凝土时，为了连续施工有时要按照三班制工作的条件决定流水节拍，以确保工程质量。

(6) 确定一个分部工程各施工过程的流水节拍时，首先应考虑主要的、工程量大的施工过程的节拍，其次确定其他施工过程的节拍值。

(7) 节拍值一般取整数，必要时可保留 0.5 天(台班)的小数值。

2. 流水步距(K)

流水步距是指相邻过程的相继开始的时间间隔。即指两个相邻的施工过程的施工队组相继进入同一施工段开始施工的最小时间间隔(不包括技术与组织间歇时间)，用符号 $K_{i,i+1}$ 表示(i 表示前一个施工过程，$i+1$ 表示后一个施工过程)。

流水步距的大小，对工期有着较大的影响。一般说来，在施工段不变的条件下，流水步距越大，工期越长；流水步距越小，则工期越短。流水步距还与前后两个相邻施工过程流水节拍的大小、施工工艺技术要求、施工段数目、流水施工的组织方式有关。

流水步距的数目等于(n-1)个参加流水施工的施工过程(队组)数。

1) 确定流水步距的基本要求

(1) 主要施工队组连续施工的需要。流水步距的最小长度，必须使主要施工专业队组进场以后，不发生停工、窝工现象。

(2) 施工工艺的要求。保证每个施工段的正常作业程序，不发生前一个施工过程尚未全部完成，而后一个施工过程提前介入的现象。

(3) 最大限度搭接的要求。流水步距要保证相邻两个专业队在开工时间上最大限度地合理地搭接。

(4) 要满足保证工程质量，满足安全生产、成品保护的需要。

2) 确定流水步距的方法

确定流水步距的方法很多,简捷、实用的方法主要有图上分析计算法(公式法)和累加数列法(潘特考夫斯基法)。公式法确定见本章第 2.3 节中的相关内容,而累加数列法适用于各种形式的流水施工,且较为简捷、准确。

累加数列法没有计算公式,它的文字表达式为:"累加数列错位相减取大差"。其计算步骤如下。

(1) 将每个施工过程的流水节拍逐段累加,求出累加数列。
(2) 根据施工顺序,对所求相邻的两累加数列错位相减。
(3) 根据错位相减的结果,确定相邻施工队组之间的流水步距,即相减结果中数值最大者。

 应用案例 2-2

某工程项目由 A、B、C、D 四个施工过程组成,分别由四个专业工作队完成,在平面上划分成 4 个施工段,每个施工过程在各个施工段上的流水节拍见表 2-2。试确定相邻专业工作队之间的流水步距。

表 2-2 某工程项目的流水节拍

施工段 施工过程	①	②	③	④
A	4	2	3	2
B	3	4	3	4
C	3	2	2	3
D	2	2	1	2

案例分析

(1) 求流水节拍的累加数列

A:4,6,9,11
B:3,7,10,14
C:3,5,7,10
D:2,4,5,7

(2) 错位相减

A 与 B 为

```
    4,  6,  9,  11
-)      3,  7,  10, 14
    ─────────────────
    4,  3,  2,  1,  -14
```

B 与 C 为

```
    3,  7,  10, 14
-)      3,  5,  7,  10
    ─────────────────
    3,  4,  5,  7,  -10
```

C 与 D 为

$$
\begin{array}{r}
3,\ 5,\ 7,\ 10 \\
-)\quad\ 2,\ 4,\ 5,\ 7 \\
\hline
3,\ 3,\ 3,\ 5,\ -7
\end{array}
$$

(3) 确定流水步距。

因流水步距等于错位相减所得结果中数值最大者，故有

$K_{A,B}=\max\{4,3,2,1,-14\}$ 天 $=4$ 天

$K_{B,C}=\max\{3,4,5,7,-10\}$ 天 $=7$ 天

$K_{C,D}=\max\{3,3,3,5,-7\}$ 天 $=5$ 天

3. 平行搭接时间

在组织流水施工时，有时为了缩短工期，在工作面允许的条件下，如果前一个施工队组完成部分施工任务后，能够提前为后一个施工队组提供工作面，使后者提前进入前一个施工段，两者在同一施工段上平行搭接施工，这个搭接时间称为平行搭接时间，通常以 $C_{i,i+1}$ 表示。

4. 技术间歇时间

在组织流水施工时，除要考虑相邻专业工作队之间的流水步距外，有时根据建筑材料或现浇构件等的工艺性质，还要考虑合理的工艺等待间歇时间，这种相邻两个施工过程在时间上不能衔接施工而必须留出的时间间隔，称为技术间歇时间。如混凝土构件浇筑后的养护时间、砂浆抹灰面和油漆的干燥时间等。技术间歇时间用 $Z_{i,i+1}$ 表示。

5. 组织间歇时间

在流水施工中，由于施工技术或施工组织的原因，造成的在流水步距以外增加的间歇时间，称为组织间歇时间。如墙体砌筑前的墙身位置弹线，施工人员、机械转移，回填土前地下管道检查验收等。组织间歇时间以 $G_{i,i+1}$ 表示。

6. 工期(T)

工期是指完成一项工程任务或一个流水组施工所需的时间。即指第一个施工队开始施工至最后一个施工队完成施工止的持续时间的总和。一般可采用式(2-10)计算完成一个流水组的工期，即

$$T = \sum K_{i,i+1} + T_n + \sum Z_{i,i+1} + \sum G_{i,i+1} - \sum C_{i,i+1} \tag{2-10}$$

式中：T——流水组施工工期；

$K_{i,i+1}$——流水施工中各流水步距之和；

T_n——流水施工中最后一个施工过程的持续时间；

$Z_{i,i+1}$——第 i 个施工过程与第 $i+1$ 个施工过程之间的技术间歇时间；

$G_{i,i+1}$——第 i 个施工过程与第 $i+1$ 个施工过程之间的组织间歇时间；

$C_{i,i+1}$——第 i 个施工过程与第 $i+1$ 个施工过程之间的平行搭接时间。

2.3 流水施工的组织方法

建筑工程的流水施工要求有一定的节拍,才能步调和谐,配合得当。流水施工的节奏是由节拍所决定的。由于建筑工程的多样性,各分部分项的工程量差异较大,要使所有的流水施工都组织成统一的流水节拍是很困难的。在大多数的情况下,各施工过程的流水节拍不一定相等,甚至一个施工过程本身在各施工段上的流水节拍也不相等。因此形成了不同节奏特征的流水施工。

根据流水施工节奏特征的不同,流水施工的基本方式分为有节奏流水施工和无节奏流水施工两大类。有节奏流水施工又可分为等节奏流水施工和异节奏流水施工,如图 2.7 所示。

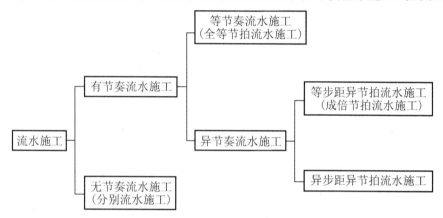

图 2.7 流水施工组织方式分类图

2.3.1 有节奏流水施工

有节奏流水施工是指同一施工过程在各施工段上的流水节拍都相等的一种流水施工方式。当各施工段劳动量大致相等时,即可组织有节奏流水施工。

根据不同施工过程之间的流水节拍是否相等,有节奏流水施工又可分为等节奏流水施工和异节奏流水施工。

1. 等节奏流水施工

等节奏流水施工是指同一施工过程在各施工段上的流水节拍都相等,并且不同施工过程之间的流水节拍也相等的一种流水施工方式。即各施工过程的流水节拍均为常数,故又称全等节拍流水施工或固定节拍流水施工。

例如,某工程划分为 A、B、C、D 四个施工过程,每个施工过程分五个施工段,流水节拍均为 3 天,组织等节奏流水施工,其进度计划安排如图 2.8 所示。

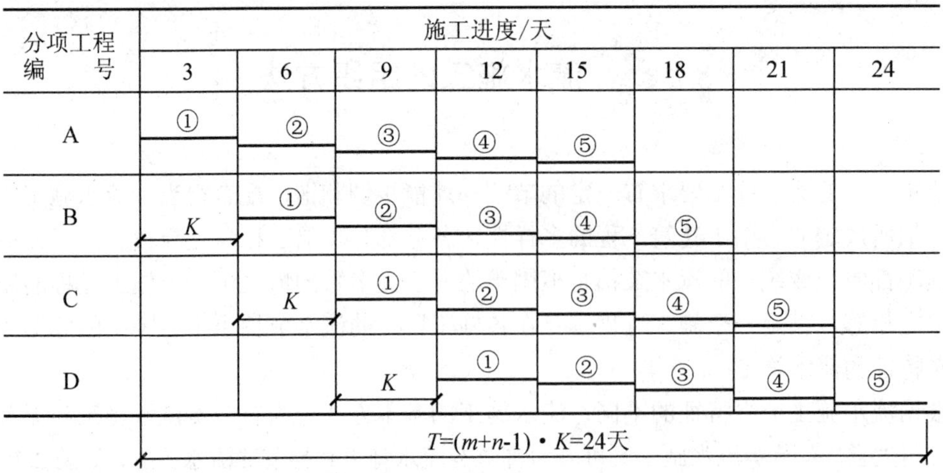

分项工程编号	施工进度/天							
	3	6	9	12	15	18	21	24
A	①	②	③	④	⑤			
B	K	①	②	③	④	⑤		
C		K	①	②	③	④	⑤	
D			K	①	②	③	④	⑤

$T=(m+n-1) \cdot K=24$ 天

图 2.8　等节拍流水施工进度计划

1) 等节奏流水施工的特征

(1) 各施工过程在各施工段上的流水节拍彼此相等。如有 n 个施工过程，流水节拍为 t_i，则

$$t_1 = t_2 = t_3 = t_4 = \cdots t_{n-1} = t_n = t\,(\text{常数})$$

(2) 流水步距彼此相等，而且等于流水节拍值，即

$$K_{1,2} = K_{2,3} = K_{3,4} = \cdots K_{n-1,n} = K = t\,(\text{常数})$$

(3) 各专业工作队在各施工段上能够连续作业，施工段之间没有空闲时间。

(4) 施工班组数(n_1)等于施工过程数(n)。

2) 等节奏流水施工段数目(m)的确定

(1) 无层间关系时，施工段数(m)按划分施工段的基本要求确定即可。

(2) 有层间关系时，为了保证各施工队组连续施工，应取 $m \geq n$。此时，每层施工段空闲数为 $m-n$，一个空闲施工段的时间为 t，则每层的空闲时间为 $(m-n)t=(m-n)K$。

若一个楼层内各施工过程间的技术、组织间歇时间之和为 $\sum Z_1$，楼层间技术、组织间歇时间为 Z_2。如果每层的 $\sum Z_1$ 均相等，Z_2 也相等，则保证各施工队组能连续施工的最小施工段数(m)的确定如下。

$$(m-n)K = \sum Z_1 + Z_2$$

$$m = n + \frac{\sum Z_1}{K} + \frac{Z_2}{K} \tag{2-11}$$

式中：m——施工段数；

　　　n——施工过程数；

　　　$\sum Z_1$——一个楼层内各施工过程间技术、组织间歇时间之和；

　　　Z_2——楼层间技术、组织间歇时间；

　　　K——流水步距。

3) 流水施工工期计算

(1) 不分施工层时，可按式(2-12)进行计算。因为

第 2 章 工程流水施工原理

$$\sum K_{i,i+1} = (n-1)t, \quad T_n = mt, \quad K = t$$

根据一般工期计算式(2-10)得

即
$$T = (n-1)K + mK + \sum Z_{i,i+1} - \sum C_{i,i+1}$$
$$T = (m+n-1)K + mK + \sum Z_{i,i+1} - \sum C_{i,i+1} \qquad (2\text{-}12)$$

式中：T——流水施工总工期；

m——施工段数；

n——施工过程数；

t——流水节拍；

K——流水步距；

$Z_{i,i+1}$——i，$i+1$ 两个施工过程之间的技术与组织间歇时间；

$C_{i,i+1}$——i，$i+1$ 两个施工过程之间的平行搭接时间。

(2) 分施工层时，可按式(2-13)进行计算

$$T = (mr+n-1)K + \sum Z_1 - \sum C_1 \qquad (2\text{-}13)$$

式中：$\sum Z_1$——同一施工层中技术与组织间歇时间之和；

$\sum C_1$——同一施工层中平行搭接时间之和。

其他符号含义同前。

 应用案例 2-3

某分部工程划分为 A、B、C、D 四个施工过程，每个施工过程分 3 个施工段，各施工过程的流水节拍均为 4 天，试组织等节奏流水施工。

【案例分析】

(1) 确定流水步距：由等节奏流水的特征可知

$$K = t = 4 \text{ 天}$$

(2) 计算工期

$$T = (m+n-1)K = (3+4-1) \times 4 \text{ 天} = 24 \text{ 天}$$

(3) 用横道图绘制流水进度计划，如图 2.9 所示。

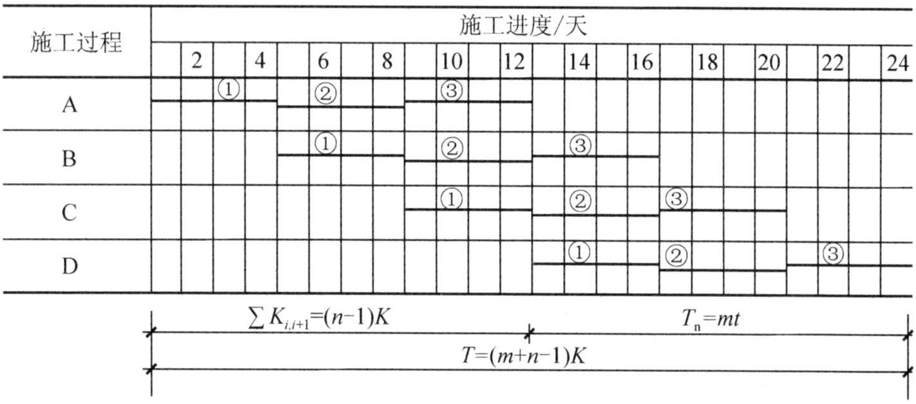

图 2.9 某分部工程无间歇全等节拍流水施工进度计划

应用案例 2-4

某工程由 A、B、C、D 四个施工过程组成,划分成两个施工层组织流水施工,各施工过程的流水节拍均为 2 天,其中,施工过程 B 与 C 之间有 2 天的技术间歇时间,层间技术间歇为 2 天。为了保证施工队组连续作业,试确定施工段数、计算工期、绘制流水施工进度表。

【案例分析】

(1) 确定流水步距:由等节奏流水的特征可知

$$K_{A,B} = K_{B,C} = K_{C,D} = K = 2 \text{ 天}$$

(2) 确定施工段数:本工程分两个施工层,施工段数由式(2-11)确定,即

$$m = n + \frac{\sum Z_1}{K} + \frac{Z_2}{K} = 4 + \frac{2}{2} + \frac{2}{2} \text{ 段} = 6 \text{ 段}$$

(3) 计算流水工期:由式(2-13)得

$$T = (mr + n - 1)K + \sum Z_1 - \sum C_1 = \left[(6 \times 2 + 4 - 1) \times 2 + 2 - 0 \right] \text{ 天} = 32 \text{ 天}$$

(4) 绘制流水施工进度表,如图 2.10 或图 2.11 所示。

施工过程	施工进度/天															
	2	4	6	8	10	12	14	16	18	20	22	24	26	28	30	32
A	I-1	I-2	I-3	I-4	I-5	I-6	II-1	II-2	II-3	II-4	II-5	II-6				
B		I-1	I-2	I-3	I-4	I-5	I-6	II-1	II-2	II-3	II-4	II-5	II-6			
C				I-1	I-2	I-3	I-4	I-5	I-6	II-1	II-2	II-3	II-4	II-5	II-6	
D					I-1	I-2	I-3	I-4	I-5	I-6	II-1	II-2	II-3	II-4	II-5	II-6

图 2.10 某工程分层并有间歇等节奏流水施工进度计划(施工层横向排列)

施工层	施工过程	施工进度/天															
		2	4	6	8	10	12	14	16	18	20	22	24	26	28	30	32
I	A	I-1	I-2	I-3	I-4	I-5	I-6										
	B		I-1	I-2	I-3	I-4	I-5	I-6									
	C			$Z_{B,C}$	I-1	I-2	I-3	I-4	I-5								
	D					I-1	I-2	I-3	I-4	I-5	I-6						
II	A						Z_Z	II-1	II-2	II-3	II-4	II-5	II-6				
	B								II-1	II-2	II-3	II-4	II-5	II-6			
	C								$Z_{B,C}$	II-1	II-2	II-3	II-4	II-5	II-6		
	D										II-1	II-2	II-3	II-4	II-5	II-6	

图 2.11 某工程分层并有间歇等节奏流水施工进度计划(施工层竖向排列)

等节奏流水施工的组织方法是：首先划分施工过程，应将劳动量小的施工过程合并到相邻施工过程中去，以使各流水节拍相等；其次确定主要施工过程的施工队组人数，计算其流水节拍；最后根据已定的流水节拍，确定其他施工过程的施工队组人数及其组成。

等节奏流水施工一般适用于工程规模较小，建筑结构比较简单，施工过程不多的房屋或某些构筑物。常用于组织一个分部工程的流水施工。

2. 异节奏流水施工

异节奏流水施工是指同一施工过程在各施工段上的流水节拍都相等，不同施工过程之间的流水节拍不一定相等的流水施工方式。异节奏流水又可分为异步距异节拍流水施工和等步距异节拍流水施工两种。

1) 异步距异节拍流水施工

(1) 异步距异节拍流水施工的特征。

① 同一施工过程流水节拍相等，不同施工过程之间的流水节拍不一定相等。

② 各个施工过程之间的流水步距不一定相等。

③ 各施工工作队能够在施工段上连续作业，但有的施工段之间可能有空闲。

④ 施工班组数(n_1)等于施工过程数(n)。

(2) 流水步距的确定：计算公式为

$$K_{i,i+1} = \begin{cases} t_i & (当 t_i \leqslant t_{i+1} 时) \\ mt_i - (m-1)t_{i+1} & (当 t_i > t_{i+1} 时) \end{cases} \tag{2-14}$$

式中：t_i——第 i 个施工过程的流水节拍；

t_{i+1}——第 $i+1$ 个施工过程的流水节拍。

流水步距也可由前述"累加数列法"求得。

(3) 计算流水施工工期：计算公式为

$$T = \sum K_{i,i+1} + mt_n + \sum Z_{i,i+1} - \sum C_{i,i+1} \tag{2-15}$$

式中：t_n——最后一个施工过程的流水节拍。

其他符号含义同前。

 应用案例 2-5

某工程划分为 A、B、C、D 4 个施工过程，分 3 个施工段组织施工，各施工过程的流水节拍分别为 $t_A=3$ 天，$t_B=4$ 天，$t_C=5$ 天，$t_D=3$ 天；施工过程 B 完成后有 2 天的技术间歇时间，施工过程 D 与 C 搭接 1 天。试求各施工过程之间的流水步距及该工程的工期，并绘制流水施工进度表。

【案例分析】

(1) 确定流水步距：根据上述条件及式(2-14)，各流水步距计算如下。

因为 $t_A < t_B$

所以 $K_{A,B} = t_A = 3$ 天

因为 $t_B < t_C$

所以 $K_{B,C} = t_B = 4$ 天

因为 $t_C > t_D$

所以 $K_{C,D} = mt_C - (m-1)t_D = (3 \times 5 - (3-1) \times 3)$ 天 = 9 天

(2) 计算流水工期

$$T = \sum K_{i,i+1} + mt_n + \sum Z_{i,i+1} - \sum C_{i,i+1} = \left[(3+4+9) + 3\times 3 + 2 - 1\right] \text{天} = 26 \text{天}$$

(3) 绘制施工进度计划表如图 2.12 所示。

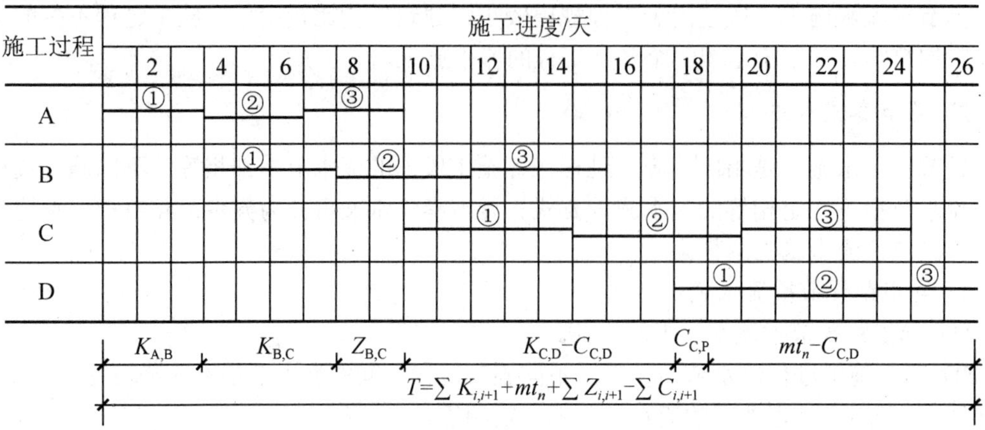

图 2.12 某工程异步距异节拍流水施工进度计划

组织异步距异节拍流水施工的基本要求是：各施工队组尽可能依次在各施工段上连续施工，允许有些施工段出现空闲，但不允许多个施工班组在同一施工段交叉作业，更不允许发生工艺顺序颠倒的现象。

异步距异节拍流水施工适用于施工段大小相等的分部和单位工程的流水施工，它在进度安排上比全等节拍流水灵活，实际应用范围较广泛。

2) 等步距异节拍流水施工

等步距异节拍流水施工又称成倍节拍流水，是指同一施工过程在各个施工段上的流水节拍相等，不同施工过程之间的流水节拍不完全相等，但各个施工过程的流水节拍之间存在整数倍(或公约数)关系的流水施工方式。为加快流水施工进度，按最大公约数的倍数组建每个施工过程的施工队组，以形成类似于等节奏流水的等步距异节奏流水施工方式。

(1) 等步距异节拍流水施工的特征。

① 同一施工过程流水节拍相等，不同施工过程流水节拍之间存在整数倍或(公约数)关系。

② 流水步距彼此相等，且等于流水节拍值的最大公约数。

③ 各专业施工队都能够保证连续作业，施工段没有空闲。

④ 施工队组数(n_1)大于施工过程数(n)，即 $n_1 > n$。

(2) 流水步距的确定：计算公式为

$$K_{i,i+1} = K_b \tag{2-16}$$

式中：K_b——成倍节拍流水步距，取流水节拍的最大公约数。

(3) 每个施工过程的施工队组数确定：计算公式为

$$b_i = \frac{t_i}{K_b} \tag{2-17}$$

$$n_1 = \sum b_i \tag{2-18}$$

式中：b_i——某施工过程所需施工队组数；
n_1——专业施工队组总数目。
其他符号含义同前。

(4) 施工段数目(m)的确定。
① 无层间关系时，可按划分施工段的基本要求确定施工段数目(m)，一般取 $m=n_1$。
② 有层间关系时，每层最少施工段数目可按式(2-19)确定。

$$m = n_1 + \frac{\sum Z_1}{K_b} + \frac{Z_2}{K_b} \quad (2\text{-}19)$$

式中：$\sum Z_1$——一个楼层内各施工过程间的技术与组织间歇时间；
Z_2——楼层间技术与组织间歇时间。
其他符号含义同前。

(5) 流水施工工期。
无层间关系时

$$T = (m + n_1 - 1)K_b + \sum Z_{i,i+1} - \sum C_{i,i+1} \quad (2\text{-}20)$$

或

$$T = (n_1 - 1)K_b + m^{zh} t^{zh} + \sum Z_{i,i+1} - \sum C_{i,i+1} \quad (2\text{-}21)$$

有层间关系时

$$T = (m \cdot r + n_1 - 1)K_b + \sum Z_1 - \sum C_1 \quad (2\text{-}22)$$

或

$$T = (m \cdot r - 1)K_b + m^{zh} t^{zh} + \sum Z_{i,i+1} - \sum C_{i,i+1} \quad (2\text{-}23)$$

式中：r——施工层数；
m^{zh}——最后一个施工过程的最后一个专业队通过的段数；
t^{zh}——最后一个施工过程的流水节拍。
其他符号含义同前。

 应用案例 2-6

某工程由 A、B、C 3 个施工过程组成，分 6 段施工，流水节拍分别为 t_A=6 天、t_B=4 天、t_C=2 天，试组织等步距异节拍流水施工，并绘制流水施工进度表。

【案例分析】
(1) 按式(2-16)确定流水步距，$K=K_b=2$ 天。
(2) 由式(2-17)确定每个施工过程的施工队组数，即

$$b_A = \frac{t_A}{K_b} = \frac{6}{2} \text{ 个} = 3 \text{ 个}$$

$$b_B = \frac{t_B}{K_b} = \frac{4}{2} \text{ 个} = 2 \text{ 个}$$

$$b_C = \frac{t_C}{K_b} = \frac{2}{2} \text{ 个} = 1 \text{ 个}$$

施工队总数 $n_1 = \sum b_i = (3+2+1)$ 个 $= 6$ 个
(3) 计算工期。由式(2-20)得

$$T = (m + n_1 - 1)K_b = (6+6-1) \times 2 \text{ 天} = 22 \text{ 天}$$

(4) 绘制流水施工进度表，如图 2.13 所示。

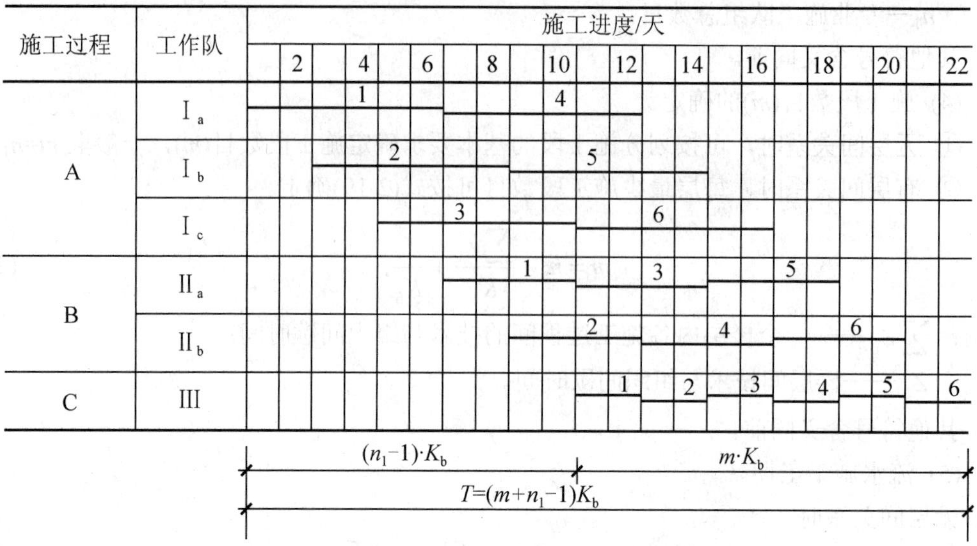

施工过程	工作队	施工进度/天										
		2	4	6	8	10	12	14	16	18	20	22
A	I_a		1			4						
A	I_b			2			5					
A	I_c				3			6				
B	II_a					1		3		5		
B	II_b						2		4		6	
C	III						1	2	3	4	5	6

图 2.13 某工程等步距异节拍流水施工进度计划

应用案例 2-7

某两层现浇钢筋混凝土工程，施工过程分为安装模板、绑扎钢筋和浇筑混凝土。其流水节拍分别为：$t_{模}=2$ 天，$t_{钢筋}=2$ 天，$t_{混凝土}=1$ 天。当安装模板工作队转移到第二层第一段施工时，需待第一层第一段的混凝土养护 1 天后才能进行。试组织等步距异节拍流水施工，并绘制流水施工进度表。

【案例分析】

(1) 确定流水步距，即
$$K=K_b=1 \text{ 天}$$

(2) 确定每个施工过程的工作队数，即
$$b_{模板}=\frac{t_{模板}}{K_b}=\frac{2}{1} \text{个}=2 \text{个}$$

$$b_{钢筋}=\frac{t_{钢筋}}{K_b}=\frac{2}{1} \text{个}=2 \text{个}$$

$$b_{混凝土}=\frac{t_{混凝土}}{K_b}=\frac{1}{1} \text{个}=1 \text{个}$$

施工队总数 $n_1=\sum b_i=(2+2+1) \text{个}=5 \text{个}$

(3) 确定每层的施工段数：为保证各工作队连续施工，其施工段数可按式(2-19)确定，即
$$m=n_1+\frac{\sum Z_1}{K_b}+\frac{Z_2}{K_b}=\left(5+\frac{0}{1}+\frac{1}{1}\right) \text{段}=6 \text{段}$$

(4) 计算工期：
$$T=(m \cdot r+n_1-1)K_b+\sum Z_1-\sum C_1=[(6\times 2+5-1)\times 1+0-0] \text{天}=16 \text{天}$$

(5) 绘制流水施工进度表，如图 2.14 或图 2.15 所示。

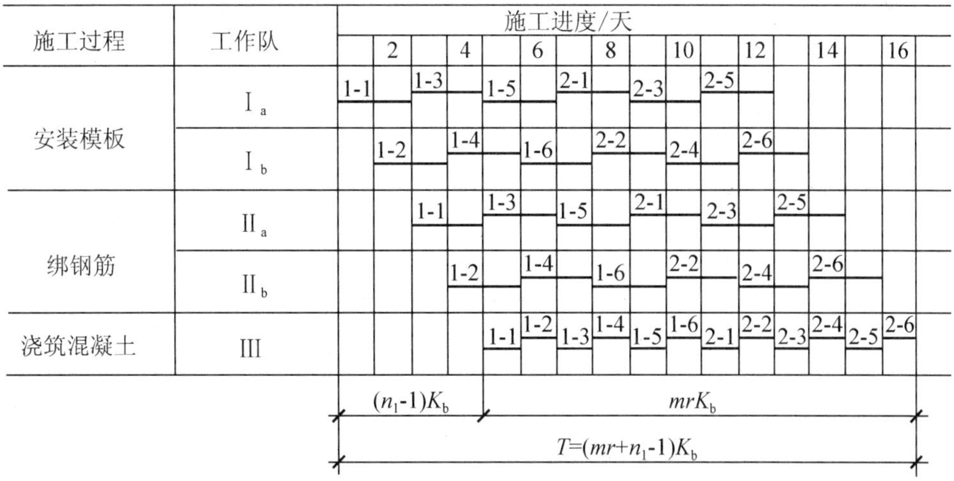

图 2.14 某两层结构工程等步距异节拍流水施工进度计划(施工层横向排列)

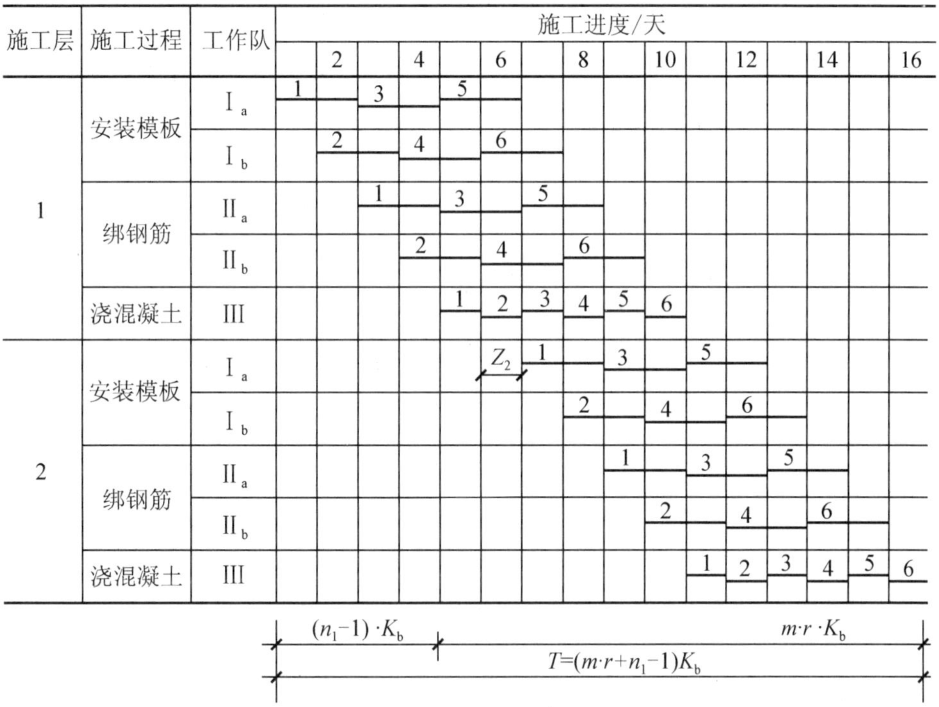

图 2.15 某两层结构工程等步距异节拍流水施工进度计划(施工层竖向排列)

等步距异节拍流水施工的组织方法是：根据工程对象和施工要求，划分若干个施工过程；其次根据各施工过程的内容、要求及其工程量，计算每个施工段所需的劳动量，接着根据施工队组人数及组成，确定劳动量最少的施工过程的流水节拍；最后确定其他劳动量较大的施工过程的流水节拍，用调整施工队组人数或其他技术组织措施的方法，使他们的节拍值成整数倍关系。

等步距异节拍流水施工方式比较适用于线形工程(如道路、管道等)的施工,也适用于房屋建筑施工。

2.3.2 无节奏流水施工

无节奏流水施工是指同一施工过程在各个施工段上流水节拍不完全相等的一种流水施工方式。又称分别流水施工。

在实际工程中,通常每个施工过程在各个施工段上的工程量彼此不等,各专业施工队组的生产效率相差较大,导致大多数的流水节拍也彼此不相等,因此有节奏流水施工,尤其是全等节拍施工和成倍节拍流水施工往往是难以组织的。而无节奏流水施工则是利用流水施工的基本概念,在保证施工工艺、满足施工顺序要求的前提下,按照一定的计算方法,确定相邻专业施工队组之间的流水步距,使其在开工时间上最大限度地、合理地搭接起来,形成每个专业施工队组都能连续作业的流水施工方式。它是流水施工的普遍形式。

1) 无节奏流水施工的特点

(1) 每个施工过程在各个施工段上的流水节拍不尽相等。
(2) 各个施工过程之间的流水步距不完全相等且差异较大。
(3) 各施工作业队能够在施工段上连续作业,但有的施工段之间可能有空闲时间。
(4) 施工队组数(n_1)等于施工过程数(n)。

2) 流水步距的确定

流水施工的流水步距通常采用"累加数列法"确定。

3) 分别流水施工工期

分别流水施工的工期可按式(2-24)确定,即

$$T = \sum K_{i,i+1} + \sum t_n + \sum Z_{i,i+1} - \sum C_{i,i+1} \tag{2-24}$$

式中:$\sum K_{i,i+1}$——流水步距之和;

$\sum t_n$——最后一个施工过程的流水节拍之和。

其他符号含义同前。

4) 无节奏流水施工的组织

无节奏流水施工的实质是:各工作队连续作业,流水步距经计算确定,使专业工作队之间在一个施工段内不相互干扰(不能超前,但可能滞后),或做到前后工作队之间的工作紧紧衔接。因此,组织无节奏流水施工的关键就是正确计算流水步距。

应用案例 2-8

某工程有Ⅰ、Ⅱ、Ⅲ、Ⅳ、Ⅴ 5 个施工过程,平面上划分成 4 个施工段,每个施工过程在各个施工段上的流水节拍见表 2-3。规定Ⅱ完成后有 2 天的技术间歇时间,Ⅳ完成后有 1 天的组织间歇时间,Ⅰ与Ⅱ施工过程之间有 1 天的平行搭接时间,试编制流水施工方案。

表 2-3 某工程流水节拍

施工过程 \ 施工段	①	②	③	④
Ⅰ	3	2	2	4
Ⅱ	1	3	5	3

续表

施工过程＼施工段	①	②	③	④
III	2	1	3	5
IV	4	2	3	3
V	3	4	2	1

【案例分析】

根据题设条件，该工程只能组织无节奏流水施工。

(1) 求流水节拍的累加数列

$$\text{I}：3，5，7，11$$
$$\text{II}：1，4，9，12$$
$$\text{III}：2，3，6，11$$
$$\text{IV}：4，6，9，12$$
$$\text{V}：3，7，9，10$$

(2) 确定流水步距

① $K_{\text{I},\text{II}}$ 为

```
    3,  5,  7,  11
-)      1,  4,  9,  12
    3,  4,  3,  2, -12
```

$K_{\text{I},\text{II}}=4$ 天

② $K_{\text{II},\text{III}}$ 为

```
    1,  4,  9,  12
-)      2,  3,  6,  11
    1,  2,  6,  6, -11
```

$K_{\text{II},\text{III}}=6$ 天

③ $K_{\text{III},\text{IV}}$ 为

```
    2,  3,  6,  11
-)      4,  6,  9,  12
    2, -1,  0,  2, -12
```

$K_{\text{III},\text{IV}}=2$ 天

④ $K_{\text{IV},\text{V}}$ 为

```
    4,  6,  9,  12
-)      3,  7,  9,  10
    4,  3,  2,  3, -10
```

$K_{\text{IV},\text{V}}=4$ 天

(3) 确定流水工期 T

$$T = \sum K_{i,i+1} + \sum t_n + \sum Z_{i,i+1} - \sum C_{i,i+1} = \left[(4+6+2+4)+(3+4+2+1)+(2+1)-1\right] \text{天} = 28 \text{ 天}$$

(4) 绘制流水施工进度表，如图2.16所示。

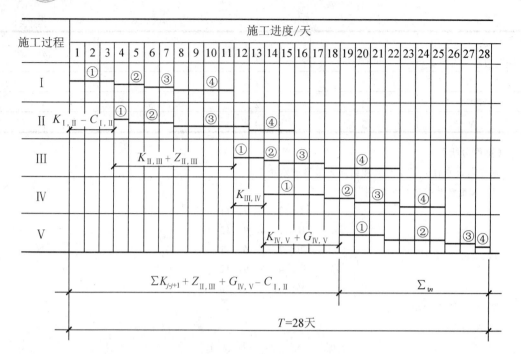

图2.16 某工程无节奏流水施工进度计划

组织无节奏流水施工的基本要求与异步距异节拍流水相同,即保证各施工过程的工艺顺序合理和各施工队组尽可能依次在各施工段上连续施工。

无节奏流水施工不像有节奏流水施工那样有一定的时间约束,在进度安排上比较灵活、自由,适用于各种不同结构性质和规模的工程施工组织,实际应用比较广泛。

综上所述,有节奏与无节奏流水施工是有明显区别的,见表 2-4。而各种流水施工的基本方式中,等节拍和异节拍流水施工通常在一个分部或分项工程中,组织流水施工比较容易做到,即比较适用于组织专业流水施工或细部流水施工。但对一个单位工程,特别是一个大型的建筑群来说,要求所划分的各分部、分项工程都采用相同的流水参数组织流水施工,往往十分困难,也不容易达到。

因此,实践中具体采取哪一种流水施工的组织形式,除了要分析流水节拍的特点外,还要考虑工期要求和项目经理部自身的具体施工条件。

任何一种流水施工的组织形式,仅仅是一种组织管理手段,其最终目的是要实现企业目标——工程质量好、工期短、效益高和安全施工。

表 2-4 有节奏与无节奏流水施工区别

有节奏流水施工	全等节拍流水施工	固定流水节拍相等	流水步距相等,且等于流水节拍	队数等于过程数	连续施工、无空闲
	成倍节拍流水施工	加快、同过程节拍相等,不同过程节拍不等,并成倍数	流水步距相等,且等于流水节拍的最大公约数	队数大于过程数	连续施工、无空闲
无节奏流水施工	分别流水施工	无节奏流水节拍不全相等	流水步距不尽相等	队数等于过程数	连续施工、有空闲

2.4 流水施工的组织实例

在建设工程施工中，流水施工是一种行之有效的科学组织施工的计划方法。编制施工进度计划时应根据施工对象的特点，选择适当的流水施工组织方式组织施工，以保证施工的节奏性、均衡性和连续性。下面讲述流水施工的组织实例，以巩固本章的学习内容。

2.4.1 流水施工的组织程序

流水施工的组织程序如下。

(1) 熟悉施工图纸，划分施工过程 n，确定施工起点流向、施工顺序。
(2) 确定施工层，划分施工段 m。
(3) 计算各施工过程在各施工段的工程量，确定施工过程的流水节拍 t。
(4) 确定流水方式及专业队伍数。
(5) 确定流水步距 K。
(6) 组织流水施工，计算工期 T。
(7) 绘制施工进度计划表。

流水施工进度横道图的编制，一般是利用编制的建筑工程明细表，按照图 2.17 的框图步骤逐步深化，便很容易地完成一个单位工程流水施工进度图表。

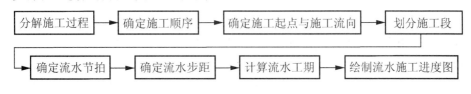

图 2.17 流水施工进度的编制步骤框图

2.4.2 流水施工组织应用实例

民用房屋混合结构在建筑设计上体形较简单，一般为长字形、转角形；结构上一般为砖墙承重，钢筋混凝土梁、板、楼梯；现浇板或预制楼板；建筑装修上为普通抹灰、水泥砂浆楼地面。多层砖混住宅楼一般为单元式设计，每层每单元在建筑及结构上基本一致，这就为应用流水施工创造了有利条件。

在第 2.3 节的讨论中，将流水施工形式划分为全等节拍流水施工与成倍节拍流水(合称节奏性流水)施工和分别流水(无节奏性流水)施工。本节将流水施工分为以下几种。

(1) 分部工程流水施工，指流水的范围只包括分部工程内各施工过程。如基础(含土方)工程，主体结构工程，室内外装饰工程，屋面工程等。
(2) 单位工程流水施工，指流水范围包括单位工程的各个分部工程的大部分施工过程。
(3) 建筑工地工程流水施工，指一个建筑工地中若干单位工程参与流水施工，形成流水施工范围较大的全工地性流水施工。

分部工程的流水施工方法及其算例在第 2.3 节中已讨论，本节讨论单位工程与建筑工地工程流水施工的应用。

1. 多层砖混结构住宅楼工程流水施工组织

现有某幢六层四单元式(每一单元为一梯两户,每户建筑面积为 50m^2)砖混结构住宅楼工程,平面尺寸约为 7.4×53m^2。总建筑面积为 2400m^2,共 48 户,试组织其单位工程的流水施工。

多层砖混住宅楼流水施工主要解决下面几个问题。

1) 工程过程的确定

根据施工对象的结构构造,分成 3 个部分工程及相应的施工过程。

(1) 基础工程:开挖基槽土方,浇筑混凝土垫层,砌砖墙基,浇捣钢筋混凝土地基圈梁(含支模、绑扎钢筋、浇捣混凝土),回填土。施工过程数 $n=5$。

(2) 主体结构工程:每层楼均分成砌内外砖墙(含立门窗框、搭设里脚手),现浇钢筋混凝土构件(含圈梁、阳台挑梁、厨厕现浇板、楼梯),吊装预制楼板(含嵌板缝)。施工过程数 $n=3$。

(3) 装饰工程:每层楼均分成天棚与内墙抹灰,地面抹灰,外墙抹灰,安装门窗扇,油漆玻璃。施工过程数 $n=5$。而屋面找平层、防水层、隔热层、地面混凝土垫层、阳台楼板杆栏等不参与流水施工,可利用立体交叉平行搭接施工。

由于 3 个分部工程的各个施工过程的节拍不易取得一致。故宜组织成分别流水施工,即分别组织基础、主体、装饰工程的独立流水施工,然后用合理的流水步距将它们搭接起来形成单位工程的流水施工。

2) 基与基础工程流水施工

已知 $n=5$,由于基槽土方开挖过程中使用场地较宽,挖后要组织外单位来验槽,因而不宜分成多段施工,宜先挖基槽,挖完后,其余工作可组织流水施工。设每单元为 1 段,共分成 4 段施工,$m=4$。各施工过程每段的劳动量、每天出工人数及计算所得流水节拍,见表 2-5。

表 2-5 施工过程流水节拍计算表

施工过程	挖基槽	铺垫层	砌砖基	捣圈梁	回填土
每段劳动量/工日	50	22	20	20	22
每天出工人数(一班制)/人	25	11	10	10	11
流水节拍/天	2	2	2	2	2

基础工程工期计算:已知 $n=4$(土方开挖不参与流水施工),$m=4$,$t=k=2$ 天,技术停歇 $Z_{垫-砖}=1$ 天,$Z_{圈-填}=2$ 天。

则工期 $T = (m+n-1) \times K + \sum Z_1 = [(4+4-1) \times 2 + (1+2)]$ 天 $= 17$ 天

地基与基础工程流水进度表如图 2.18 所示。图 2.18 中连同基槽开挖工期 10 天,总共 27 天。

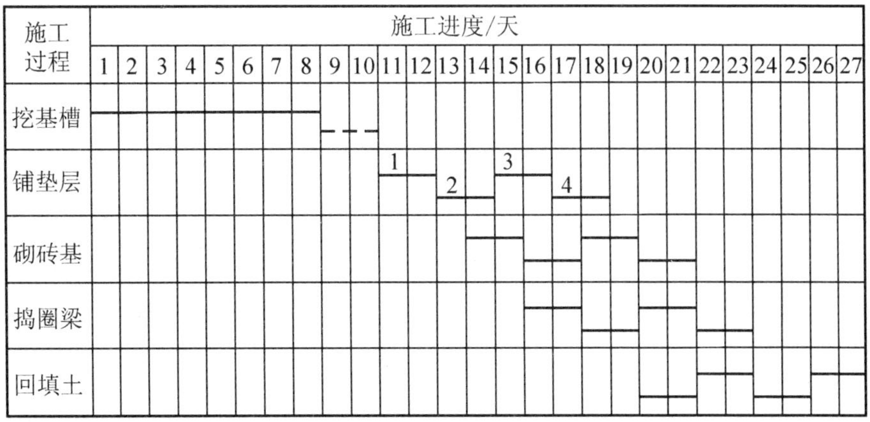

图2.18 地基与基础工程流水进度

3) 体结构工程流水

已知 $n=3$，层数 $r=6$ 层，设现浇梁板后1天才能吊装预制楼板，即 $Z_{砼-吊}=1$ 天，楼层停歇 $Z_2=1$ 天(即现浇板完后要养护1天才能在其上进行下道工序)。

各施工过程的数据及流水节拍计算见表2-6。

表2-6 主体分部各施工过程流水节拍计算表

施工过程	砌内外砖墙	现浇梁板	吊预制板
每段劳动量/工日	40	24	16
每天出工人数/人	20	12	8
每天班制	1	1	1
流水节拍/天	2	2	2

由于现浇梁板的工序多，包括立模、扎钢筋、浇捣混凝土，组成一个综合的施工队，因工程量不大，仍取流水节拍 $t=2$ 天。则 $k=t=2$ 天。

每层施工段数 $m_层$ 按层间施工由技术及楼层停歇的公式计算

$$m_层 \geq n + \sum Z_1/K + Z_2/K = (3+1/2+1/2) 段 = 4 段$$

每层在建筑上分成4个单元一致，则流水施工总工期为

$$T = (r \cdot m_层 + n - 1) \times K + \sum Z_1 = [(6 \times 4 + 3 - 1) \times 2 + 2] 天 = 54 天$$

主体结构流水进度如图2.19所示。

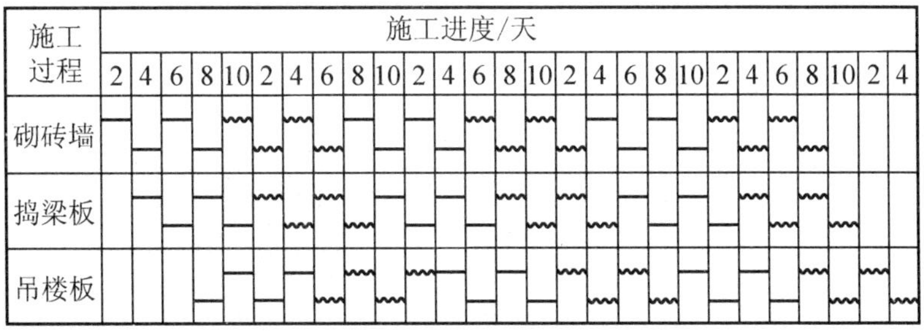

图2.19 主体结构工程流水进度表

4) 装饰工程流水施工

上述装饰工程中参与流水施工的五项施工,由于天棚、内墙、外墙抹灰有底层抹灰与面层抹灰之分,两层之间沿要有干燥的技术间歇时间,因此施工过程按下表划分,各过程各段的劳动量、每天工人数及相应的流水节拍见表2-7。内抹灰、外抹灰的底层面层之间Z均为2天。

表 2-7 装饰工程流水节拍计算表

施工过程	内抹灰(打底)	内抹灰(面层)	楼地面	外抹灰(打底)	外抹灰(面层)	安门窗	油漆玻璃
每段劳动量/工日	32	16	12	10	10	8	12
每天工人数(1天1班)/人	16	8	6	5	5	4	6
流水节拍/天	2	2	2	2	2	2	2

装饰工程每层施工段数确定。由于先行完成的结构层已为装饰工程提供了工作面,因而虽是层间装饰,但不同于结构的层间施工,不必要求本层最后施工过程完成后,第一层施工过程才可进入上一层。如在上表中,每层分4段流水施工,当内抹灰打底完成第四段,要连续转入上层第一段时,外抹灰打底仍是在本层第一段施工,并不发生交叉,因已有楼板隔开,彼此不在同一个工作面上,即各个施工过程不受$m_层$限制,均可连续施工,因此$m_层$=4,而不必要分7段。

装饰工程工期T仍可按层间公式确定(但不必要求$m_层\geq n$)。
$$T = (r \cdot m + n - 1) \cdot K + \sum Z_1 = [(6 \times 4 + 7 - 1) \times 2 + 2 + 2] \text{天} = 64 \text{天}$$

装饰工程流水施工如图2.20所示。

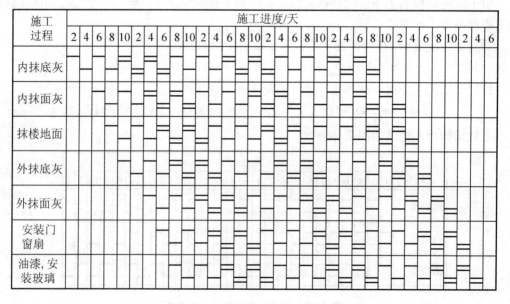

图 2.20 装饰工程流水施工进度表

5) 单位工程流水施工

将地基与基础工程、主体结构工程、装饰装修工程三个独立的分部工程流水用适当的步距连接起来形成单位工程流水施工进度计划表。

(1) 基础工程最后施工过程的流水节拍 $t=2$ 天，主体工程的最前一个施工过程是砌砖墙，$t=2$ 天，考虑两者停歇 $Z=2$ 天。则回填开始 4 天后，砌砖开始插入。

(2) 主体工程最后的施工过程是吊楼板，装饰工程最前的施工过程是室内抹灰的打底，两者节拍均为 2 天。本例由于工期不紧，抹灰顺序应从顶层而下，在屋面吊板后抹找平层，才开始从顶层第一段抹灰，即技术停歇 $Z_1=2$ 天。

根据以上 3 个分部工程的独立流水及它们之间的流水步距及技术停歇，可绘制成单位工程的流水施工进度计划表，如图 2.21 所示。

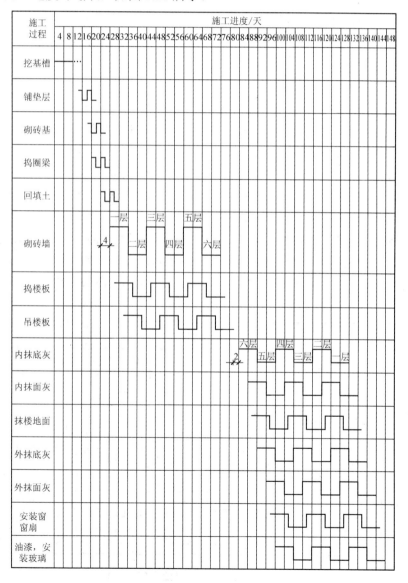

图 2.21 单位工程流水施工进度计划表

2. 流水施工在多栋同类型住宅楼建筑施工中的应用

当前，我国房产正方兴未艾，住宅小区建设蓬勃发展。居住小区建设多为多栋同类型建筑，多栋同类型建筑应用流水作业施工，可以缩短工期，充分发挥人力物力作用，使施工更趋均衡和有节奏，达到较好经济效益的目的。

现以某住宅小区 4 栋住宅楼，由一个施工单位承包拟组成工地大流水施工为例。每栋仍为表 2-4 所示的工程量，即 6 层 4 单元住宅楼。由于是大型企业施工，专业分工较细，主体结构分为：砌墙、安模板、扎钢筋、浇捣混凝土、安预制楼板共 5 个施工过程。它们的流水节拍设为 4、2、2、2、2 天，浇捣混凝土后用 2 天作混凝土养护方能吊楼板，吊楼板后用 2 天作填缝、测标高、弹墙边线等工作，方能砌上一层砖墙。即技术停歇 $Z_1=2$ 天。

专业施工队队组：砌砖为 2 个队，其余为 1 个队，每层楼最少施工段数为

$$m_{层} = n + \sum Z_1 K + \sum Z_2 / K = (2+1+1+1+1)段 + 2/2段 + 2/2段 = 8段$$

把每栋每层 4 单元分作 2 段，1 段为 2 单元，4 栋每层共 4×2=8 段。在 4 栋 8 段上大流水施工，流水施工工期为

$$T = (r \cdot m_{层} + n - 1) \cdot K \sum Z_1 = (6×8+6-1)×2天+2天=108天$$

图 2.22 所示为 4 栋住宅楼主体结构 5 个施工过程共 6 个专业队的流水施工进度。水平进度线上的数字表示每一层楼的段数，每二单元为 1 段，一栋有 4 个单元共分为 2 段，4 栋共 8 段。砌墙一队按 1、3、5、7 段流水施工，砌墙二队按 2、4、6、8 段流水施工，然后分别转到上一层楼，以同样方式流水施工下去。安模板队只有 1 个，则经过 1 个步距 2 天之后，进入流水，按 1 至 8 段逐段地进行安模板，扎钢筋、浇捣混凝土与模板的流水施工相似。浇捣混凝土后要技术停歇 2 天。吊完第一层(实际上是第二层楼面)楼板后，要停歇 2 天，以便嵌缝、抄平、弹线，才能让砌墙一队进入，这种停歇称为楼层停歇。在图 2.22 中可以看到，第二层第一段砌墙第 17 天，而不是第一层第一段吊完楼板的 15 天，中间停歇了 2 天。

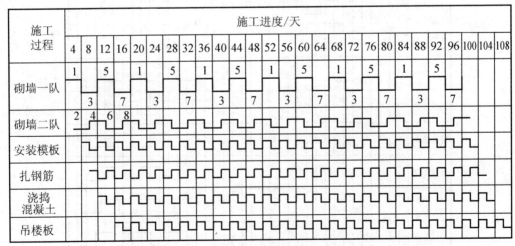

图 2.22 4 栋 6 层住宅楼流水施工进度

3. 某4层框架结构房屋的流水施工

某4层学生公寓，底层为商业用房，上部为学生宿舍，建筑面积3277.96m²。基础为钢筋混凝土独立基础，主体工程为全现浇框架结构。装修工程为铝合金窗、胶合板门；外墙贴面砖；内墙为中级抹灰，普通涂料刷白；底层顶棚吊顶，楼地面贴地板砖；屋面用厚度为200mm加气混凝土块做保温层，上做SBS改性沥青防水层，其劳动量见表2-8。

表2-8 某幢4层框架结构公寓楼劳动量一览表

序号	分项工程名称	劳动量/工日或台班
基 础 工 程		
1	机械开挖基础土方	6台班
2	混凝土垫层	30
3	绑扎基础钢筋	59
4	基础模板	73
5	基础混凝土	87
6	回填土	150
主 体 工 程		
7	脚手架	313
8	柱筋	135
9	柱、梁、板模板(含楼梯)	2263
10	柱混凝土	204
11	梁、板筋(含楼梯)	801
12	梁、板混凝土(含楼梯)	939
13	拆模	398
14	砌空心砖墙(含门窗框)	1095
屋 面 工 程		
15	加气混凝土保温隔热层(含找坡)	236
16	屋面找平层	52
17	屋面防水层	49
装 饰 工 程		
18	顶棚墙面中级抹灰	1648
19	外墙面砖	957
20	楼地面及楼梯地砖	929
21	顶棚龙骨吊顶	148
22	铝合金窗扇安装	68
23	胶合板门	81
24	顶棚墙面涂料	380
25	油漆工程	69
26	室外工程	
27	水、电安装工程	

由于本工程各分部的劳动量差异较大，因此，先分别组织各分部工程的流水施工，然后再考虑各分部之间的相互搭接施工。具体组织方法如下。

1) 基础工程

基础工程包括基槽挖土、混凝土垫层、绑扎基础钢筋、支设基础模板、浇筑基础混凝土、回填土等施工过程。其中基础挖土采用机械开挖，考虑到工作面及土方运输的需要，将机械挖土与其他手工操作的施工过程分开考虑，不纳入流水施工。混凝土垫层劳动量较小，为了不影响其他施工过程的流水施工，将其安排在挖土施工过程完成之后，也不纳入流水施工。

基础工程平面上划分两个施工段组织流水施工(m=2)，在 6 个施工过程中，参与流水的施工过程有 4 个，即 n=4，组织全等节拍流水施工如下。

基础绑扎钢筋劳动量为 59 个工日，施工班组人数为 10 人，采用一班制施工，其流水节拍为

$$t_{钢筋} = \frac{59}{2 \times 10 \times 1} = 3 \text{天}$$

其他施工过程的流水节拍均取 3 天，其中基础支模板为 73 个工日，施工班组人数为

$$R_{木} = \frac{73}{2 \times 3 \times 1} \text{人} = 12 \text{人}$$

浇筑混凝土劳动量为 87 个工日，施工班组人数为

$$R_{混凝土} = \frac{87}{2 \times 3 \times 1} \text{人} = 15 \text{人}$$

回填土劳动量为 150 个工日，施工班组人数为

$$R_{回填土} = \frac{15}{2 \times 3 \times 1} \text{人} = 25 \text{人}$$

流水工期计算如下

$$T = (m+n-1)K = (2+4-1) \times 3 \text{天} = 15 \text{天}$$

土方机械开挖 6 个台班，用一台机械二班制施工，则作业持续时间为

$$t_{挖土} = \frac{6}{1 \times 2} \text{天} = 3 \text{天}$$

混凝土垫层 30 个工日，15 人一班制施工，其作业持续时间为

$$t_{混凝土} = \frac{30}{15 \times 1} \text{天} = 2 \text{天}$$

则基础工程的工期为

$$T_1 = 3 \text{天} + 2 \text{天} + 15 \text{天} = 20 \text{天}$$

2) 主体工程

主体工程包括立柱子钢筋，安装柱、梁、板模板，浇捣柱子混凝土，梁、板、楼梯钢筋绑扎，浇捣梁、板、楼梯混凝土，搭脚手架，拆模板，砌空心砖墙等施工过程，其中后 3 个施工过程属平行穿插施工过程，只根据施工工艺要求，尽量搭接施工即可，不纳入流水施工。主体工程由于有层间关系，要保证施工过程流水施工，必须使 $m=n$，否则，施工班组会出现窝工现象。本工程中平面上划分为 2 个施工段，主导施工过程是柱、梁、板模板安装，要组织主体工程流水施工，就要保证主导施工过程连续作业，为此，将其他次要

施工过程综合为一个施工过程来考虑其流水节拍，且其流水节拍值不得大于主导施工过程的流水节拍，以保证主导施工过程的连续性，因此，主体工程参与流水的施工过程数，$n=2$ 个，满足 $m=n$ 的要求。具体组织如下。

柱子钢筋劳动量为 135 个工日，施工班组人数为 17 人，一班制施工，则其流水节拍为

$$t_{柱筋} = \frac{135}{4 \times 2 \times 17 \times 1} 天 = 1 天$$

主导施工过程的柱、梁、板模板劳动量为 2263 个工日，施工班组人数为 25 人，两班制施工，则流水节拍为

$$t_{模} = \frac{2263}{4 \times 2 \times 25 \times 2} 天 = 5.65 天 (取 6 天)$$

柱子混凝土，梁、板钢筋，梁、板混凝土及柱子钢筋统一按一个施工过程来考虑其流水节拍，其流水节拍不得大于 6 天，其中，柱子混凝土劳动量为 204 个工日，施工班组人数为 14 人，两班制施工，其流水节拍为

$$t_{柱混凝土} = \frac{204}{4 \times 2 \times 14 \times 2} 天 = 0.9 天 (取 1 天)$$

梁、板钢筋劳动量为 801 个工日，施工班组人数为 25 人，两班制施工，其流水节拍为

$$t_{梁、板筋} = \frac{801}{4 \times 2 \times 25 \times 2} 天 = 2 天$$

梁、板混凝土劳动量为 939 个工日，施工班组人数为 20 人，三班制施工，其流水节拍为

$$t_{混凝土} = \frac{939}{4 \times 2 \times 20 \times 3} 天 = 2 天$$

因此，综合施工过程的流水节拍仍为 $(1+2+2+1)$ 天 $=6$ 天，可与主导施工过程一起组织全等节拍流水施工。其流水工期为

$$T = (mr + n - 1)t = (2 \times 4 + 2 - 1) \times 6 天 = 54 天$$

为拆模施工过程计划在梁、板混凝土浇捣 12 天后进行，其劳动量为 398 个工日，施工班组人数为 25 人，一班制施工，其流水节拍为

$$t_{拆模} = \frac{398}{4 \times 2 \times 25 \times 1} 天 = 2 天$$

砌空心砖墙(含门窗框)劳动量为 1095 个工日，施工班组人数为 45 人，一班制施工，其流水节拍为

$$t_{砌墙} = \frac{1095}{4 \times 2 \times 45 \times 1} 天 = 3 天$$

则主体工程的工期为

$$T_2 = (54 + 12 + 2 + 3) 天 = 71 天$$

3) 屋面工程

屋面工程包括屋面保温隔热层、找平层和防水层 3 个施工过程。考虑屋面防水要求高，所以不分段施工，即采用依次施工的方式。屋面保温隔热层劳动量为 236 个工日，施工班组人数为 40 人，一班制施工，其施工持续时间为

$$t_{保温} = \frac{236}{40 \times 1} 天 = 6 天$$

屋面找平层劳动量为 52 个工日，18 人一班制施工，其施工持续时间为

$$t_{找平} = \frac{52}{18 \times 1} 天 = 3 天$$

屋面找平层完成后，安排 7 天的养护和干燥时间，方可进行屋面防水层的施工。SBS 改性沥青防水层劳动量为 47 个工日，安排 10 人一班制施工，其施工持续时间为

$$t_{防水} = \frac{47}{10 \times 1} 天 = 4.7 天 (取 5 天)$$

4) 装饰工程

装饰工程包括顶棚墙面中级抹灰、外墙面砖、楼地面及楼梯地砖、一层顶棚龙骨吊顶、铝合金窗扇安装、胶合板门安装、内墙涂料、油漆等施工过程。其中一层顶棚龙骨吊顶属穿插施工过程，不参与流水作业，因此参与流水的施工过程为 $n=7$。

装修工程采用自上而下的施工起点流向。结合装修工程的特点，把每层房屋视为 1 个施工段，共 4 个施工段($m=4$)，其中抹灰工程是主导施工过程，组织有节奏流水施工如下。

顶棚墙面抹灰劳动量为 1648 个工日，施工班组人数为 60 人，一班制施工，其流水节拍为

$$t_{抹灰} = \frac{1648}{4 \times 60 \times 1} 天 = 6.8 天 (取 7 天)$$

外墙面砖劳动量为 957 个工日，施工班组人数为 34 人，一班制施工，则其流水节拍为

$$t_{外墙} = \frac{957}{4 \times 34 \times 1} 天 = 7 天$$

楼地面及楼梯地砖劳动量为 929 个工日，施工班组人数为 33 人，一班制施工，其流水节拍为

$$t_{地面} = \frac{929}{4 \times 33 \times 1} 天 = 7 天$$

铝合金窗扇安装 68 个工日，施工班组人数为 6 人，一班制施工，则流水节拍为

$$t_{窗} = \frac{68}{4 \times 6 \times 1} 天 = 3 天$$

其余胶合板门、内墙涂料、油漆安排一班制施工，流水节拍均取 3 天，其中，胶合板门劳动量为 81 个工日，施工班组人数为 7 人；内墙涂料劳动量为 380 个工日，施工班组人数为 32 人；油漆劳动量为 69 个工日，施工班组人数为 6 人。

顶棚龙骨吊顶属穿插施工过程，不占总工期，其劳动量为 148 个工日，施工班组人数为 15 人，一班制施工，则施工持续时间为

$$t_{顶棚} = \frac{148}{15 \times 1} 天 = 10 天$$

装饰分部流水施工工期计算如下

$K_{抹灰,外墙}=7$ 天

$K_{外墙,地面}=7$ 天

$K_{地面,窗}=4\times7-(4-1)\times3=28-9$ 天 $=19$ 天

$K_{窗、门}=3$ 天

$K_{门,涂料}=3$ 天

$K_{涂料,油漆}=3$ 天

$T_3 = \sum K_{i,i+1} + mt_n = \left[(7+17+19+3+3+3)+4\times3\right]\text{天} = 54\text{天}$

本单位工程流水施工进度计划安排如图2.23所示。

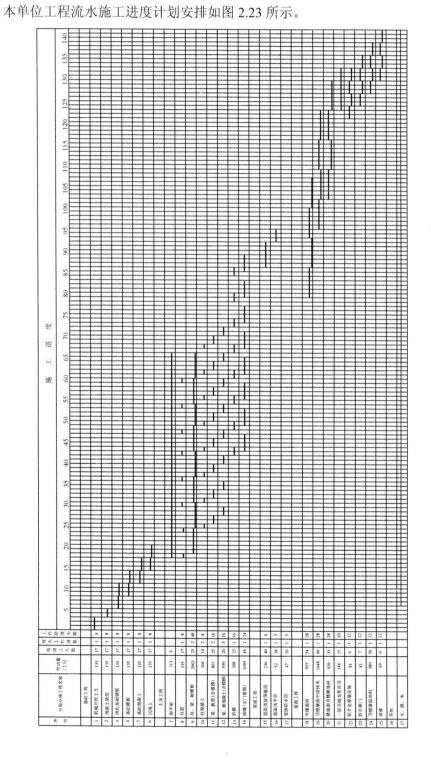

图2.23 某4层框架结构学生公寓楼流水施工进度表

工程案例

某基础工程组织施工进度计划安排

某三幢同类型房屋的基础工程,由基槽挖土,做垫层,砖砌基础,回填土四个施工过程组成,由四个不同的工作队分别施工,每个施工过程在一幢房屋上所需的施工时间见表2-9所示,每幢房屋为一个施工段,试组织此基础工程施工。

表2-9 某基础工程施工资料

序 号	基础施工过程	工作时间
1	基槽挖土	3
2	混凝土垫层	1
3	砖砌基础	3
4	基槽回填土	1

根据以上资料,此基础工程组织施工可有以下几种进度计划的安排(见图2.24—图2.27)。

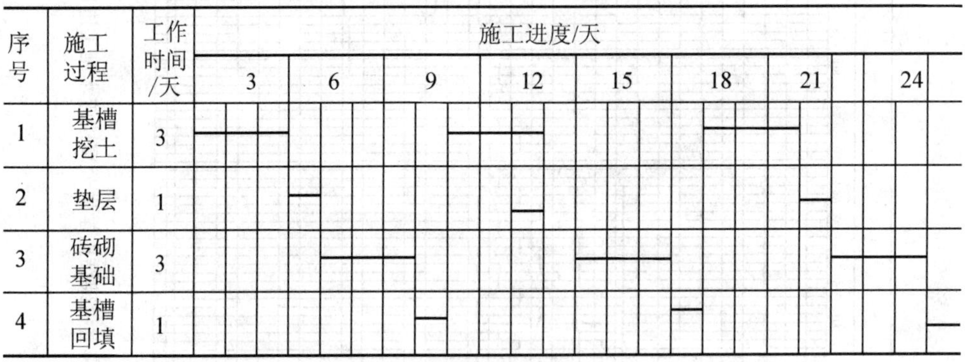

序号	施工过程	工作时间/天	施工进度/天 3	6	9	12	15	18	21	24
1	基槽挖土	3								
2	垫层	1								
3	砖砌基础	3								
4	基槽回填	1								

图2.24 依次施工进度计划安排(一)

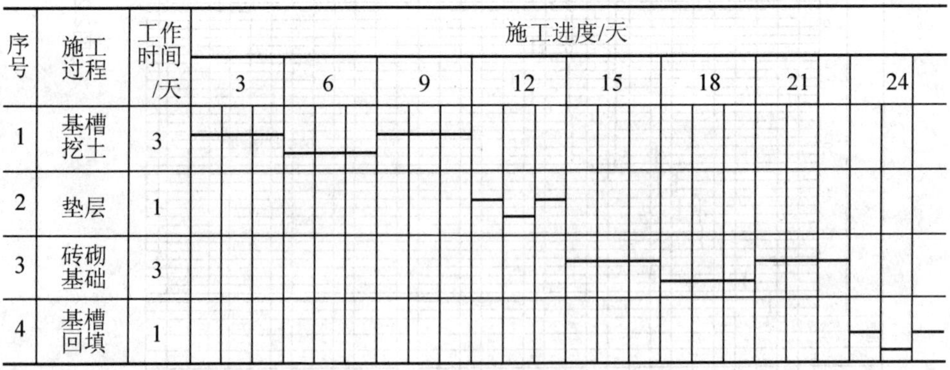

序号	施工过程	工作时间/天	施工进度/天 3	6	9	12	15	18	21	24
1	基槽挖土	3								
2	垫层	1								
3	砖砌基础	3								
4	基槽回填	1								

图2.25 依次施工进度计划安排(二)

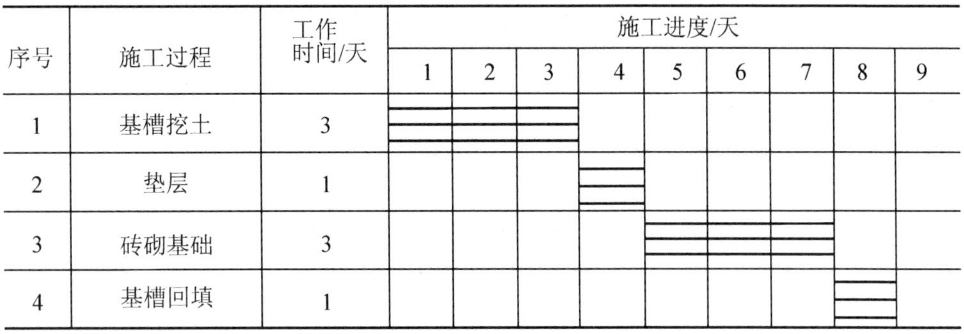

序号	施工过程	工作时间/天	施工进度/天 1	2	3	4	5	6	7	8	9
1	基槽挖土	3	══	══	══						
2	垫层	1				══					
3	砖砌基础	3					══	══	══		
4	基槽回填	1								══	

图 2.26 平行施工进度计划安排

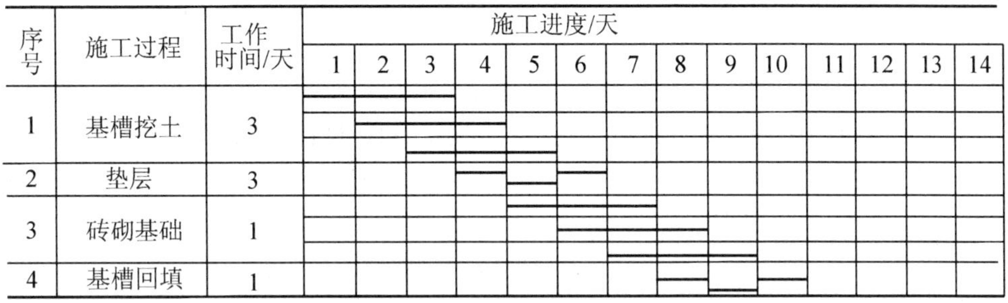

序号	施工过程	工作时间/天	施工进度/天 1	2	3	4	5	6	7	8	9	10	11	12	13	14
1	基槽挖土	3	══	══	══	══	══	══								
2	垫层	3				══	══	══	══							
3	砖砌基础	1						══	══	══	══					
4	基槽回填	1								══	══	══				

图 2.27 流水施工进度计划安排

从以上进度计划安排图可知,依次施工的工期为 24 天,平行施工工期为 8 天,流水施工工期为 10 天。在实际工程中,尽量采用流水施工的进度安排,因为它综合了依次施工和平行施工的特点,工期较为合理,是建筑施工中最合理、最科学的一种组织形式。

小　　结

流水施工是最先进、最科学的一种施工组织方式,它集合了依次施工、平行施工的优点,又具有自身的特点和优点。因此,在工程实践中应尽量采用流水施工方式组织施工。

通过对本章的学习,应该熟悉流水施工基本概念,流水施工的主要参数以及流水施工的组织方法和具体应用。能在实际工程施工组织项目上应用流水施工的管理方法,充分利用各项资源,节约材料,降低工程成本,缩短工期,使工程尽早获得经济效益和社会效益。

思考题与习题

2-1 组织施工有哪几种方式?各有何特点?
2-2 什么是流水施工?它具有哪些优点?
2-3 组织流水施工的要点和条件有哪些?
2-4 流水施工的技术经济效果体现在哪些方面?

2-5 流水施工中，主要参数有哪些？试分别叙述它们的含义。

2-6 划分施工段的基本原则是什么？

2-7 流水施工的时间参数如何确定？

2-8 流水节拍的确定应考虑哪些因素？

2-9 流水施工的基本方式有哪几种？各有什么特点？

2-10 如何组织全等节拍流水？如何组织成倍节拍流水？

2-11 什么是无节奏流水施工？如何确定其流水步距？

2-12 何谓分别流水施工？其基本要求是什么？如何组织分别流水施工？

2-13 某工程有 A、B、C 3 个施工过程，每个施工过程均划分为 4 个施工段，设 $t_A=2$ 天，$t_B=4$ 天，$t_C=3$ 天。试分别计算依次施工、平行施工及流水施工的工期，并绘出各自的施工进度计划。

2-14 已知某工程任务划分为 5 个施工过程，分 5 段组织流水施工，流水节拍均为 3 天，在第二个施工过程结束后有 2 天的技术与组织间歇时间，试计算其工期并绘制进度计划。

2-15 某工程项目由 Ⅰ、Ⅱ、Ⅲ 3 个分项工程组成，它划分为 6 个施工段。各分项工程在各个施工段上的持续时间依次为：6 天、2 天和 4 天，试编制成倍节拍流水施工方案。

2-16 某地下工程由挖基槽、做垫层、砌基础和回填土 4 个分项工程组成，它在平面上划分为 6 个施工段。各分项工程在各个施工段上的流水节拍依次为：挖基槽 6 天、做垫层 2 天、砌基础 4 天、回填土 2 天。做垫层完成后，其相应施工段至少应有技术间歇时间 2 天。为了加快流水施工速度，试编制工期最短的流水施工方案。

2-17 某施工项目由 Ⅰ、Ⅱ、Ⅲ、Ⅳ 4 个施工过程组成，它在平面上划分为 6 个施工段。各施工过程在各个施工段上的持续时间依次为 6 天、4 天、6 天和 2 天，施工过程完成后，其相应施工段至少应有组织间歇时间 1 天。试编制工期最短的流水施工方案。

2-18 某现浇钢筋混凝土工程由支模板、绑钢筋、浇筑混凝土、拆模板和回填土 5 个分项工程组成，它在平面上划分为 6 个施工段。各分项工程在各个施工段上的施工持续时间，见表 2-10。在混凝土浇筑后至拆模板必须有养护时间 2 天。试编制该工程流水施工方案。

表 2-10 某现浇钢筋混凝土工程施工持续时间表

分项工程名称	持续时间/天					
	①	②	③	④	⑤	⑥
支模板	2	3	2	3	2	3
绑扎钢筋	3	3	4	4	3	3
浇筑混凝土	2	1	2	2	1	2
拆模板	1	2	1	1	2	1
回填土	2	3	2	2	3	2

2-19 某施工项目由 Ⅰ、Ⅱ、Ⅲ、Ⅳ 4 个分项工程组成，它在平面上划分为 6 个施工段。各分项工程在各个施工段上的持续时间，见表 2-11。分项工程 Ⅱ 完成后，其相应施工段至少有技术间歇时间 2 天；分项工程 Ⅲ 完成后，它的相应施工段至少应有组织间歇时间 1 天。试编制该工程流水施工方案。

表 2-11 某施工项目施工持续时间表

分项工程名称	持续时间/天					
	①	②	③	④	⑤	⑥
Ⅰ	3	2	3	3	2	3
Ⅱ	2	3	4	4	3	2
Ⅲ	4	2	3	2	4	2
Ⅳ	3	3	2	3	2	4

2-20 某项目经理部拟承建一个工程,该工程包括 A、B、C、D、E 5 个施工过程(n)。施工时在平面上划分为 4 个施工段(m),每个施工过程在各个施工段上的流水节拍(t)见表 2-12。规定施工过程 B 完成后,其相应施工段至少要养护 2 天;施工过程 E 完成后,其相应施工段要留有 1 天的准备时间,为了尽早完成,允许施工过程 A 与 B 之间搭接施工 1 天。试编制该工程流水施工方案。

表 2-12 某工程施工过程流水节拍参数表

施工段 流水节拍 施工过程	A	B	C	D	E
④	3	1	2	4	3
③	2	3	1	2	4
②	2	5	3	3	2
①	4	3	5	3	1

2-21 某分部工程由 A、B、C、D 4 个施工过程(n),划分成 4 个施工段(m),其流水节拍(t)见表 2-13,试组织其无节奏流水施工。

表 2-13 某分部工程流水节拍

施工段 流水节拍 施工过程	①	②	③	④	⑤
A	3	5	7	5	4
B	2	4	5	3	3
C	4	3	3	4	3
D	4	2	3	3	4

第3章 工程网络计划技术

 教学目标

本章主要讲述工程上常用的网络计划技术知识。通过本章的学习,应达到以下目标。
(1) 熟悉网络图的基本概念、基本原理及其应用和优点。
(2) 掌握双代号网络图的绘制、时间参数的计算及确定关键线路、工期。
(3) 熟悉单代号网络图的绘制、时间参数的计算及确定关键线路、工期。
(4) 能识读双代号时标网络计划、单代号搭接网络计划;了解网络计划的几种优化方法。
(5) 掌握并能绘制多层混合结构、钢筋混凝土框架结构的单位工程施工网络进度计划。

 教学要求

知 识 要 点	能 力 要 求	相 关 知 识
网络计划技术的基本概念与原理	熟悉双、单代号网络图、时标、搭接网络图的概念;熟悉网络计划的原理及优点	工程识图,建筑施工工艺,流水施工
双代号网络计划	熟悉双代号网络计划的表示、绘制规则;能绘制分部工程的双代号网络计划及其时间参数计算,会确定关键线路	工程识图,建筑施工工艺,流水施工
单代号网络计划	熟悉单代号网络计划的表示、绘制方法;能绘制分部工程的单代号网络计划及其时间参数计算,会确定关键线路	工程识图,建筑施工工艺,流水施工
双代号时标网络计划	了解双代号时标网络计划绘制方法;能识读双代号时标网络计划	双代号网络图
单代号搭接网络计划	能会单代号搭接网络计划时间参数计算,找出关键线路	单代号网络图
网络计划的优化与应用	应了解网络计划优化的内容;能独立编制工程项目的网络施工进度计划	建筑施工技术;双代号、单代号网络图

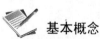 基本概念

网络图;网络计划技术;工期(计算工期、计划工期、要求工期);工作时差(总时差、自由时差);关键线路。

第3章 工程网络计划技术

引例

某施工单位承包某机械加工厂扩建车间的机电安装工程。工程内容包括：门式钢架厂房、桥式起重机、各类机床、电气及仪表、通风空调系统、消火栓系统等。根据测算，各分部工程的施工工期如下。

施工准备	5 天
门式钢架厂房安装	30 天
桥式起重机安装	15 天(其中调试 5 天)
各类机床安装	60 天(其中联动调试 10 天)
电气及仪表安装	20 天
通风空调系统安装	30 天
消火栓系统安装	25 天
竣工验收	5 天

合同工期为 120 日历天(4 个月)，规定不允许延长。根据上述要求，施工单位编制出施工进度网络计划如图 3.1 所示。

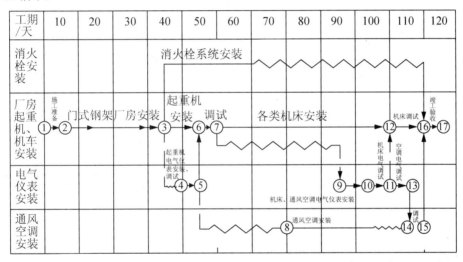

图 3.1 某机械加工厂安装工程网络计划

假如你是该工程的总监理工程师，能审查出该网络图计划在各分部工程的搭接关系上有什么问题？关键线路确定是否正确？为什么？

若在施工过程中，门式钢架厂房安装因下大雨延误了 5 天工期，你建议应如何调整计划才能保证工期？在本图上画出你调整后的网络计划。

3.1 网络计划技术概述

网络计划技术是一门科学管理技术。它具有逻辑严密，主要矛盾突出，有利于计划优化调整和计算机应用的特点。因此，在工业、农业、国防和关系复杂的科学研究计划管理中都得到广泛的应用。我国建筑业自 20 世纪 60 年代开始应用这种方法来安排施工进度计划，在提高工程项目管理水平、缩短工期、提高劳动生产率和降低成本等方面，都取得了显著效果。

为了使网络计划在管理中遵循统一的标准，做到要领一致，计算原理和表达广度统一，以保证计划管理的科学性，建设部于 2000 年 2 月 1 日起施行 JGJ/T 121—1999《工程网络计划技术规程》。

网络计划技术的基本概念

要说明网络计划技术，首先要了解何谓网络图。网络图(network diagram)是由箭线和节点组成的、用来表示工作流程的有向、有序网状图形。它由若干个带箭头的箭线、节点和线路组成；网络计划(network planning)是指用网络图表达任务构成、工作顺序并加注工作时间参数的进度计划。图 3.2 所示为某工程网络计划。

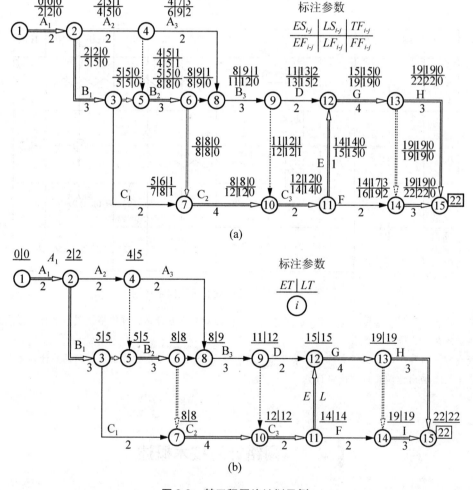

图 3.2 某工程网络计划示例

网络图按画图符号和表达方式不同可分为：双代号网络图，单代号网络图，双代号时标网络图，单代号搭接网络图等。

1. 双代号网络图

用两个节点和一根箭线代表一项工作(或一项工序,一个施工过程,一个流水段,一个分项工程),然后按照施工工艺要求连接而成的网状图,称为双代号网络图。其基本表现形式如图3.3所示。

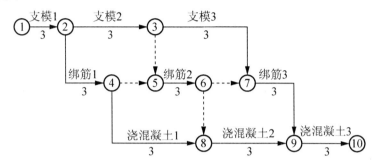

图 3.3　双代号网络图

2. 单代号网络图

以一个节点代表一项工作(或一项工序、一个施工过程,一个施工段,一个分项工程),然后按照施工工艺的要求,将各节点用箭线连接成网状图,称为单代号网络图。其基本表现形式如图3.4所示。

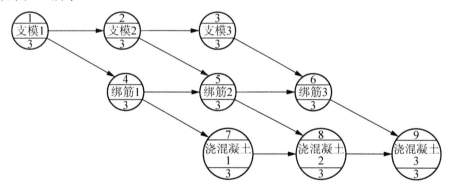

图 3.4　单代号网络图

3. 双代号时标网络图

双代号时标网络图是在横道图表的基础上引进网络图工作之间的逻辑关系而形式的一种网状图。它既克服了横道图不能显示各工序之间逻辑关系的缺点,又解决了一般网络图的时间表示不直观的问题,如图3.5所示。

4. 单代号搭接网络图

单代号搭接网络图是用节点表示工作,而箭线及其上面的时距符号,表示相邻工作间的逻辑关系。其基本表现形式如图3.6所示。

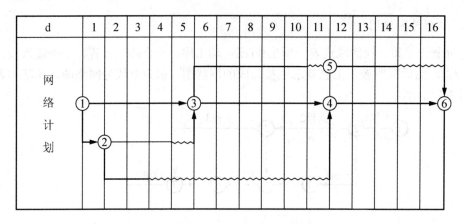

图 3.5 双代号时标网络图

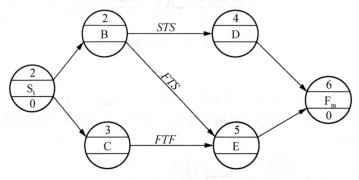

图 3.6 单代号搭接网络图

在建设工程项目管理中,可以将网络计划技术的基本原理归纳为以下几点。

(1) 把一项工程的全部建造过程分解为若干个分项工作并按其开展顺序和相互制约、相互依赖的关系,绘制出网络图。

(2) 进行该项工程网络图时间参数计算,找出关键工作和关键线路以及工期。

(3) 利用最优化原理,改进初始方案,寻求最优网络计划方案。

(4) 在网络计划执行过程中,进行有效监督与控制,以最少的消耗,获得最佳的经济效果。

3.1.2 网络计划技术的优点

长期以来,建筑企业常用横道图编制施工进度计划,它具有编制简单、直观易懂和使用方便等优点,但其各项施工活动之间的内在联系和相互依赖的关系不明确,主要矛盾的关键线路上的工作无法表达,不便于调整和优化。因此,随着管理科学的发展,计算机在建筑施工中的应用不断扩大,网络计划有其最主要的优点。

(1) 能明确地反映各施工过程之间的逻辑关系,使各个施工过程组成一个有机的整体。

(2) 能在错综复杂的计划中抓住关键工作。

(3) 利用计算机对复杂的计划进行计算、调整与优化,实现计划管理的科学化。

在建筑施工中,网络计划技术主要用于编制企业的生产计划和施工进度计划,并对计划进行优化、调整和控制,达到缩短工期、提高工效、降低成本,增加效益的目的。

3.2 双代号网络计划

由于目前我国建设工程表达施工进度计划的网络计划，用得较多的是双代号网络图，故本章予以重点介绍。

3.2.1 双代号网络图的表示方法

双代号网络图是由若干表示工作或工序(或施工过程)的箭杆和节点组成，每一个工作或工序(或施工过程)都由一根箭杆和两个节点表示，根据施工顺序和相互关系，将一项计划用上述符号从左向右绘制而成的网状图形，称为"双代号网络图"，如图 3.7 和图 3.8 所示。

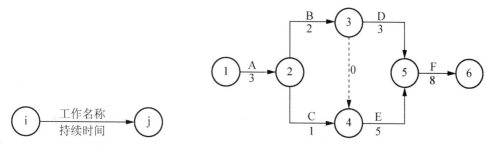

图 3.7 双代号网络图表示法　　图 3.8 双代号网络图

双代号网络图由箭杆(工作)、节点、线路三个要素组成，其含义和特点如下。

1. 箭杆(工作)

在双代号网络图中，一根箭杆表示一项工作(或工序，施工过程、活动等)，如支模板、绑钢筋；所包括的工作内容可大可小，可以表示一项分部工程，可以表示某一建筑物的全部施工过程(一个单位工程或一个工程项目)，也可以表示某一分项工程等。

每一项工作都要消耗一定的时间和资源。各施工过程用实箭杆表示，只要消耗一定时间的施工过程都可作为一项工作。

在双代号网络图中，为了正确表达施工过程的逻辑关系，有时必须使用一种虚箭杆，如图 3.7 中的③→④。这种虚箭杆没有工作名称，不占用时间，不消耗资源，只解决工作之间的连接问题，称之为虚工作。虚工作在双代号网络计划中起施工过程之间逻辑连接或逻辑间断的作用。

箭杆的长短不按比例绘制即其长短不表示工作持续时间的长短。箭杆的方向原则上是任意的，但为使图形整齐、醒目，一般应画成水平直线或垂直折线。

双代号网络图中，就某一工作而言，紧靠其前面的工作称为紧前工作，紧靠其后面的工作称为紧后工作，该工作本身则称为本工作，与之平行的工作称为平行工作，如图 3.9 所示。

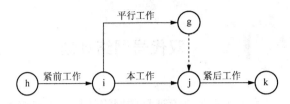

图 3.9 工作间的关系表示图

2. 节点

网络图中表示工作或工序开始，结束或连接关系的圆圈称为节点。节点表示前道工序的结束和后道工序的开始。一项计划的网络图中的节点有开始节点、中间节点、结束节点三类。网络图的第一个节点称为开始节点，表示一项计划的开始；网络图的最后一个节点称为结束节点，表示一项计划的结束；其余都称为中间节点，任何一个中间节点既是其紧前工作的结束节点，又是其紧后工作的开始节点，如图 3.10 所示。

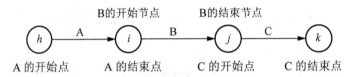

图 3.10 开始节点和结束节点关系

节点只是一个"瞬间"，它既不消耗时间，也不消耗资源。

网络图中的每一个节点都要编号。方法是：从开始节点开始，从小到大，自左向右，从上到下用阿拉伯数字表示；编号原则是：每一个箭杆箭尾节点的号码 i 必须小于箭头节点的号码 j(即 $i<j=$，编号可连续，也可隔号不连续，但所有节点的编号不能重复。

3. 线路

从网络图的开始节点到结束节点，沿着箭杆的指向所构成的若干条"通道"，即为线路。如图 3.11 中从开始①至结束⑥共有三条线路。

(1) ①—A/3—②—C/3—③—E/5—④—F/2—⑤ 时间之和为13天。

(2) ①—A/3—②—B/5—③—D/2—④—F/2—⑤ 时间之和为12天。

(3) ①—A/3—②—B/5—③—0—④—E/5—⑤—F/2—⑥ 时间之和为15天。

其中时间之和最大者称为"关键线路"，又称主要矛盾线。如图 3.11 中第三条线路，工期为 15 天，关键线路用粗箭线或双箭线标出，以区别于其他非关键线路。在一项计划中有时会出现几条关键线路。关键线路在一定条件下会发生变化，关键线路可能会转变成为非关键线路，而非关键线路也可能转化为关键线路。

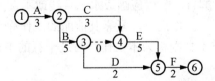

图 3.11 某工程双代号网络计划

3.2.2 双代号网络图的绘制

网络计划必须通过网络图来反映，网络图的绘制是网络计划技术的基础，要正确绘制网络图，必须正确地反映网络图的逻辑关系，遵守绘图的基本规则。

1. 网络图的各种逻辑关系及其正确表示方法

网络图的逻辑关系是指工作进行的客观上存在的一种先后顺序关系和施工组织要求的工作之间相互制约或相互依赖的关系。在表示建筑施工计划的网络图中，这种顺序可分为两大类：一类是反映施工工艺的关系称为工艺逻辑关系；另一类是反映施工组织上的关系，称为组织逻辑关系。工艺逻辑是由施工工艺所决定的各个施工过程之间客观存在的先后顺序关系，一般是固定的，有的是绝对不能颠倒的。组织逻辑是施工组织安排中，为考虑各种因素，在各施工过程之间主观上安排的先后顺序关系，这种关系不受施工工艺的限制，不是工程性质本身决定的，而是在保证施工质量、安全和工期等前提下，可以人为安排的顺序关系。

在网络图中，各工序之间在逻辑关系上的关系是变化多端的，表 3-1 中所列的是双代号网络图与单代号网络图中常见的一些逻辑关系及其表示方法，工序名称均以字母来表示。

表 3-1 双、单代号网络图中常见各种工序逻辑关系表示方法

序号	双代号表示法	工序之间逻辑关系	单代号表示法
1		A 完成后同时进行 B 和 C	
2		A，B 均完成后进行 C	
3		A，B 均完成后同时进行 C 和 D	
4		A 完成后进行 C；A，B 均完成后进行 D	
5		A，B 均完成后进行 D；A，B，C 均完成后进行 E	

续表

序号	双代号表示法	工序之间逻辑关系	单代号表示法
6		A，B 均完成后进行 C；B，D 均完成后进行 E	
7		A，B，C 均完成后进行 D；B，C 均完成后进行 E	
8		A 完成后进行 C；A，B 均完成后进行 D；B 完成后进行 E	
9		A，B 两道工序分三个施工段施工；A1 完成后进行 A2，B1；A2 完成后进行 A3；A2，B1 均完成后进行 B2；A3，B2 均完成后进行 B3	

2. 双代号网络图绘制规则

(1) 网络图必须按照正确表示各工序的逻辑关系绘制，见表 3-1 所列。

(2) 一张网络图只允许有一个开始节点和一个结束节点，如图 3.12 所示。

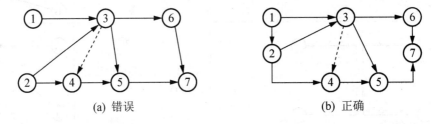

图 3.12 只允许一个开始节点或结束节点示例

(3) 同一计划网络图中不允许出现编号相同的箭杆，如图 3.13。

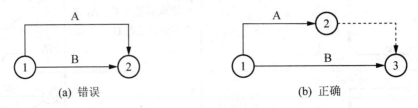

图 3.13 不允许重复编号示例

(4) 网络图中不允许出现闭合回路，如图 3.14 所示。图 3.14(a)出现从节点①开始经过②、③又回到节点①是错误的，正确的是图 3.14(b)。

(a) 错误　　　　　　　　　　　　(b) 正确

图 3.14　不允许出现闭合回路示例

(5) 网络图中严禁出现双向箭头和无箭头的连线，如图 3.15 所示。

(a) 双向箭头连线　　　　　　　　(b) 无箭头的连线

图 3.15　错误的箭线画法

(6) 严禁在网络图中出现没有箭尾节点的箭线和没有箭头节点的箭线。如图 3.16 所示。

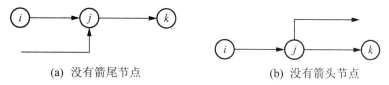

(a) 没有箭尾节点　　　　　　　　(b) 没有箭头节点

图 3.16　没有箭尾和箭头节点的箭线

(7) 当网络图中不可避免出现箭杆交叉时，应采用"过桥"、"断线"法来表示，如图 3.17 所示。

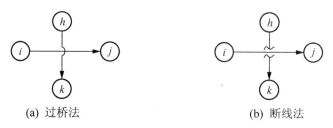

(a) 过桥法　　　　　　　　　　　(b) 断线法

图 3.17　箭线交叉的表示方法

(8) 当网络图的起点节点有多条外向箭线或终点节点有多条内向箭线时，为使图形简洁，可用母线法表示，如图 3.18 所示。

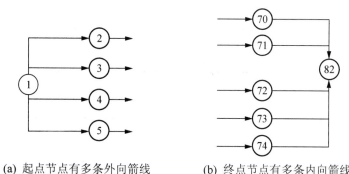

(a) 起点节点有多条外向箭线　　　(b) 终点节点有多条内向箭线

图 3.18　母线画法

3. 双代号网络图绘制方法和步骤

1) 绘制方法

为使双代号网络图绘制简洁、美观，宜用水平箭杆和垂直箭杆表示。从图 3.19 可知，在绘制之前，先确定出各个节点的位置号，再按节点位置及逻辑关系绘制网络图。

节点位置号的确定如下。

(1) 无紧前工作的工作 A、B 的开始节点的位置号为零。

(2) 有紧前工作的工作的开始节点位置号等于其紧前工作的开始节点位置号的最大值加 1。如 E 的紧前工作为 B、C 的开始节点位置号分别为 0 和 1，则其开始节点位置号为 1+1=2。

(3) 有紧后工作的工作的结束节点位置号等于其紧后工作的开始节点位置号的最小值。如 B 的紧后工作 D、E 的开始节点位置号分别为 1、2，则其结束节点位置号为 1。

(4) 无紧后工作的工作结束节点位置号等于网络图中各个工作的结束节点位置号的最大值加 1。如 E、G 的结束节点位置号等于 C、D 的结束节点位置号 2 加 1 等于 3。

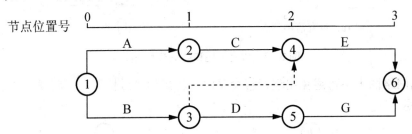

图 3.19　双代号网络图与节点位置坐标关系

2) 双代号网络图绘制步骤

(1) 根据已知的紧前工作确定出紧后工作。

(2) 确定出各工作的开始节点位置号和结束节点位置号。

(3) 根据节点位置号和逻辑关系绘出网络图。

3) 绘制双代号网络图示例

 应用案例 3-1

已知某网络图的资料见表 3-2，试绘制其双代号网络图。

表 3-2　网络图资料表

工作	A	B	C	D	E	F	G
紧前工作	无	无	无	B	B	C、D	F

【案例分析】

(1) 列出关系表，确定出紧后工作和各工作的节点位置号，见表 3-3。

表 3-3 确定节点位置号

工 作	A	B	C	D	E	F	G
紧前工作	无	无	无	B	B	C, D	F
紧后工作	无	D, E	F	F	无	G	无
开始节点位置号	0	0	0	1	1	2	3
结束节点位置号	4	1	2	2	4	3	4

(2) 根据列出关系表确定的节点位置号，绘出网络图，如图 3.20 所示。

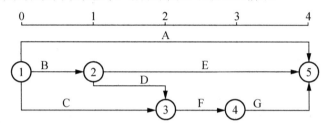

图 3.20 案例 3-1 网络图

应用案例 3-2

试根据表 3-4 中各施工过程的关系，绘制其双代号网络图。

表 3-4 某工程各施工过程的关系

施工过程名称	A	B	C	D	E	F	G	H	I	J	K
紧前过程	无	A	A	B	B	E	A	D, C	E	F, G, H	I, J
紧后过程	B, C, G	D, E	H	H	F, I	J	J	J	K	K	无
持续时间	8	4	2	2	5	3	4	1	2	6	8

【案例分析】

(1) 列出关系表，确定各施工过程的节点位置号，见表 3-5。

表 3-5 由关系表确定节点位置号

施工过程	A	B	C	D	E	F	G	H	I	J	K
紧前过程	—	A	A	B	B	E	A	D, C	E	F, G, H	I, J
紧后过程	B, C, G	D, E	H	H	F, I	J	J	J	K	K	—
开始节点位置号	0	1	1	2	2	3	1	3	3	4	5
结束节点位置号	1	2	3	3	3	4	4	4	5	5	6

(2) 绘出网络图，如图 3.21 所示。

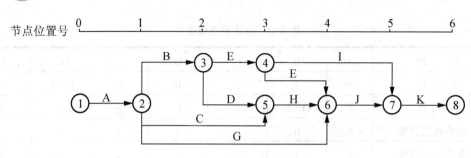

图 3.21 案例 3-2 网络图

 应用案例 3-3

根据表 3-6 中各施工过程的逻辑关系,绘制其双代号网络图,并进行节点编号。

表 3-6 某分部工程各施工过程逻辑关系

施工过程	A	B	C	D	E	F	G	H
紧前过程	—	A	B	B	B	C, D	C, E	F, G
紧后过程	B	C, D, E	F, G	F	G	H	H	—
持续时间	3	5	8	2	4	4	2	5

【案例分析】

(1) 列出关系表,确定各施工过程的节点位置号,见表 3-7。

表 3-7 由关系表确定节点位置号

施工过程	A	B	C	D	E	F	G	H
紧前过程	—	A	B	B	B	C, D	C, E	—, G
紧后过程	B	C, D, E	F, G	F	G	H	H	—
开始节点位置号	0	1	2	2	2	3	3	4
结束节点位置号	1	2	3	3	3	4	4	5

(2) 绘出网络图,如图 3.22 所示。

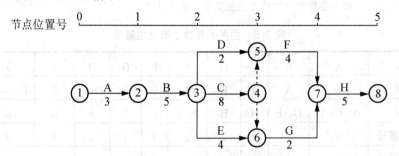

图 3.22 应用案例 3-3 网络图

3.2.3 双代号网络图时间参数的计算

在网络图上加注工作的时间参数等而编成的进度计划称为网络计划。用网络计划对任务的工作进行安排和控制，以保证实现预定目标的科学的计划管理技术称为网络计划技术。计算网络图时间参数的目的是找出关键线路，使得在工作中能抓住主要矛盾，向关键线路要时间；计算非关键线路上的富余时间，明确其存在多少机动时间，向非关键线路要劳力、要资源；确定总工期，做到工程进度计划心中有数。

1. 网络图时间参数内容和表示法

网络图时间参数常用的有 10 个，其内容及表示符号如下。

(1) 节点最早时间(ET_i——i 节点的最早时间)。
(2) 节点最迟时间(LT_j——j 节点的最迟时间)。
(3) 工作最早开始时间(ES_{i-j}——i-j 节点的最早开始时间)。
(4) 工作最早完成时间(EF_{i-j}——i-j 工作的最早完成时间)。
(5) 工作最迟开始时间(LS_{i-j}——i-j 工作的最迟开始时间)。
(6) 工作最迟完成时间(LF_{i-j}——i-j 工作的最迟完成时间)。
(7) 工作自由时差(FF_{i-j}——i-j 工作的自由时差)。
(8) 工作总时差(TF_{i-j}——i-j 工作的总时差)。
(9) 工作的持续时间(D_{i-j}——i-j 工作的持续时间)。
(10) 网络计划的工期(T_c——计算工期；T_p——计划工期；T_r——要求工期)。

计算双代号网络图的时间参数的方法有：分析计算法、图上计算法、表上计算法、矩阵计算法、电算法，等等，最终目的都是找出关键线路。此仅介绍图上计算法，适用于网络工作较少的网络图，图 3.23 所示为图上计算法中双代号网络计划时间参数标注的方法。

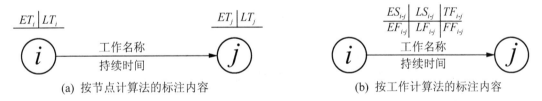

(a) 按节点计算法的标注内容 (b) 按工作计算法的标注内容

图 3.23 双代号网络计划时间参数标注法

注：当为虚工作时，图中的箭线为虚箭线

2. 图上计算法计算双代号网络图时间参数的方法步骤

1) 节点最早时间(ET)

节点时间是指某个瞬时或时点，最早时间的含义是其后各工作最早此时才可能出现。其计算规则是从网络图的起始节点开始，沿箭头方向逐点向后计算，直至结束节点。方法是"顺着箭头方向相加，逢箭头相碰的节点取最大值"。计算公式如下。

(1) 起始节点的最早时间为

$$ET_i=0(i=1) \tag{3-1}$$

(2) 中间节点的最早时间为

$$ET_j = \max\{ET_i + D_{i-j}\} \tag{3-2}$$

2) 工期(T)

网络计划的计算工期为

$$T_c = ET_n \text{ 或 } T_c = \max\{EF_{i-n}\} \tag{3-3}$$

式中：ET_n——终点节点 n 的最早时间。

计划工期 T_p 应分别按下式计算。

(1) 当已规定了要求工期时

$$T_p \leqslant T_r \tag{3-4}$$

(2) 当未规定要求工期时

$$T_p = T_c \tag{3-5}$$

3) 节点最迟时间(LT)

节点最迟时间的含义是其前各工序最迟此时必须出现，即最迟此时必须完成。其计算规则是从网络图结束节点 n 开始，逆箭头方向逐点向前计算直至起始节点。方法是"逆着箭杆方向相减，逢箭尾相碰的节点取最小值"。计算公式是

(1) 终点节点的最迟开始时间

$$LT_n = T_p = ET_n \tag{3-6}$$

或该节点规定的分期完成的时间或规定工期。

(2) 中间节点 i 的最迟开始时间

$$TL_i = \min\{LT_j - D_{i-j}\} \tag{3-7}$$

4) 工作最早开始时间(ES)

工作最早可能开始时间的含义是该工作最早此时才能开始。它受该工作起点节点最早时间控制，即等于该工作起始节点最早时间。计算公式为

$$ES_{i-j} = ET_i$$

或

$$ES_{i-j} = \max\{ES_{h-i} + D_{h-i}\} \tag{3-8}$$

式中：ES_{h-i}——工作 i-j 的各项紧前工作 h-i 的最早开始时间；

D_{h-i}——工作 i-j 的各项紧前工作 h-i 的持续时间。

5) 工作最早完成时间(EF)

其含义是该工作最早此时才能结束，它受该工作起点节点最早时间控制，即等于该工作起点最早时间加上该项工作的持续时间。计算公式为

$$EF_{i-j} = ET_i + D_{i-j} = ES_{i-j} + D_{i-j} \tag{3-9}$$

6) 工作最迟完成时间(LF)

其含义是该工作此时必须完成，它受工作结束节点最迟时间控制，即等于该项工作结束节点的最迟时间。应从网络计划的终点节点开始，逆着箭线方向依次逐项计算。计算公式是

$$LF_{i-n} = T_p \tag{3-10}$$

$$LF_{i-j} = LT_j$$

或

$$LF_{i-j} = \min\{LF_{j-k} - D_{j-k}\} \tag{3-11}$$

式中：LF_{j-k}——工作 i-j 的各项紧后工作 j-k 的最迟完成时间；

D_{j-k}——工作 $i-j$ 的各项紧后工作 $j-k$ 的持续时间。

7) 工作最迟开始时间(LS)

其含义是该工作最迟此时必须开始,它受该工作结束节点最迟时间控制,即等于该工作结束节点的最迟时间减去该工作持续时间。计算公式是

$$LS_{i-j}=LT_j-D_{i-j}=LF_{i-j}-D_{i-j} \tag{3-12}$$

8) 工作总时差(TF)

其含义是该工作可能利用的最大机动时间,在这个时间范围内延长或推迟本工作时间,不会影响总工期。求出节点或工作时间参数后,即可计算该工作总时差。其数值等于该工作结束节点的最迟时间减去该工作起始节点的最早时间,再减去该工作的持续时间。计算公式为

$$TF_{i-j}=LT_j-ET_i-D_{i-j}=LF_{i-j}-EF_{i-j}=LS_{i-j}-ES_{i-j} \tag{3-13}$$

总时差主要用于控制计划总工期和判断关键工作。凡是总时差为最小的工作就是关键工作(一般总时差为零)。其余工作为非关键工作。

9) 工作自由时差(FF)

其含义是在不影响后续工作按最早可能开始时间开始的前提下该工作能够自由支配的机动时间。其数值等于该工作终点节点的最早时间减去该工作起始节点的最早时间再减去该工作的持续时间。计算公式如下。

(1) 以终点节点($j=n$)为箭头节点的工作,其自由时差 FF_{i-j} 为

$$FF_{i-n}=T_p-ES_{i-n}-D_{i-n}=T_p-EF_{i-n} \tag{3-14}$$

(2) 当工作 $i-j$ 有紧后工作 $j-k$ 时,其自由时差 FF_{i-j} 为

$$FF_{i-j}=ET_j-ET_i-D_{i-j}=ES_{j-k}-ES_{i-j}-D_{i-j}=ES_{j-k}-EF_{i-j} \tag{3-15}$$

式中:ES_{j-k}——工作 $i-j$ 的各项紧后工作 $j-k$ 的最早开始时间。

3. 确定关键工作和关键线路

确定关键工作和关键线路是网络计划技术编制的核心。通过上述时间参数的计算,最终目的是找出关键线路,确定关键工作和关键线路的方法是根据计算的总时差来确定关键工作,将关键工作依次连接起来组成的线路,即为关键线路。关键线路表示工程施工中的主要矛盾,要合理调配人力、物力、集中力量保证关键工作的按时完工,以防延误工程进度。关键工作一般用双线箭线、彩色线或粗黑线箭杆表示。关键线路上各关键工作的时间和即为该网络计划的总工期。

综上所述,某些工作的总时差与其自由时差是相互关联的。也就是说,动用本工作自由时差不会影响紧后工作的最早开始时间,而在本工作总时差范围内动用机动时间(时差),若超过本工作自由时差范围,则会相应减少后续工作拥有的时差,并会引起该工作所在线路上所有后续非关键工作以及与该线路有关的其他非关键工作时差的重新分配。

可见,总时差具有以下性质:总时差 $TF=0$ 的工作称为关键工作;如果总时差为零,则自由时差也必然等于零;总时差不为本工作所专有而与前后工作都有关,它为一条线路(或线段)所共有。由于关键线路各工作的时差均为零,该线路就必然决定计划的总工期,因此,关键工作完成的快慢直接影响整个计划的完成。而自由时差则具有以下一些主要特点:自由时差总是小于或等于总时差,即 $FF \leqslant TF$;以关键线路上的节点为结束节点的工

作，其自由时差与总时差相等；使用自由时差对紧后工作没有影响，紧后工作仍可按其最早开始时间开始。由于非关键工作一般都具有若干机动时间(时差)，因此，可利用时差充分调动非关键工作的人力、物力资源来确保关键工作的加快或按期完成，从而使总工期的目标能得以实现。另外，在时差范围内改变非关键工作的开始和结束时间，灵活地应用时差也可达到均衡施工的目的。

4. 图上计算法计算双代号网络图时间参数示例

应用案例 3-4

根据图 3.22 所示网络图，用图上计算法计算其节点的时间参数 ET 和 LT；工作的时间参数 ES、EF、LS、LF、TF、FF；并用双箭线表示关键线路，计算总工期 T。

【案例分析】

计算结果如图 3.24 所示。计算方法说明如下。

(1) 计算节点最早时间参数 ET。

$ET_1=0$，$ET_2=ET_1+D_{1-2}=0+3=3$，$ET_3=ET_2+D_{2-3}=3+5=8$，$ET_4=ET_3+D_{3-4}=16$

$$ET_5 = \max \begin{Bmatrix} ET_3 + D_{3-5} \\ ET_4 + D_{4-5} \end{Bmatrix} = \max \begin{Bmatrix} 8+2 \\ 16+1 \end{Bmatrix} = 16$$

$$ET_6 = \max \begin{Bmatrix} ET_3 + D_{3-6} \\ ET_4 + D_{4-6} \end{Bmatrix} = \max \begin{Bmatrix} 8+4 \\ 16+0 \end{Bmatrix} = 16$$

$$ET_7 = \max \begin{Bmatrix} ET_5 + D_{5-7} \\ ET_6 + D_{6-7} \end{Bmatrix} = \max \begin{Bmatrix} 16+4 \\ 16+2 \end{Bmatrix} = 20$$

$ET_8 = ET_7 + D_{7-8} = 20 + 5 = 25$

(2) 计算节点最迟时间参数 LT。

$LT_8=ET_8=25$；$LT_7=LT_8-D_{7-8}=20$；$LT_6=LT_7-D_{6-7}=18$；$LT_5=LT_7-D_{5-7}=16$

$$LT_4 = \min \begin{Bmatrix} LT_5 + D_{4-5} \\ LT_6 + D_{4-6} \end{Bmatrix} = \min \begin{Bmatrix} 16-0 \\ 18-0 \end{Bmatrix} = 16$$

$$LT_3 = \min \begin{Bmatrix} LT_4 - D_{3-4} \\ LT_5 - D_{3-5} \\ LT_6 - D_{3-6} \end{Bmatrix} = \min \begin{Bmatrix} 16-8 \\ 16-2 \\ 18-4 \end{Bmatrix} = 8$$

$LT_2=LT_3-D_{2-3}=3$；$LT_1=LT_2-D_{1-2}=0$

同理可得各工作 LT，填于图上相应位置。

(3) 工作最早可能开始时间 ES。

$ES_{1-2}=ET_1=0$； $ES_{2-3}=ET_2=3$； $ES_{3-4}=ET_3=8$

同理可得各工作 ES，填于图上相应位置。

(4) 工作最早可能完成时间 EF。

$EF_{1-2}=ES_{1-2}+D_{1-2}=0+3=3$； $EF_{2-3}=ES_{2-3}+D_{2-3}=8$

同理可得各工作 EF，结果填于图上相应位置。

(5) 工作最迟必须完成时间 LF。

$LF_{1-2}=LT_2=3$； $LF_{2-3}=LT_3=8$

同理将结果填于图上相应位置。

(6) 工作最迟必须开始时间 LS。

$LS_{1-2}=LF_{1-2}-D_{1-2}=3-3=0$ ； $LS_{3-6}=TL_6-D_{3-6}=18-4=14$

同理将可得结果填于图上相应位置。

(7) 计算总时差 TF。

$TF_{1-2}=LS_{1-2}-ES_{1-2}=0$； $TF_{3-6}=LS_{3-6}-ES_{3-6}=6$

同理将结果标于图上相应位置。

(8) 计算自由时差 FF。

$FF_{1-2}=ES_{2-3}-EF_{1-2}=3-3=0$

$FF_{3-6}=ES_{6-7}-EF_{3-6}=16-12=4$

$FF_{3-5}=ES_{5-7}-EF_{3-5}=16-10=6$

同理可得结果标于图上相应位置。

(9) 确定关键线路和总工期 T。

凡总时差为最小的工作均为关键工作用双箭线或粗黑箭线表示。由关键工作组成的线路为关键线路为

①—A/3→②—B/5→③—C/8→④┈┈→⑤—F/4→⑦—H/5→⑧

关键线路上各工作的时间和即为总工期 T。

T=(3+5+8+4+5)天 d=25 天

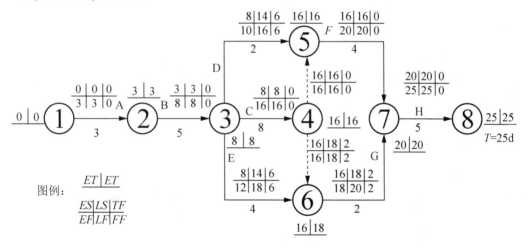

图 3.24 双代号网络图时间参数计算示例

3.3 单代号网络计划

在双代号网络计划中，为了正确地表达网络计划中各项工作之间的逻辑关系，引入了虚工作这一概念。在绘制和计算参数过程中可以明显看到，虚工作的存在不仅使图形变得复杂，增大了绘制难度，同时也增大了计算工作量。因此，人们在使用双代号网络图来表示一项计划的同时，也设计了另一种网络图表示计划——单代号网络计划，以解决双代号网络计划的缺点。

3.3.1 单代号网络图的概念

单代号网络图是网络计划的另一种表示方法,它是用一个圆圈或方框代表一项工作,将工作代号、工作名称和完成工作所需要的时间写在圆圈或方框里面,箭线仅用来表示工作之间的顺序关系。用这种表示方法把一项计划中所有工作按先后顺序将其相互之间的逻辑关系,从左至右绘制而成的图形,称为单代号网络图(或节点网络图)。用这种网络图表示的计划称为单代号网络计划。图 3.25 所示是常见的单代号表示方法,图 3.3 所示是一个简单的单代号网络图。

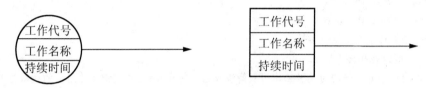

图 3.25 单代号网络图的表示方法

单代号网络图与双代号网络图相比,由于它具有绘图简便,逻辑关系明确,易于修改等优点,因而在国内外日益受到普遍重视,其应用范围和表达功能也在不断发展和扩大。

3.3.2 单代号网络图绘制

单代号网络图和双代号网络图所表达的计划内容是一致的,两者的区别仅在于绘图的符号不同,单代号网络图的箭杆的含义是表示顺序关系,节点表示一项工作;而双代号网络图的箭杆表示的是一项工作,节点表示联系;在双代号网络图中出现较多的虚工作,而单代号网络图没有虚工作。

1. 单代号网络图的绘图规则

单代号网络图的绘图规则如下。

(1) 单代号网络图必须正确表述已定的逻辑关系。常见的各种逻辑关系的表示方法如表 3.1 所列。

(2) 单代号网络图中,严禁出现循环回路。

(3) 单代号网络图中,严禁出现双向箭头或无箭头的连线。

(4) 单代号网络图中,严禁出现没有箭尾节点的箭线和没有箭头节点的箭线。

(5) 绘制网络图时,箭线不宜交叉。当交叉不可避免时,可采用过桥法和指向法绘制。

(6) 单代号网络图只应有一个起点节点和一个终点节点;当网络图中有多项起点节点或多项终点节点时,应在网络图的两端分别设置一项虚工作,作为该网络图的起点节点(S_t)和终点节点(F_{in}),如图 3.24 所示。

2. 绘制单代号网络计划的方法和步骤

绘制单代号网络图的方法和步骤如下。

(1) 根据已知的紧前工作确定出其紧后工作。

(2) 确定出各工作的节点位置号。可令无紧前工作的工作的节点位置号为零。

(3) 其他工作的节点位置号等于其紧前工作的节点位置号的最大值加 1。

(4) 根据节点位置号和逻辑关系绘出网络图。

3. 单代号网络计划的绘制示例

 应用案例 3-5

已知单代号网络图的资料如应用案例 3-1 所示，试绘制其单代号网络图。

【案例分析】

(1) 列出关系表，确定出节点位置号，如表 3-8 所列。

表 3-8　关系表

工　作	A	B	C	D	E	F	G
紧前工作	无	无	无	B	B	C, D	F
紧后工作	无	D, E	F	F	无	G	无
节点位置号	0	0	0	1	1	2	3

(2) 根据节点位置号和逻辑关系绘出单代号网络图，如图 3.26 所示。

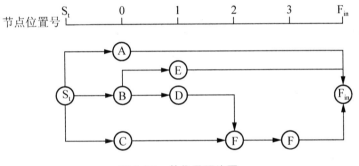

图 3.26　单代号网络图

注：图中 S_t 和 F_{in} 节点为网络图中虚拟的起点节点和终点节点。

3.3.3　单代号网络计划时间参数计算

单代号网络计划的时间参数计算应在确定各项工作持续时间之后进行。其基本内容和形式应按图 3.27(a)、(b)所示的方式标注。

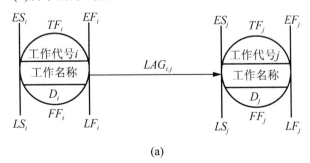

(a)

图 3.27　单代号网络计划时间参数的标注形式

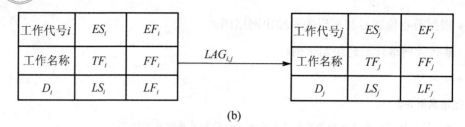

(b)

图 3.27 单代号网络计划时间参数的标注形式(续)

1) 工作最早开始时间 ES_i 的计算

工作 i 的最早开始时间 ES_i 应从网络图的起点节点开始,顺着箭线方向依次逐项计算;当起点节点 i 的最早开始时间 ES_i 无规定时,其值应等于零,即

$$ES_i=0 \quad (i=1) \tag{3-16}$$

其他工作的最早开始时间 ES_i 应为

$$ES_i=\max\{EF_h\}$$

或

$$ES_i=\max\{ES_h+D_h\} \tag{3-17}$$

式中:ES_i——工作 i 的最早开始时间;

EF_h——工作 i 的各项紧前工作 h 的最早完成时间;

ES_h——工作 i 的各项紧前工作 h 的最早开始时间;

D_h——工作 i 的各项紧前工作 h 的持续时间。

2) 工作 i 的最早完成时间 EF_i 的计算

工作 i 的最早完成时间 EF_i 应按下式计算

$$EF_i=ES_i+D_i \tag{3-18}$$

3) 网络计划工期 T 的计算

(1) 网络计划计算工期 T_c 应按下式计算

$$T_c=EF_n \tag{3-19}$$

式中:EF_n——终点节点 n 的最早完成时间。

(2) 网络计划的计划工期 T_p 的计算应按下列情况分别确定。

当已规定了要求工期 T_r 时,

$$T_p \leqslant T_r \tag{3-20}$$

当未规定要求工期 T_r 时,

$$T_p=T_c=EF_n \tag{3-21}$$

4) 时间间隔 $LAG_{i,j}$ 的计算

相邻两项工作 i 和 j 之间的时间间隔 $LAG_{i,j}$ 的计算应符合下列规定。

(1) 当终点节点为虚拟节点时,其时间间隔应为

$$LAG_{i,n}=T_p-EF_i \tag{3-22}$$

(2) 其他节点之间的时间间隔应为

$$LAG_{i,j}=ES_j-EF_i \tag{3-23}$$

5) 工作总时差 TF 的计算

工作 i 的总时差 TF_i 的计算应符合下列规定。

(1) 工作 i 的总时差 TF_i 应从网络计划的终点节点开始,逆着箭线方向依次逐项计算。

当部分工作分期完成时,有关工作的总时差必须从分期完成的节点开始逆向逐项计算。

(2) 终点节点所代表工作 n 的总时差 TF_n 值应为

$$TF_n = T_p - EF_n \tag{3-24}$$

(3) 其他工作 i 的总时差 TF_i 应为

$$TF_i = \min\{TF_j + LAG_{i,j}\} \tag{3-25}$$

6) 工作 i 的自由时差 FF 的计算

工作 i 的自由时差 FF_i 的计算应符合下列规定。

(1) 终点节点所代表工作 n 的自由时差 FF_n 应为

$$FF_n = T_p - EF_n \tag{3-26}$$

(2) 其他工作 i 的自由时差 FF_i 应为

$$FF_i = \min\{LAG_{i,j}\} \tag{3-27}$$

7) 工作 i 的最迟完成时间 LF_i 的计算

工作 i 的最迟完成时间 LF_i 的计算应符合下列规定。

(1) 工作 i 的最迟完成时间 LF_i 应从网络计划的终点节点开始,逆着箭线方向依次逐项计算。当部分工作分期完成时,有关工作的最迟完成时间应从分期完成的节点开始逆向逐项计算。

(2) 终点节点所代表工作 n 的最迟完成时间 LF_n 应按网络计划的计划工期 T_p 确定,即

$$LF_n = T_p \tag{3-28}$$

(3) 其他工作 i 的最迟完成时间 LF_i 应为

$$LF_i = \min\{LS_j\}$$

或

$$LF_i = EF_i + TF_i \tag{3-29}$$

式中:LS_j——工作 i 的各项紧后工作 j 的最迟开始时间。

8) 工作 i 的最迟开始时间 LS_i 的计算

工作 i 的最迟开始时间 LS_i 应按下式计算

$$LS_i = LF_i - D_i$$

或

$$LS_i = ES_i + TF_i \tag{3-30}$$

3.3.4 关键工作和关键线路的确定

总时差为最小的工作应为关键工作。从起点节点开始到终点节点均为关键工作,且所有工作的时间间隔均为零的线路应为关键线路。该线路在网络图上应用粗线、双线或彩色线标注。

3.3.5 单代号网络计划时间参数计算示例

应用案例 3-6

有一个单代号网络图的结构和工作持续时间(天)如图 3.28 所示。试计算各工作的时间参数,并求关键线路(用粗黑箭线表示)。

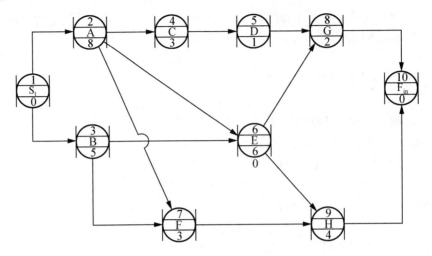

图 3.28 单代号网络图

【案例分析】

计算结果如图 3.29 所示。现对其计算方法说明如下。

(1) 工作最早开始时间 ES_i 的计算。工作的最早开始时间从网络图的起点节点开始，顺着箭线方向自左至右，依次逐个计算。因起点节点的最早开始时间未作规定，故 $ES_1=0$；其紧后工作的最早开始时间是其各紧前工作的最早开始时间与其持续时间之和，并取其最大值，其计算公式为 $ES_i=\max\{ES_h+D_h\}$，因此可得到

$ES_1=0$

$ES_2=ES_1+D_1=0+0=0$

$ES_3=ES_1+D_1=0+0=0$

$ES_4=ES_2+D_2=0+8=8$

$ES_5=ES_4+D_4=8+3=11$

$ES_6 = \max\begin{Bmatrix} ES_2 + D_2 \\ ES_3 + D_3 \end{Bmatrix} = \max\begin{Bmatrix} 0+8 \\ 0+5 \end{Bmatrix} = 8$

$ES_7 = \max\begin{Bmatrix} ES_2 + D_2 \\ ES_3 + D_3 \end{Bmatrix} = \max\begin{Bmatrix} 0+8 \\ 0+5 \end{Bmatrix} = 8$

$ES_8 = \max\begin{Bmatrix} ES_5 + D_5 \\ ES_6 + D_6 \end{Bmatrix} = \max\begin{Bmatrix} 11+1 \\ 8+6 \end{Bmatrix} = 14$

$ES_9 = \max\begin{Bmatrix} ES_6 + D_6 \\ ES_7 + D_7 \end{Bmatrix} = \max\begin{Bmatrix} 8+6 \\ 8+3 \end{Bmatrix} = 14$

$ES_{10} = \max\begin{Bmatrix} ES_8 + D_8 \\ ES_9 + D_9 \end{Bmatrix} = \max\begin{Bmatrix} 14+2 \\ 14+4 \end{Bmatrix} = 18$

(2) 工作最早完成时间 EF_i 的计算。每项工作的最早完成时间是该工作的最早开始时间与其工作持续时间之和，其计算公式为 $EF_i=ES_i+D_i$，因此可得

$EF_1=ES_1+D_1=0+0=0$

$EF_2=ES_2+D_2=0+8=8$

$EF_3=ES_3+D_3=0+5=5$

$EF_4=ES_4+D_4=8+3=11$

$EF_5=ES_5+D_5=11+1=12$
$EF_6=ES_6+D_6=8+6=14$
$EF_7=ES_7+D_7=8+3=11$
$EF_8=ES_8+D_8=14+2=16$
$EF_9=ES_9+D_9=14+4=18$
$EF_{10}=ES_{10}+D_{10}=18+0=18$

(3) 网络计划的计算工期 T_c。按公式 $T_c=EF_n$ 计算,因此得:$T_c=EF_{10}=18d$。

网络计划计划工期 T_p 的确定。由于本计划没有要求工期,故 $T_p=T_c=18d$。

(4) 相邻两项工作之间时间间隔 $LAG_{i,j}$ 的计算。相邻两项工作的时间间隔,是其后项工作的最早开始时间与前项工作的最早完成时间的差值,它表示相邻两项工作之间有一段时间间隔,相邻两项工作 i 与工作 j 之间的时间间隔按公式 $LAG_{i,j}=ES_j-EF_i$ 计算。因此可得

$LAG_{1,2}=ES_2-EF_1=0-0=0$
$LAG_{1,3}=ES_3-EF_1=0-0=0$
$LAG_{2,4}=ES_4-EF_2=8-8=0$
$LAG_{2,6}=ES_6-EF_2=8-8=0$
$LAG_{2,7}=ES_7-EF_2=8-8=0$
$LAG_{3,7}=ES_7-EF_3=8-5=3$
$LAG_{4,5}=ES_5-EF_4=11-11=0$
$LAG_{5,8}=ES_8-EF_5=14-12=2$
$LAG_{6,8}=ES_8-EF_6=14-14=0$
$LAG_{6,9}=ES_9-EF_6=14-14=0$
$LAG_{7,9}=ES_9-EF_7=14-11=3$
$LAG_{8,10}=ES_{10}-EF_8=18-16=2$
$LAG_{9,10}=ES_{10}-EF_9=18-18=0$

(5) 工作最迟完成时间 LF_i 的计算。工作 i 的最迟完成时间 LF_i 应从网络图的终点节点开始,逆着箭线方向依次逐项计算。终点节点 n 所代表的工作的最迟完成时间 LF_n,应按公式 $LF_n=T_p$ 计算;其他工作 i 的最迟完成时间 LF_i 按公式 $LF_i=\min\{LF_j-D_j\}$ 计算。因此可得

$LF_{10}=T_p=T_c=18$
$LF_9=\min\{LF_{10}-D_{10}\}=\min\{18-0\}=18$
$LF_8=\min\{LF_{10}-D_{10}\}=\min\{18-0\}=18$
$LF_7=\min\{LF_9-D_9\}=\min\{18-4\}=14$
$LF_6=\min\begin{Bmatrix}LF_8-D_8\\LF_9-D_9\end{Bmatrix}=\min\begin{Bmatrix}18-2\\18-4\end{Bmatrix}=14$
$LF_5=\min\{LF_8-D_8\}=\min\{18-2\}=16$
$LF_4=\min\{LF_5-D_5\}=\min\{16-1\}=15$
$LF_3=\min\begin{Bmatrix}LF_6-D_6\\LF_7-D_7\end{Bmatrix}=\min\begin{Bmatrix}14-6\\14-3\end{Bmatrix}=8$
$LF_2=\min\begin{Bmatrix}LF_4-D_4\\LF_6-D_6\\LF_7-D_7\end{Bmatrix}=\min\begin{Bmatrix}15-3\\14-6\\14-3\end{Bmatrix}=8$
$LF_1=\min\begin{Bmatrix}LF_2-D_2\\LF_3-D_3\end{Bmatrix}=\min\begin{Bmatrix}8-8\\8-5\end{Bmatrix}=0$

(6) 工作最迟开始时间 LS_i 的计算。工作的最迟开始时间 LS_i 按公式 $LS_i=LF_i-D_i$ 进行计算，因此可得

$LS_{10}=LF_{10}-D_{10}=18-0=18$

$LS_9=LF_9-D_9=18-4=14$

$LS_8=LF_8-D_8=18-2=16$

$LS_7=LF_7-D_7=14-3=11$

$LS_6=LF_6-D_6=14-6=8$

$LS_5=LF_5-D_5=16-1=15$

$LS_4=LF_4-D_4=15-3=12$

$LS_3=LF_3-D_3=8-5=3$

$LS_2=LF_2-D_2=8-8=0$

$LS_1=LF_1-D_1=0-0=0$

(7) 工作总时差 TF_i 的计算。每项工作的总时差，是该项工作在不影响计划工期(总工期)的前提下所具有的机动时间(富余时间)。它的计算应从网络图的终点节点开始，逆着箭线方向依次计算。终点节点所代表的工作的总时差 TF_n 值，由于本例没有给出规定工期，故应为零，即 $TF_n=0$。其他工作的总时差可按公式 $TF_i=LS_i-ES_i$ 或 $TF_i=LF_i-EF_i$ 或 $TF_i=\{LAG_{i,j}+TF_j\}$ 计算。因此可得

$TF_1=LS_1-ES_1=0-0=0$

$TF_2=LS_2-ES_2=0-0=0$

$TF_3=LS_3-ES_3=3-0=3$

$TF_4=LS_4-ES_4=12-8=4$

$TF_5=LS_5-ES_5=15-11=4$

$TF_6=LS_6-ES_6=8-8=0$

$TF_7=LS_7-ES_7=11-8=3$

$TF_8=LS_8-ES_8=16-14=2$

$TF_9=LS_9-ES_9=14-14=0$

$TF_{10}=LS_{10}-ES_{10}=18-18=0$

(8) 工作自由时差 FF_i 的计算。自由时差是指在不影响其紧后工作最早开始时间的前提下，本工作可以利用的机动时间。可按公式 $FF_i=\min\{ES_j-EF_i\}$ 或 $FF_i=\min\{ES_j-ES_i-D_i\}$ $FF_i=\min\{LAG_{i,j}\}$ 计算。因此可得

$$FF_1 = \min \begin{Bmatrix} ES_2 - EF_1 \\ ES_3 - EF_1 \end{Bmatrix} = \min \begin{Bmatrix} 0-0 \\ 0-0 \end{Bmatrix} = 0$$

$$FF_2 = \min \begin{Bmatrix} ES_4 - EF_2 \\ ES_6 - EF_2 \\ ES_7 - EF_2 \end{Bmatrix} = \min \begin{Bmatrix} 8-8 \\ 8-8 \\ 8-8 \end{Bmatrix} = 0$$

$$FF_3 = \min \begin{Bmatrix} ES_6 - EF_3 \\ ES_7 - EF_3 \end{Bmatrix} = \min \begin{Bmatrix} 8-5 \\ 8-5 \end{Bmatrix} = 3$$

$FF_4=\min\{ES_5-EF_4\}=\min\{11-11\}=0$

$FF_5=\min\{ES_8-EF_5\}=\min\{14-12\}=2$

$$FF_6 = \min \begin{Bmatrix} ES_8 - EF_6 \\ ES_9 - EF_6 \end{Bmatrix} = \min \begin{Bmatrix} 14-14 \\ 14-14 \end{Bmatrix} = 0$$

$FF_7=\min\{ES_9-EF_7\}=\min\{14-11\}=3$

$FF_8=\min\{ES_{10}-EF_8\}=\min\{18-16\}=2$

$FF_9=\min\{ES_{10}-EF_9\}=\min\{18-18\}=0$

$FF_{10}=T_p-EF_{10}=18-18=0$。

(9) 关键工作和关键线路的确定。单代号网络计划中将相邻两项关键工作之间的间隔时间为零的关键工作连接起来，而形成的自起点节点到终点节点的通路就是关键线路。因此本例中的关键线路是 1→2→6→9→10，用粗黑的箭线表示。

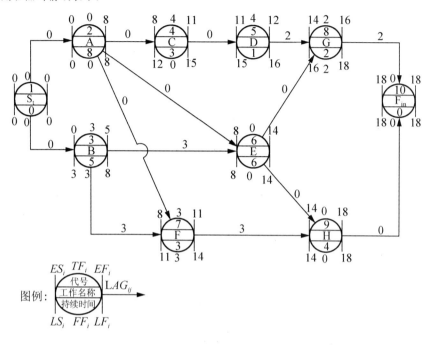

图 3.29 单代号网络图时间参数的计算

3.4 双代号时标网络计划

时标网络计划是以时间坐标为尺度编制的网络计划。双代号时标网络计划(简称时标网络计划)必须以水平时间坐标为尺度表示工作时间。时标的时间单位应根据需要在编制网络计划之前确定，可为时、天、周、月或季。它应以实箭线表示工作，以虚箭线表示虚工作，以波形线表示工作的自由时差。时标网络计划与无时标网络计划相比较，有以下特点。

(1) 主要时间参数一目了然，具有横道图计划的优点，故使用方便。

(2) 由于箭线的长短受时标的制约，故绘图比较麻烦，修改网络计划的工作持续时间时必须重新绘图。

(3) 绘图可以不进行计算。只有在图上没有直接表示出来的时间参数，如总时差、最迟开始时间和最迟完成时间，才需要进行计算。所以，使用时标网络计划可大大节省计算量。

双代号时标网络计划较好地把横道进度计划的直观、形象等优点吸取到网络进度计划中，可以在图上直接分析出各种时间参数和关键线路，并且便于编制资源需求计划，是建筑工程施工中广泛采用的一种计划表达形式。

3.4.1 双代号时标网络计划的编制

时标网络计划宜按工作的最早开始时间编制。

(1) 根据计划的逻辑关系先绘制无时标双代号网络计划，如图 3.22 所示。

(2) 绘制时标计划表。时标计划表格式如图 3.30 所示。时标计划表中部的刻度线为细线。为使图面清楚，此线也可以不画或少画。

日 历 (时间单位)	1	2	3	4	5	6	7	8	9	10	11	12	13	14	15	16	17
网络计划																	
(时间单位)	1	2	3	4	5	6	7	8	9	10	11	12	13	14	15	16	17

图 3.30 时标计划表格式示例

(3) 绘制时标网络计划。

① 编制时标网络计划应先绘制无时标网络计划草图，然后按以下两种方法之一进行。

a. 先计算网络计划的时间参数，再根据时间参数按草图在时标计划表上进行绘制。

b. 不计算网络计划的时间参数，直接按草图在时标计划表上绘制。

② 用先计算后绘制的方法时，应先将所有节点按其最早时间定位在时标计划表上，再用规定线型绘出工作及其自由时差，形成时标网络计划图。

③ 不经计算直接按草图绘制时标网络计划，应按下列方法逐步进行。

a. 将起点节点定位在时标计划表的起始刻度线上。

b. 按工作持续时间在时标计划表上绘制起点节点的外向箭线。

c. 除起点节点以外的其他节点必须在其所有内向箭线绘出以后，定位在这些内向箭线中最早完成时间最迟的箭线末端。其他内向箭线长度不足以到达该节点时，用波形线补足。

d. 用上述方法自左至右依次确定其他节点位置，直至终点节点定位绘完。

3.4.2 关键线路和时间参数的确定

时标网络计划关键线路的确定，应自终点节点逆箭线方向朝起点节点观察，自始至终不出现波形线的线路为关键线路。时标网络计划的计算工期，应是其终点节点与起点节点所在位置的时标值之差。按最早时间绘制的时标网络计划，每条箭线箭尾和箭头所对应的时标值应为该工作的最早开始时间和最早完成时间。时标网络计划中工作的自由时差值应为表示该工作的箭线中波形线部分在坐标轴上的水平投影长度。

(1) 时标网络计划中工作的总时差的计算应自右向左进行，且符合下列规定。

① 以终点节点($j=n$)为箭头节点的工作的总时差 TF_{i-j} 应按网络计划的计划工期计算确定，即

$$TF_{i-n}=T_p-EF_{i-n} \tag{3-31}$$

② 其他工作的总时差应为

$$TF_{i-j}=\min\{TF_{j-k}+FF_{i-j}\} \tag{3-32}$$

(2) 时标网络计划中工作的最迟开始时间和最迟完成时间应按下式计算

$$LS_{i-j}=ES_{i-j}+TF_{i-j} \tag{3-33}$$

$$LF_{i-j}=EF_{i-j}+TF_{i-j} \tag{3-34}$$

3.4.3 双代号时标网络计划的绘制示例

应用案例 3-7

试将图 3.31 所示的双代号无时标网络计划绘制成带有绝对坐标、日历坐标、星期坐标的时标网络计划。假定开工日期为 2009 年 4 月 11 日(星期三),根据有关规定,每星期安排 6 个工作日(即星期日休息)。

图 3.31 双代号无时标网络计划

【案例分析】

首先按要求绘制时标计划表,然后用按不计算网络计划的时间参数,直接按草图在时标计划表上绘制方法,将图 3.31 所示的双代号无时标网络计划绘制到时标计划表上,如图 3.32 所示。

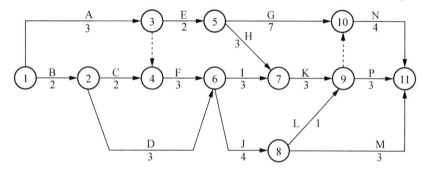

图 3.32 案例 3-7 双代号时标网络计划绘制结果

应用案例 3-8

试将图 3.33 所示的双代号无时标网络计划绘制成双代号时标网络计划。

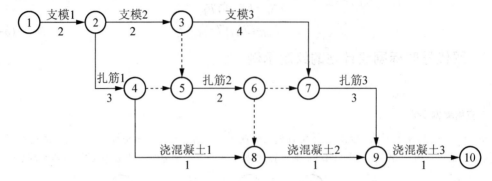

图 3.33 双代号无时标网络计划

【案例分析】

本例采用先计算网络计划的时间参数，再根据时间参数按草图在时标计划表上进行绘制，其绘制过程与方法如下。

(1) 计算双代号无时标网络计划的各工作时间参数，如图 3.34 所示。

(2) 将网络计划的起点节点定位在时标计划表的起始时刻上。

(3) 按工作持续时间的长短，在时标计划表上绘制出以网络计划起点节点为开始节点的工作箭线。

(4) 其他工作的开始节点必须在该工作的所有紧前工作箭线都绘出后，定位在这些紧前工作箭线最晚到达的时刻线上，某些工作的箭线长度不足以达到该节点时，用波形线补足，箭头画在波形线与节点连接处。

(5) 用上述方法自左向右依次确定其他节点位置，直到网络计划的终点节点定位绘完，网络计划的终点节点是在无紧后工作的工作箭线全部绘出后，定位在最晚到达的时刻线上。

双代号时标网络计划绘制结果如图 3.35 所示。

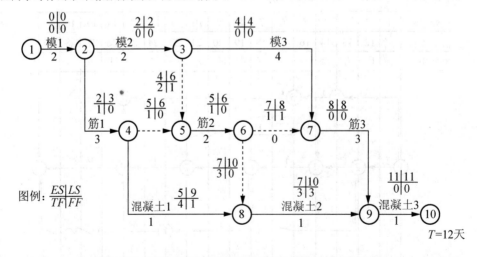

图 3.34 双代号无时标网络计划的各工作时间参数计算

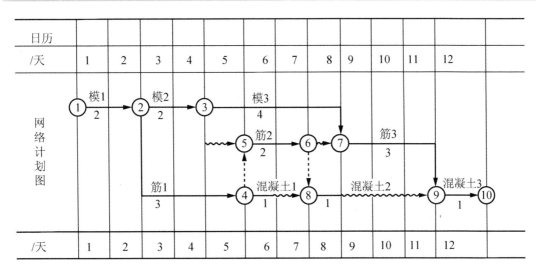

图 3.35 双代号时标网络计划绘制结果

3.4.4 双代号时标网络计划的识读

1. 关键线路的确定

时标网络计划中的关键线路可以从网络计划的终点节点开始,逆着箭线方向进行判定。凡自始至终不出现波形线的线路即为关键线路。因为不出现波形线,就说明在这条线路上相邻两项工作之间的时间间隔全部为零,也就是在计算工期等于计划工期的前提下,这些工作的总时差和自由时差全部为零。例如,图 3.35 所示的时标网络计划中,①→②→③→⑦→⑨→⑩为关键线路。

2. 时间参数的确定

1) 计算工期的确定

时标网络计划的计算工期应等于终点节点与起点节点所在位置的时标值之差,$T_c=ET_n$。图 3.34 所示的时标网络计划的计算工期是 $T_c=T_p=12-0=12$。如果时标原点为零的话,由终点节点所处位置,直接可知计算工期。

2) 工作最早时间的确定

工作箭线左端节点所对应的时标值为该工作的最早开始时间,即 $ES_{i-j}=ET_i$。最早完成时间 $EF_{i-j}=ES_{i-j}+D_{i-j}$。当工作箭线中不存在波形线时,其右端节点所对应的时标值为该工作的最早完成时间;当工作箭线中存在波形线时,工作箭线实线部分右端点所对应的时标值为该工作的最早完成时间。例如,图 3.35 中工作⑤→⑥和工作⑧→⑨的最早开始时间分别为⑤和⑦,而它们的最早完成时间分别为⑦和⑧。

3) 工作自由时差的确定

时标网络计划中,工作的自由时差等于其波形线部分在坐标轴上的水平投影长度。例如,图 3.35 中工作③→⑤,⑥→⑦,④→⑧,⑧→⑨的自由时差分别为 1,1,1,3;其他工作均无自由时差。

4) 工作总时差的计算

工作的总时差不能从图上直接确定，需要进行计算。时标网络计划中工作的总时差的计算应自右向左进行，且符合下列规定。

(1) 以终点节点($j=n$)为箭头节点的工作的总时差 TF_{i-j} 应按网络计划的计划工期计算确定，即 $TF_{i-n}=T_p-EF_{i-n}$，例如图 3.35 中 $TF_{9-10}=T_p-EF_{9-10}=12-12=0$。

(2) 其他工作的总时差应为

$$TF_{i-j}=\min\{TF_{j-k}+FF_{i-j}\}$$

例如图 3.35 中：$TF_{8-9}=\min\{TF_{9-10}+FF_{8-9}\}=\min\{0+3\}=3$；$TF_{4-8}=\min\{TF_{8-9}+FF_{4-8}\}=\min\{3+1\}=4$；$TF_{5-6}=\min\{TF_{6-7}+FF_{5-6},TF_{6-8}+FF_{5-6}\}=\min\{1+0,3+0\}=1$。

5) 工作最迟时间的计算

时标网络计划中工作的最迟开始时间和最迟完成时间应按下式计算

$$LS_{i-j}=ES_{i-j}+TF_{i-j}$$
$$LF_{i-j}=EF_{i-j}+TF_{i-j}=LS_{i-j}+D_{i-j}$$

例如图 3.35 中，$LS_{4-8}=ES_{4-8}+TF_{4-8}=5+4=9$；$LF_{4-8}=EF_{4-8}+TF_{4-8}=6+4=10$。

其他时间参数按上述方法计算。

3.5 单代号搭接网络计划

在土木工程施工中，为了缩短工期，常常将许多工序安排成平行搭接方式进行。这种平行搭接关系如果用前述的双代号、单代号网络技术技术(CPM 和 PERT)来绘制搭接施工进度计划时，就要将存在搭接关系的每一项工作分解为若干项子工作，这样就会大大增加网络计划的绘制难度。例如，某一单层工业厂房现浇混凝土杯形基础施工，安排支模板进行 1 天以后，钢筋工作队开始绑扎钢筋，与支模板平行施工，且绑扎钢筋要比支模板迟 1 天结束。则必须把支模板与绑扎钢筋工序从搭接处划分为 2 个工序，将搭接关系转化为顺序连接关系；这样划分的工序若用双代号网络图表示，需要 5 个工序，用单代号网络图表示，需要 4 个工序。显然，当搭接工序数目较多时，将会增加许多网络图的绘制和计算工作量，且图面复杂，不易掌握。采用搭接网络计划技术绘制搭接施工进度计划就方便得多，但在计算搭接网络计划的时间参数时，由于工作之间搭接关系的存在，计算过程较为复杂。

搭接网络计划是用搭接关系与时距表明紧邻工序之间逻辑关系的一种网络计划，有双代号搭接网络计划和单代号搭接网络计划两种。单代号搭接网络图是用节点表示工作，而箭线及其上面的时距符号，表示相邻工作间的逻辑关系。单代号搭接网络计划比较简明，使用也比较普遍，本节仅介绍单代号搭接网络计划。

3.5.1 一般规定及工作的搭接关系

单代号搭接网络计划中，箭线上面的符号仅表示相关工作之间的时距(见图 3.6)。其中起点节点和终点节点为虚拟节点。节点的标注应与单代号网络图相同。

单代号搭接网络计划有以下五种基本的工作搭接关系。

(1) 结束到开始的搭接关系(FTS)：指相邻两项工作之间搭接关系用前项工作 i 结束到后项工作 j 开始之间的时距($FTS_{i,j}$)来表达。当时距为零时，表示相邻两项工作之间没有间歇时间，即前项工作结束之后，后项工作立即开始，这就是一般网络计划中的逻辑关系。

(2) 开始到开始的搭接关系(STS)：指相邻两项工作之间的搭接关系用其相继开始的时距($STS_{i,j}$)来表达。就是说，前项工作 i 开始后，要经过时距 $STS_{i,j}$ 后，后面工作 j 才能开始的搭接关系(即流水施工中的流水步距)。

(3) 结束到结束的搭接关系(FTF)：指相邻两项工作之间的关系用前后相继结束的时距($FTF_{i,j}$)来表示。就是说，前项工作 i 结束后，经过 $FTF_{i,j}$ 时间，后项工作 j 才能结束。

(4) 开始到结束的搭接关系(STF)：指相邻两项工作之间的关系用前项工作开始到后项工作结束之前的时距($STF_{i,j}$)来表达。就是说，前项工作 i 开始后，经过 $STF_{i,j}$ 时间，后项工作 j 才能结束。

(5) 混合搭接关系：当两项工作之间同时存在以上四种基本关系的两种以上(含两种)关系时，这种具有多重约束的关系，称为"混合搭接关系"。除了常见的 STS 和 FTF 外，还有 STS 和 STF 以及 FTF 和 FTS 两种混合搭接关系。由于混合搭接关系的要求，可能会使某项工作出现间歇作业的情况。

以上五种基本搭接关系的表达方法如表 3-9 所示。

表 3-9　五种基本搭接关系及其在单代号网络计划中的表达方法

搭接关系	横道图表达	时距参数	网络图表达
结束到开始	i —$FTS_{i,j}$— j	$FTS_{i,j}$	(i/D_i) —$FTS_{i,j}=x$→ (j/D_j)
开始到开始	i —$STS_{i,j}$— j	$STS_{i,j}$	(i/D_i) —$STS_{i,j}=x$→ (j/D_j)
结束到结束	i —$FTF_{i,j}$— j	$FTF_{i,j}$	(i/D_i) —$FTF_{i,j}=x$→ (j/D_j)
开始到结束	i —$STF_{i,j}$— j	$STF_{i,j}$	(i/D_i) —$STF_{i,j}=x$→ (j/D_j)
混合(以 STS 和 FTF 为例)	i —$FTF_{i,j}$— j；$STS_{i,j}$	$STS_{i,j}$ $FTF_{i,j}$	(i/D_i) —$FTF_{i,j}=x$，$STS_{i,j}=y$→ (j/D_j)

3.5.2　单代号搭接网络图的绘制

单代号搭接网络图的绘制与单代号网络图的绘制方法基本相同：首先根据工作的工艺逻辑关系与组织逻辑关系绘制工作逻辑关系表，确定相邻工作的搭接类型和搭接时距；再根据工艺逻辑关系表，按单代号网络图的绘制方法，绘制单代号网络图；最后应以时距表示搭接顺序关系，再将搭接类型与时距标注在工作箭线上。一般情况下，均要在网络计划的两端分别设置虚拟的起点节点和虚拟的终点节点。图 3.36 所示为某单代号搭接网络计划。

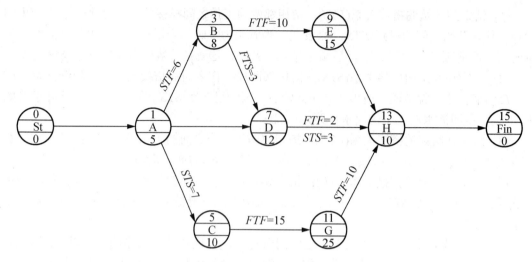

图 3.36 某工程单代号搭接网络计划

3.5.3 单代号搭接网络图时间参数的计算

单代号搭接网络计划时间参数计算，应在确定各工作持续时间和各项工作之间时距关系之后进行。单代号搭接网络计划中的时间参数基本内容和形式应按图 3.37 所示方式标注。

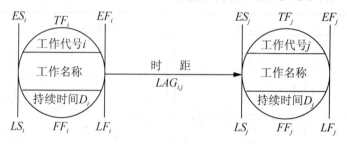

图 3.37 单代号搭接网络计划时间参数标注形式

1. 工作的最早开始时间(ES_i)

工作的最早时间参数必须从起点节点开始依次进行，只有紧前工作计算完毕，才能计算本工作。

在单代号搭接网络计划中，各项工作的最早开始时间分以下两种情况计算。

(1) 凡与起点节点相联的工作最早开始时间都应为零，即

$$ES_i = 0 \tag{3-35}$$

(2) 其他工作 j 的最早开始时间根据时距应按下列公式计算。

① 相邻时距为 $STS_{i,j}$ 时， $ES_j = ES_i + STS_{i,j}$ (3-36)

② 相邻时距为 $FTF_{i,j}$ 时， $ES_j = ES_i + D_i + FTF_{i,j} - D_j$ (3-37)

③ 相邻时距为 $STF_{i,j}$ 时， $ES_j = ES_i + STF_{i,j} - D_j$ (3-38)

④ 相邻时距为 $FTS_{i,j}$ 时， $ES_j = ES_i + D_i + FTS_{i,j}$ (3-39)

式中：ES_j——工作 i 的紧后工作的最早开始时间；

D_i、D_j——相邻的两项工作的持续时间；

$STS_{i,j}$——i、j 两项工作开始到开始的时距；

$FTF_{i,j}$——i、j 两项工作完成到完成的时距；

$STF_{i,j}$——i、j 两项工作开始到完成的时距；

$FTS_{i,j}$——i、j 两项工作完成到开始的时距。

在计算工作最早时间中，当出现最早开始时间为负值时，应将该工作与起点节点用虚箭线相连接，并确定其时距为 $STS=0$。

2. 工作的最早完成时间(EF_i)

该时间参数的计算公式与非搭接网络计划相同，即

$$EF_i=ES_i+D_i \tag{3-40}$$

对于搭接网络计划，由于存在比较复杂的搭接关系，特别是存在着 $STS_{i,j}$ 和 $STF_{i,j}$ 搭接关系时，可能会出现按式 $EF_i=ES_i+D_i$ 计算的某些工作的最早完成时间大于虚拟终点节点的最早完成时间的情况。

当出现这种情况时，应令虚拟终点节点的最早开始时间等于网络计划中各项工作的最早完成时间的最大值，并需用虚箭线将该节点与终点节点连接起来。有最早完成时间的最大值的中间工作应与终点节点用虚箭线相连接，并确定其时距为 $FTF=0$。

3. 网络计划的工期

搭接网络计划的计算工期与计划工期计算和确定方法与前述单代号网络计划相同，搭接网络计划计算工期 T_c 由与终点相联系的工作的最早完成时间的最大值决定。搭接网络计划的计划工期 T_p 应符合以下的规定。

(1) 当已规定了要求工期 T_r 时，$\qquad T_p \leqslant T_r \tag{3-41}$

(2) 当未规定要求工期 T_r 时，$\qquad T_p=T_c=EF_n \tag{3-42}$

4. 工作的最迟完成时间(LF_i)

搭接网络计划工作最迟完成时间分两种情况计算。

(1) 当该工作为虚拟的终点节点时，其最迟完成时间等于计划工期，即

$$LF_F=T_p \tag{3-43}$$

(2) 当该工作不是虚拟的终点节点时，根据搭接关系，分别选择下列相应公式计算，即

$$LF_i=LS_j-FTS_{i,j} \tag{3-44}$$

$$LF_i=LS_j+D_i-STS_{i,j} \tag{3-45}$$

$$LF_i=LF_j-FTF_{i,j} \tag{3-46}$$

$$LF_i=LF_j+D_i-STF_{i,j} \tag{3-47}$$

当该工作与紧后工作不存在搭接关系时，是式 $LF_i=LS_j-FTS_{i,j}$ 在 $FTS_{i,j}=0$ 情况下的特例。当该工作与紧后工作存在多种搭接关系时，取分别计算值的最小值。

5. 工作的最迟开始时间(LS_i)

与普通单代号网络计划相同，即

$$LS_i=LF_i-D_i \tag{3-48}$$

6. 相邻两项工作之间的时间间隔($LAG_{i,j}$)

在搭接网络计划中，相邻两项工作之间的时间间隔要根据搭接关系选择以下相应公式计算

$$LAG_{i,j}=ES_j-EF_i-FTS_{i,j} \quad (3-49)$$
$$LAG_{i,j}=ES_j-ES_i-STS_{i,j} \quad (3-50)$$
$$LAG_{i,j}=EF_j-EF_i-FTF_{i,j} \quad (3-51)$$
$$LAG_{i,j}=EF_j-ES_i-STF_{i,j} \quad (3-52)$$

当相邻两项工作不存在搭接关系时，是式 $LAG_{i,j}=ES_j-EF_i-FTS_{i,j}$ 在 $FTS_{i,j}=0$ 情况下的特例。
当相邻两项工作存在混合搭接关系时，则取分别计算值的最小值。

7. 工作的自由时差(FF_i)和总时差(TF_i)

搭接网络计划中各项工作的自由时差和总时差的计算方法与普通单代号网络计划相同，不再赘述。

3.5.4 关键工作和关键线路的确定

总时差为最小的工作应为关键工作。从起点节点开始到终点节点均为关键工作，且所有工作的时间间隔均为零的线路应为关键线路。该线路在网络图上应用粗线、双线或彩色线标注。

3.5.5 单代号搭接网络计划时间参数计算示例

 应用案例 3-9

结合图 3.38 所示的单代号搭接网络计划，说明时间参数计算过程。

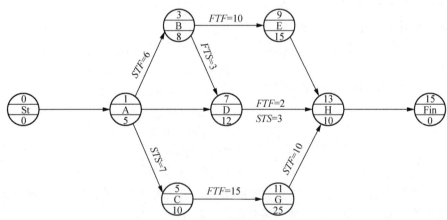

图 3.38 某工程单代号搭接网络计划

【案例分析】
单代号搭接网络计划时间参数计算顺序与普通单代号网络计划基本相同。
(1) 工作的最早开始时间、最早完成时间的计算
$ES_s=0$ $\qquad EF_s=ES_s+D_s=0+0=0$

$ES_1=EF_s=0$　　　$EF_1=ES_1+D_1=0+5=5$

$ES_3=ES_1+STF_{1,3}-D_3=0+6-8=-2<0$ 取 $ES_3=0$

将工作 B 与虚拟开始节点 S_1 用虚箭线连接起来(见图 3.38)。

$EF_3=ES_3+D_3=0+8=8$

$ES_5=ES_1+STS_{1,5}=0+7=7$

$EF_5=ES_5+D_5=7+10=17$

$ES_7=\max\{EF_1,EF_3+FTS_{3,7}\}=\max(5,8+3)=11$

$EF_7=ES_7+D_7=11+12=23$

$ES_9=EF_3+FTF_{3,9}-D_9=8+10-15=3$

$EF_9=ES_9+D_9=3+15=18$

$ES_{11}=EF_5+FTF_{5,11}-D_{11}=17+15-25=7$

$EF_{11}=ES_{11}+D_{11}=7+25=32$

$ES_{13}=\max\{EF_9,ES_7+STS_{7,13},EF_7+FTF_{7,13},ES_{11}+STS_{11,13}-D_{13}\}=\max\{18,11+4,23+2-10,7+10-10\}=18$

$EF_{13}=ES_{13}+D_{13}=18+10=28$

$ES_F=EF_{13}=28$

$EF_F=ES_F+D_F=28+0=28$

各项工作的最早开始时间、最早完成时间计算完毕后，发现工作 G 的最早完成时间大于虚拟终点节点的最早开始时间，故取终点节点 F_{in} 的最早开始时间为 32，则其最早完成时间亦为 32。用虚箭线将该两个节点连接起来。

(2) 网络计划工期的计算

工期 $T_c=EF_F=32$

令计划工期 $T_p=T_c=32$

(3) 工作的最迟开始时间、最迟完成时间的计算

$LF_F=T_p=32$

$LS_F=LF_F-D_F=32-0=32$

$LF_{13}=LS_F=32$

$LS_{13}=LF_{13}-D_{13}=32-10=22$

$LF_{11}=\min\{LS_F,LF_{13}+D_{11}-STF_{11,13}\}=\min\{32,32+15-10\}=32$

$LS_{11}=LF_{11}-D_{11}=32-25=7$

$LF_9=LS_{13}=22$

$LS_9=LF_9-D_9=22-15=7$

$LF_7=\min\{LF_{13}-FTF_{7,13},LS_{13}+D_7-STS_{7,13}\}=\min\{32-2,22+12-3\}=30$　$LS_7=LF_7-D_7=30-12=18$

$LF_5=LF_{11}-FTF_{5,11}=32-15=17$

$LS_5=LF_5-D_5=17-10=7$

$LF_3=\min\{LF_9-FTF_{3,9},LS_7-FTS_{3,7}\}=\min\{22-10,18-3\}=12$

$LS_3=LF_3-D_3=12-8=4$

$LF_1=\min\{LF_3+D_1-STF_{1,3},LS_7,LS_5+D_1-STS_{1,5}\}=\min\{15+5-6,18,7+5-7\}=5$

$LS_1=LF_1-D_1=5-5=0$

$LF_s=\min\{LS_3,LS_1\}=\min\{4,0\}=0$

$LS_s=LF_s-D_s=0-0=0$

(4) 相邻两项工作的时间间隔的计算

$LAG_{s,1}=ES_1-EF_s=0-0=0$

$LAG_{s,3}=ES_3-EF_s=0-0=0$

$LAG_{1,3}=EF_3-ES_1-STF_{1,3}=8-0-6=2$

$LAG_{1,5}=ES_5-ES_1-STS_{1,5}=7-0-7=0$

$LAG_{1,7}=ES_7-EF_1=11-5=6$

$LAG_{3,7}=ES_7-EF_3-FTS_{3,7}=11-8-3=0$

$LAG_{3,9}=EF_9-EF_3-FTF_{3,9}=18-8-10=0$

$LAG_{5,11}=EF_{11}-EF_5-FTF_{5,11}=32-17-15=0$ $LAG_{7,13}=\min\{ES_{13}-ES_7-STS_{7,13},EF_{13}-EF_7-FTF_{7,13}\}$
$\qquad =\min\{18-11-3,28-23-2\}=3$

$LAG_{9,13}=ES_{13}-EF_9=18-18=0$

$LAG_{11,13}=EF_{13}-ES_{11}-STF_{11,13}=28-7-10=11$

$LAG_{11,15}=ES_{15}-EF_{11}=32-32=0$

$LAG_{13,15}=ES_{15}-EF_{13}=32-32=0$

(5) 工作的自由时差与总时差计算。计算过程从略，计算结果如图 3.39 所示。关键线路的确定方法与普通网络计划相同，见图 3.39 中粗箭线所示。

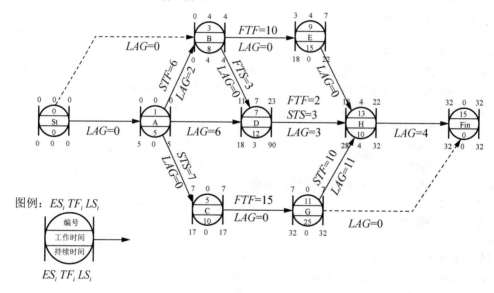

图 3.39　单代号搭接网络计划时间参数计算结果

3.6　网络计划的优化简介

网络计划的优化是在满足既定约束条件下，按某一目标，通过不断改进网络计划寻求满意方案。优化的目的是以最小的消耗取得最大的效益。

网络计划优化的基础是时差。即通过优化，使最初的时差逐渐减少，甚至全部消失，把非关键工作逐渐转变为关键工作，达到工时利用紧凑、工期合理、资源消耗均衡、成本较低的目的。

进行网络计划优化，需要比较完备的技术经济资料和确切的数据作依据，而且优化的方法都比较复杂，计算工作量大，一般靠手工无法完成，必须借助计算机。

网络计划优化的内容有：工期优化；资源优化；费用优化等。这些优化目标应按实际工程的需要和条件确定。这里仅介绍简单的优化方法。

3.6.1 工期优化

工期优化的目的是使网络计划满足规定工期的要求，保证按期完成工程任务。网络计划最初方案的总工期，即计划工期，也即关键线路的延续时间。计划工期可能小于或等于规定工期，也可能大于规定工期。

如果计划工期小于规定工期较多时，则宜进行优化，方法是找出关键线路，延长个别关键工作的延续时间(相应减少这些工作单位时间的资源供应量)，相应变化非关键工作的时差，然后重新计算各工作的时间参数，反复进行，直到满足规定工期为止。

如果计划工期大于规定工期时，优化的方法是找出关键线路及关键工作，首先应缩短个别关键工作的延续时间，相应增加这些关键工作的单位时间的资源供应量。但必须注意，由于关键线路的缩短，非关键线路可能变为关键线路，即有时需同时缩短关键线路上有关工作的延续时间，才能达到缩短总工期的要求。选择应缩短延续时间的关键工作宜考虑下列因素。

(1) 缩短延续时间对质量和安全影响不大的工作。
(2) 有充足备用资源的工作。
(3) 缩短延续时间所需增加的费用最少的工作。

3.6.2 资源优化

资源是为完成任务所需的人力、材料、机械设备和资金等的统称。完成一项工程任务所需的资源量基本上是不变的，不可能通过资源优化将其减少。更不可能通过资源优化将其减至最少。资源优化是通过改变工作的开始时间，使资源按时间的分布符合优化目标。

资源优化主要有"资源有限-工期最短"和"工期固定-资源均衡"两种。

(1) 资源有限-工期最短的优化，宜逐日作资源检查，当出现第 t 天资源需要量 Q_t 大于资源限量 Q 时，应进行调整。调整计划时，应对资源冲突的诸工作作新的顺序安排。顺序安排的选择标准是工期延长时间最短。

对单代号网络计划

$$\Delta D_{m,i} = ES_m - LS_i$$

对双代号网络计划

$$\Delta D_{m-n,i-j} = EF_{m-n} - LS_{i-j}$$

(2) 工期固定-资源均衡的优化，是调整计划安排，在工期保持不变的条件下，使资源需用量尽可能均衡，可用削高峰法，即利用时差降低资源高峰值，获得资源消耗量尽可能均衡的优化方案。

3.6.3 费用优化

进行费用优化，应首先求出不同工期下，最低直接费用，然后考虑相应的间接费用的影响和工期变化带来的其他损益，最后再通过叠加求最低工程总成本。

在网络计划中，工期和费用是相关的，要缩短工期，往往要增加人力和资金的投入。最优工期是指完成工程任务的时间较短而投入费用最少的工期。

工程费用有直接费用和间接费用，在正常条件下，延长工期会引起直接费用的减少和间接费用的增加，而缩短工期会使直接费用增加和间接费用减少。最优工期应是直接费用和间接费用之和为最小。

工期长短取决于关键线路持续时间的长短，而连成关键线路的关键工作，其持续时间与费用的关系各不相同，通常，直接费用随着工作持续时间的变化而变化，需要缩短工作持续时间，就得增加劳动力和机械设备的投入，直接费用即增加；反之，延长工作持续时间，能减少直接费用，但工作持续时间的缩短或延长都有一定限度。工程间接费用一般采用按时间分摊，即与时间成正比，时间越长，所需间接费用越多。费用优化实际上就是寻求最优工期时总费用最小的优化方法。

3.7 双代号网络计划在建筑施工计划中的应用

双代号网络计划常用于编制建筑群的施工总进度计划、单位工程施工进度计划和单位工程中分部工程施工进度计划，也可用于编制施工企业的年度、季度的月度生产计划。

3.7.1 建筑施工网络计划的排列方法

1. 施工段排列法

按施工段排列的方法如图 3.40 所示。

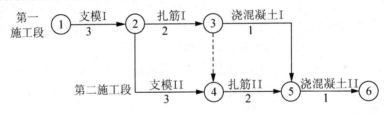

图 3.40 按施工段排列

2. 分部工程排列法

按分部工程排列的方法如图 3.41 所示。

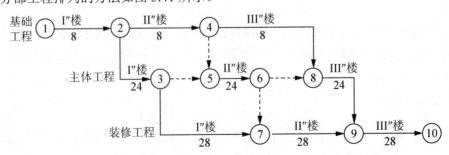

图 3.41 按分部工程排列

3. 楼层排列法

按楼层排列的方法如图 3.42 所示。

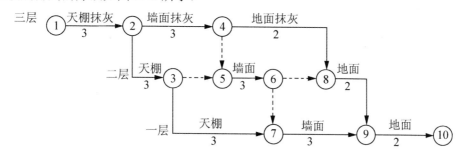

图 3.42 按楼层排列

4. 幢号排列法

按幢号排列的方法如图 3.43 所示。

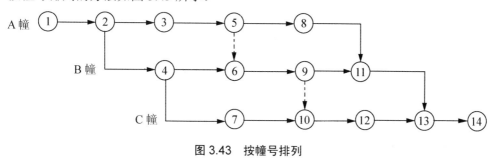

图 3.43 按幢号排列

此外,还可以根据施工的需要按工种、按专业工作队排列,也可按施工段和工种混合排列。编制网络计划时,可根据使用要求灵活运用。

3.7.2 单位工程施工网络计划的编制

1. 编制方法

编制单位工程施工网络计划的方法与步骤与编制水平图表的单位工程施工进度计划的方法步骤相同。但有其特殊性,主要要求突出工期,应尽量争取时间、充分利用空间、均衡使用各种资源,按期或提前完成施工任务。

2. 多层砖混结构房屋施工网络图示例

某工程为 5 层 3 单元混合结构住宅楼,建筑面积为 1530m^2。采用毛石混凝土墙基、1 砖厚承重墙、现浇钢筋混凝土楼板及楼梯、屋面为上人屋面、砌 1 砖厚高女儿墙、木门窗、屋面做三毡四油防水层,地面:60 厚 C10 混凝土垫层、水泥砂浆面层,现浇楼面和楼梯面抹水泥砂浆,内墙面抹石灰砂浆、双飞粉罩面,外墙为干黏石面层、砖砌散水及台阶。

单位工程施工网络图如图 3.44 所示。基础工程分 2 个施工段,其余工程分层施工,外装修和屋面工程待 5 层主体工程完工后再施工。图 3.45 所示为此多层混合结构住宅网络图各项工作时间参数的计算图,总工期为 128 个工作天,关键线路在图中用粗黑线表示。

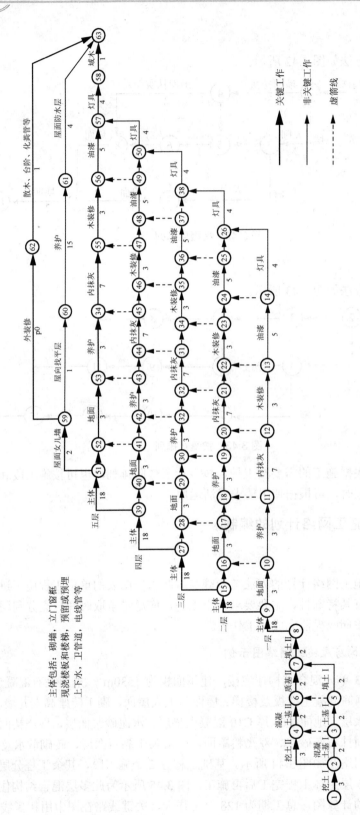

图3.44 单位工程施工网络图

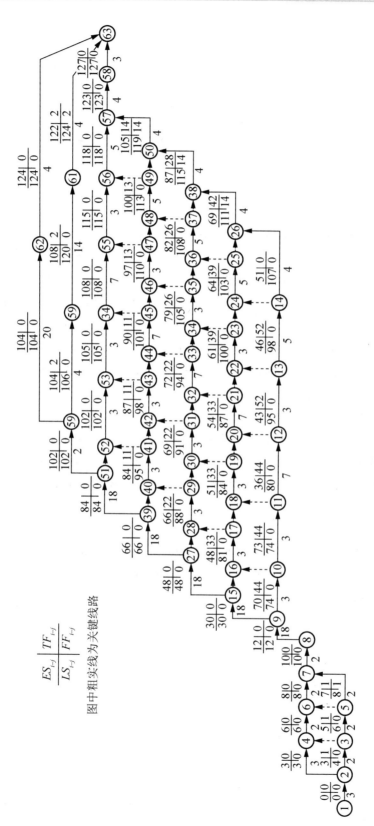

图3.45 单位工程施工网络图时间参数计算图

工程案例

某大学教学科研楼工程网络进度计划

以某大学教学科研楼工程为例,介绍施工组织设计中网络进度计划的应用。

1. 工程概况

某大学教学科研楼,外形呈T字形,分多功能厅与科技开发楼两部分。

1) 建筑设计概况

该工程建筑面积 $13634m^2$, ±0.00 为绝对标高 51m,由××大学建筑设计院设计。

1~13 轴线的 A~E 轴之间为科技开发楼,东西长 47.1m,宽 18.85m。地下 2 层;地上 10 层,局部 12 层。地下 2 层为人防层,层高 3.3m,建筑面积 $969m^2$,人防通道面积 $63m^2$。地下 1 层为办公室和热交换站,层高 3.6m。1~6 层为教室,7~10 层为试验室及办公室,11 层设有电梯机房及电视前端室,12 层为会议室,顶层为水箱间。首层层高 4.2m,5~10 层层高 3.9m,其余层高为 3.6m。

4~10 轴/E~K 轴为多功能厅,南北长 32.7m,宽 18m。地下 1 层为人防层。首层为通道及车库,通道净高 4.8m。2 层为学生食堂,层高 4.8m。3 层为会议室,层高 3.6m。4 层为多功能厅,层高 4.8m。

该工程外装修为墙面砖,科技开发楼外墙面 1 层为花岗岩贴面。

室内装修:内墙有贴面砖、普通抹灰及耐擦洗涂料。

地面楼面做法:细石混凝土面层、水泥砂浆面层、普通水磨石及美术水磨石几种。

顶棚:有平滑式顶棚,刮腻子喷耐擦洗涂料。部分为轻钢龙骨吊顶,板材为纸面石膏板。

门窗:窗为铝合金门窗,窗扇为推拉扇。屋面防水采用Ⅰ+Ⅱ型 SBS 防水卷材,地下室外墙和底板为三元乙丙卷材防水。

2) 结构设计概况

该工程结构为框架剪力墙结构,抗震设防烈度为 8 度设防,人防等级为 5 级人防。基础为钢筋混凝土箱形基础,在 E~F 轴之间设有后浇带,A~F 轴底板混凝土厚 650mm(标高-6.035m),F~K 轴板厚为 500mm。

2. 该工程施工进度网络计划如图 3.46 所示。

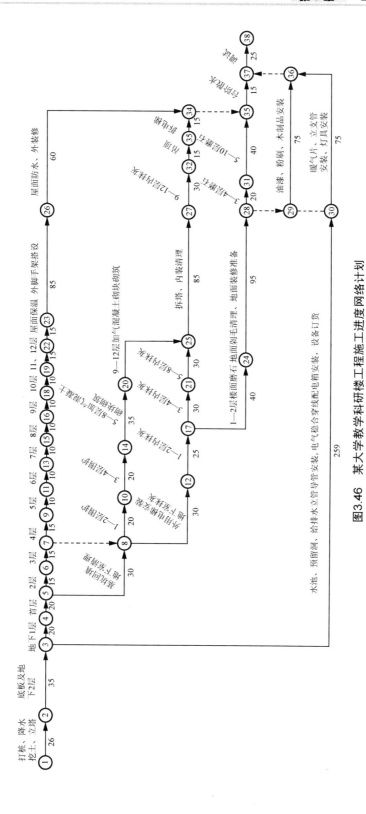

图3.46 某大学教学科研楼工程施工进度网络计划

小　结

网络计划技术是建设工程施工中广泛应用的现代化科学管理方法,主要用来编制工程项目施工的进度计划和建筑施工企业的生产计划。本章内容包括网络计划的概念原理,双代号网络计划,单代号网络计划,双代号时标网络计划,单代号搭接网络计划,网络计划的优化,网络计划技术在工程中的应用。

通过本章学习,应很好地掌握单、双代号网络计划技术的不同,并能用单、双代号法表示某分部工程或工程项目的施工进度计划;通过实例必须掌握网络图的正确的逻辑关系的表达,会利用网络图及有关公式计算各项时间参数(图上计算法),确定关键线路。能结合课程设计实例,会编制一个单位工程的网络施工进度计划并能基本掌握双代号、单代号网络计划,了解双代号时标网络及单代号搭接网络这种方法。

思考题与习题

3-1 网络计划技术在建筑工程计划管理中的基本原理是什么?

3-2 什么是双代号网络图?什么是单代号网络图?

3-3 组成双代号网络图的三个要素是什么?试述各要素的含义和特征。

3-4 绘制双代号网络图必须遵守哪些基本规则?

3-5 如何确定关键工作和关键线路?

3-6 设某分部工程包括 A、B、C、D、E、F 6 个分项工程,各工序的相互关系为:

(1) A 完成后,B 和 C 可同时开始;

(2) B 完成后 D 才能开始;

(3) E 在 C 后开始;

(4) F 在开始前,E 和 D 都必须完成。试绘制其双代号网络图和单代号网络图。若 E 改为待 B 和 C 都结束后才能开始,其余均相同。其双代号和单代号网络图又如何绘制?

3-7 若有 A、B、C 三项工序相继施工,再拟将工序 B 分为三组(B_1、B_2、B_3)同时并进,试用双代号网络图表示之。

3-8 绘出下列各工序的双代号网络图。

工序 C 和 D 都紧跟在工序 A 的后面;工序 E 紧跟在工序 C 的后面;工序 F 紧跟在工序 D 的后面;工序 B 紧跟在工序 E 和 F 的后面。

3-9 已知网络图的资料见表 3-10,试绘出其双代号和单代号网络图。

表 3-10　逻辑关系

工作	A	B	C	D	E	H	G	I	J
紧后工作	E	H,A	J,G	H,I,A	—	—	H,A	—	E

3-10 已知网络图的资料见表 3-11,试绘制其双代号和单代号网络图。

表 3-11 逻辑关系

工作	A	B	C	D	E	G	H	M	N	Q
紧后工作	—	—	—	—	B，C，D	A，B，C	G	H	H	M，N

3-11 已知某基础工程施工顺序有挖基槽 A、砌毛石基础 B、地圈梁 C、回填土 D 4 个施工过程，划分为 2 个施工段施工，试绘制其双代号网络图。

3-12 根据表 3-12 资料，绘制其双代号网络图；节点编号；计算完成任务需要的总工期；用双箭线标明关键线路。

表 3-12 逻辑关系

施工过程	A	B	C	D	E	F	G	H	I
紧前工序	—	A	B	B	B	C，D	C，E	F，G	H
延续时间(d)	1	3	1	6	2	4	2	4	8

3-13 用图上计算法计算图 3.47 所示网络的时间参数，并确定工期和关键线路。

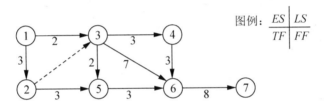

图 3.47 习题 3-13 图

3-14 用图上计算法计算图 3.48 所示网络的时间参数，并确定关键线路和总工期。

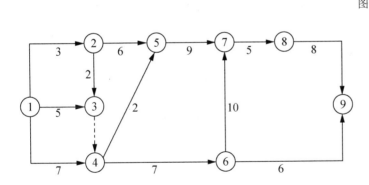

图 3.48 习题 3-14 图

3-15 用图上计算法计算图 3.49 所示网络的时间参数，并确定工期和关键线路。

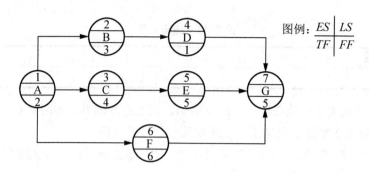

图 3.49 习题 3-15 图

3-16 已知网络图的资料见表 3-13，绘制其双代号时标网络计划，确定关键线路。

表 3-13 逻辑关系

工作	A	B	C	D	E	G	H	I	J	K	L
持续时间	2	3	5	2	3	3	2	3	6	2	5
紧前工作	—	A	A	B	B	D	G	E,G	C,E,G	H,I	K

3-17 已知某工程单代号搭接网络图，如图 3.50 所示，用图上计算法计算各项工作的时间参数，并确定关键线路及工期。

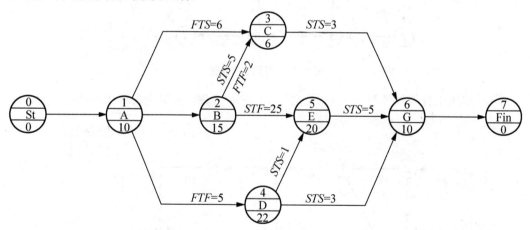

图 3.50 某工程单代号搭接网络图

第4章
工程施工准备工作

 教学目标

本章主要讲述工程施工组织准备工作的内容与要求。通过本章的学习,应达到以下目标。
(1) 了解施工准备工作的意义、分类、内容和要求。
(2) 了解原始资料的收集。
(3) 熟悉技术准备和施工现场准备工作。
(4) 掌握施工图会审的程序与方法。
(5) 掌握施工现场供水、供电的计算方法。

 教学要求

知识要点	能力要求	相关知识
施工准备工作意义、内容和要求	熟悉工程施工组织准备工作的内容与要求	建筑施工工艺,工程识图,工程测量,施工图预算和施工预算
原始资料的准备	了解建设地区自然条件、社会条件、给水、供电、交通运输等资料	实地勘测调查方法
技术资料的准备	掌握施工图纸会审程序和方法,能独立编制施工组织设计和施工图预算	建筑施工技术,工程识图,工程估价
施工现场的准备	应熟悉建筑物的定位与放线,会施工现场供水、供电的计算,能编制临时施工用电施工方案	施工工程测量,给水排水、电工知识

 基本概念

三通一平;测量放线;施工图预算;施工预算。

引例

某工程为12层框架结构综合办公楼,位于某市东环大道东侧,南北均有建筑物,占地面积2000m², 总建筑面积21080.38m²,建筑物高度36.24m。下图为建设中的综合办公楼。基础采用人工挖孔灌注桩, 外墙采用390mm厚混凝土空心砌块,填充墙为190mm厚加气混凝土砌块,内外墙装饰均为涂料;屋面防 水采用SBS改性沥青卷材。本地区夏季主导风向东南风,最高气温41.8℃;冬季主导风向西北风,最低 气温3℃;最大风力8级;雨季时期为5、6月份;地下水位-2.5m。施工中采用现砌砖墙、现浇混凝土梁、 混凝土预制板构件。施工中主要用水量是混凝土和水泥砂浆搅拌用水、消防用水、现场生活用水。日最大 砌砖量为260m³,高峰施工人数为250人,现场不设生活区,砌砖用水定额为250 L/m³,机械机具用水取 300 L/m³,施工现场生活用水定额取60L/人·班,每天取两个工作班。材料组织"三材"(钢材、木材、水 泥)由甲供指标,施工所用材料均由施工单位包工包料。本工程拟定于2009年10月8日开工,2010年11 月30日完工。请思考根据这些原始资料,本工程开工前,都需要做些什么事情?

4.1 施工准备工作的意义、内容与要求

4.1.1 施工准备工作的意义

施工准备工作,是指施工前从组织、技术、经济、劳动力、物资、生活等方面为保证 土建施工和工业设备安装顺利地进行而事先做好的各项工作。我国工程基本建设是按计划、 设计、施工、投产等阶段循序进行的。整个施工阶段又可分施工准备、土建施工和设备安 装等阶段。施工准备是施工阶段的重要环节,认真细致地做好施工前各项准备工作,对调 动各方面积极因素,合理组织人力、物力,加快工程进度,提高工程质量,节约原材料, 节约国家建设资金,增加经济效益,从而多、快、好省地完成基本建设任务,有着十分重 要的作用。

任何工程开工,必须有合理的施工准备期,以便为施工创造一切必要的条件。在施工 准备期间,施工条件创造得好,开工后就可以保证工程施工顺利进行。一项工程若不具备 开工条件而仓促上马,虽然有加快工程进度的良好愿望,但在工程进行中,必然会发生这样或那样的问题，延误时间，浪费力量，甚至造成停工，最后不得不重新补做各种准备工作，反而推迟了建设进度，造成浪费与损失。

当然，施工准备工作不仅指破土动工前要做，而且当工程顺利开工之后，随着工程施工逐步开展，要连续不断地进行施工，仍要根据各施工阶段的特点及工期安排等不同要求，提前做好各种必要的准备工作。

4.1.2 施工准备工作的分类和内容

施工准备工作，其量的大小、内容的多少、程度的深浅等，应视建设项目或工程对象的性质、规模范围的大小、复杂程度、建设期限、施工条件等情况而有所不同。其分类和内容分述如下。

1. 施工准备工作的分类

1) 按准备工作的规模与范围分类

(1) 全场性施工准备：它是一个建筑工地为对象而进行的各项施工准备，目的是为全场性施工服务，也兼顾单位工程施工条件的准备。

(2) 单位工程施工条件准备：它是以一个建筑物为对象而进行的施工准备，目的是为该单位工程施工服务，也兼顾分部分项工程施工作业条件的准备。

(3) 分部分项工程作业条件准备：它是以一个分部分项工程或冬、雨期施工工程为对象而进行的作业条件准备。

2) 按工程所处施工阶段分类

(1) 开工前的施工准备：它是在拟建工程正式开工前所进行的一切施工准备，目的是为工程正式开工创造必要的施工条件。

(2) 开工后的施工准备：它是在拟建工程开工后各个施工阶段正式开始之前所进行的施工准备。

2. 施工准备工作的内容

一般工程项目施工准备工作的内容可归纳为五个部分：施工信息收集、劳动力组织的准备、施工技术准备、物资准备、施工现场准备，如图4.1所示。

1) 施工信息收集

它是施工准备工作的重要内容之一，收集的内容主要为四个方面：收集有关工程项目特征与要求的资料、收集施工区域的技术经济条件信息、收集社会生活条件信息以及收集其他情况信息。

2) 劳动力组织的准备

一般包括建立拟建工程项目的领导机构，组建精干的施工队伍，向施工队、组、工人进行施工组织设计、计划和技术、安全交底以及建立健全各项管理制度。图4.2所示为现场组织管理机构图。

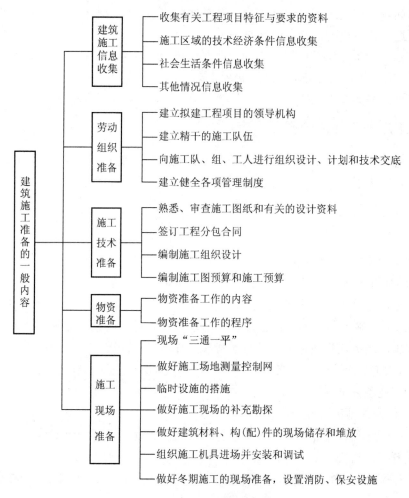

图 4.1　施工准备工作的内容

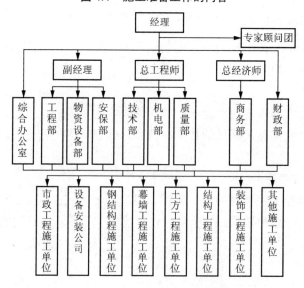

图 4.2　现场组织管理机构图

3) 施工技术的准备

施工技术资料的准备，即室内准备(内业准备)，它是施工准备工作的核心。其内容包括熟悉与会审图纸、编制施工组织设计、编制施工图预算(工程造价计价)和施工预算(工程成本核算)等。

4) 物资的准备

施工物资准备是指施工中必需的劳动手段(包括施工机械、工具、临时设施)和劳动对象，包括材料、构件、半成品等的准备。常言道，"巧妇难为无米之炊"，物资准备不充分，就会影响工程的进度。一般应考虑的内容有建筑材料、预制构件和商品混凝土的准备、施工机具的准备及模板和脚手架的准备等。

物资准备工作程序如图4.3所示。

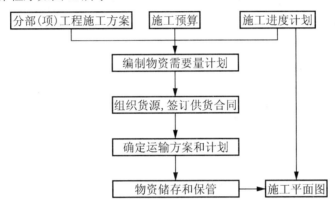

图4.3 物资准备工作程序图

5) 施工现场的准备

即通常所说的室外准备(外业准备)，是为工程创造有利施工条件的保证，其工作应按施工组织设计的要求进行，主要内容有三通一平、测量与放线、施工临时设施搭设以及施工用水用电的设计布置等。

4.1.3 施工准备工作的要求

1. 施工准备工作不仅施工单位要做好，其他有关单位也要做

建设单位在施工任务书及初步设计(或扩大初步设计)批准后，便可着手各种主要设备的订货(各种大型专用机械设备和特殊材料要早做订购安排)，并着手建设征地、拆迁障碍物，申请建筑许可证、接通场外的道路、水源及电源等准备工作。

设计单位在初步设计和总概算批准以后，应抓紧设计单项(单位)工程施工图及相应的设计概算等工作。

施工单位应着手研究分析整个建设项目的施工部署，做好调查研究、收集资料等工作。在此基础上，编制施工组织设计，按其要求做好施工准备工作。

2. 施工准备工作应分阶段、有组织、有计划、有步骤地进行

施工准备工作不仅要在开工前集中进行，而且要贯穿在整个施工过程中。随着工程施工的不断进展，在各分部的分项工程施工开始之前，都要不断地做好准备工作，为各分部

分项工程施工的顺利进行创造必要的条件。

为了保证施工准备工作的按时完成,应编制施工准备工作计划,并纳入施工单位的施工组织设计和年度、季度及月度施工计划中去,认真贯彻执行。

3. 施工准备工作应有严格的保证措施

为了确保施工准备工作的有效实施,应做到以下几点。

(1) 建立施工准备工作责任制。按施工准备工作计划将责任落实到有关部门和人,同时明确各级技术负责人在施工准备工作中应负的责任。

(2) 建立施工准备工作检查制度。施工准备工作不但要有计划、有分工,而且要有布置、有检查,以利于经常督促、发现薄弱环节,不断改进工作。

(3) 坚持按基本建设程序办事,严格执行开工报告制度。单位工程的开工,在做好各项施工准备工作后,应写出开工报告,经申报上级批准,才能执行。单位工程应具备的开工条件如下。

① 施工图纸已经会审并有记录。
② 施工图纸设计已经审核批准并已进行交底。
③ 施工图预算和施工预算已经编制并审定。
④ 施工合同已经签订,施工执照已经审批办好。
⑤ 现场障碍物已清除,场地已平整,施工道路、水源、电源已接通,排水沟渠畅通,能满足施工需要。
⑥ 材料、构件、半成品和生产设备等已经落实并能陆续进场,保证连续施工的需要。
⑦ 各种临时设施已经搭设,能满足施工和生活的需要。
⑧ 施工机械、设备的安排已经落实,先期使用的已运入现场、已试运转并能正常使用。
⑨ 劳动力安排已经落实,可以按时进场。
⑩ 现场安全守则、安全宣传牌已经建立,安全、防火的必要设施已具备。

4. 施工准备工作应做好几个结合

(1) 施工与设计的结合。施工任务一旦确定后,施工单位应尽早与设计单位结合,着重在总体规划、平面布局、结构选型、构件选择、新材料、新技术的采用和出图顺序等方面与设计单位取得一致的意见,以利于日后施工。大型工程尽可能在初级阶段插入,一般工程可在施工图阶段插入。

(2) 室内与室外准备工作的结合。室内准备工作主要是指各种技术经济资料的编制和汇集(如熟悉图纸、编制施工组织设计等);室外准备工作主要是指施工的现场准备及物资准备。室内准备对室外准备起着指导作用,而室外准备则是室内准备的具体落实。

(3) 土建工程与专业工程的结合。在施工准备工作中,土建工程与专业工程应互相配合。总包单位(一般为土建施工单位)在明确施工任务,拟定出施工准备工作的初步计划以后,应及时告知各协作的专业单位,使各单位都能心中有数,各自及早做好必要的准备工作。

(4) 前期准备与后期准备的结合。由于施工准备工作周期长,有一些是开工前做的,有一些是在开工后交叉进行的。因此,既要立足于前期的准备工作,又要着眼于后期的准备工作。要统筹安排好前、后期的准备工作,把握时机,及时做好近期的施工准备工作。

4.2 施工信息收集的准备

工程施工涉及的单位多、内容广、情况多变、问题复杂。编制施工组织设计的人员对建设地区的情况往往不太熟悉。因此，为了编制出一个符合实际情况、切实可行、质量较高的施工组织设计，就必须做好施工信息收集的工作，这是开工前的施工准备工作的主要内容之一。

4.2.1 施工信息原始资料的调查

为了获得符合实际情况，切实可行的最佳施工组织设计方案，在进行建设项目施工准备工作过程中必须进行自然条件和技术经济调查，以获得必要的自然条件和技术经济条件的资料。这些资料称为原始资料，对这些资料的分析称为原始资料的调查分析。

原始资料的调查工作应有计划有目的地进行。根据工程的复杂程度事先要拟订明确的详细调查提纲。调查时，要向建设单位、勘察设计单位收集工程资料，如工程设计任务书、工程地质报告、地形测量图案，还要向当地气象、有关部门收集类似工程的实践经验资料等。此外，还需要到实地勘测与调查，并对调查收集的原始资料进行细致的分析与研究。

4.2.2 施工信息原始资料调查的目的

自然条件的调查是为了查明建设地区的自然条件，并且提供有关资料；技术经济的调查是为了查明建设地区工业、资源、交通运输和生活福利设施等地区经济因素，获得建设地区的技术经济条件资料。施工单位进行原始资料调查收集的目的如下。

(1) 为工程投标提供依据。施工单位在投标前，除了认真研究投标文件及其附件以外，还要仔细的调查研究现场及社会经济技术条件，在综合分析的基础上进行投标。

(2) 为签订承包合同提供依据。施工组织设计中的有关材料供应、交通运输、构件订货、机械设备选择、劳动力筹集、季节性施工方案等内容的确定，都要以技术经济调查资料为依据。

(3) 为编制施工组织设计提供依据。施工组织设计中的有关材料供应、交通运输、构件订货、机械设备选择、劳动力筹集、季节性施工方案等内容的确定，都要以技术经济调查资料为依据。

由于施工组织设计中的施工方案、施工进度和施工成本是一个相互依存、相互制约的系统工程，是一个完整的体系，必然会形成一个闭合的信息反馈系统，如图4.4所示。

4.2.3 施工信息调查收集原始资料的主要内容

一般工程调查收集原始资料的主要内容如下。

(1) 建设项目的计划任务书。包括建设的目的和依据、规模、水文地质情况；原材料、燃料、动力、用水等供应情况及运输条件；资料综合利用和治理"三废"的要求；建设进度和工期；投资控制数、资金来源和预计投资回收期；劳动定资控制数；要求达到的经济效益和技术水平。

(2) 设计进度，设计概算，投资计划和工期计划。

(3) 建设地区的自然条件。包括气温，风，雪情况；地形；地质；地震；地下水；地面水(地面河流)等。

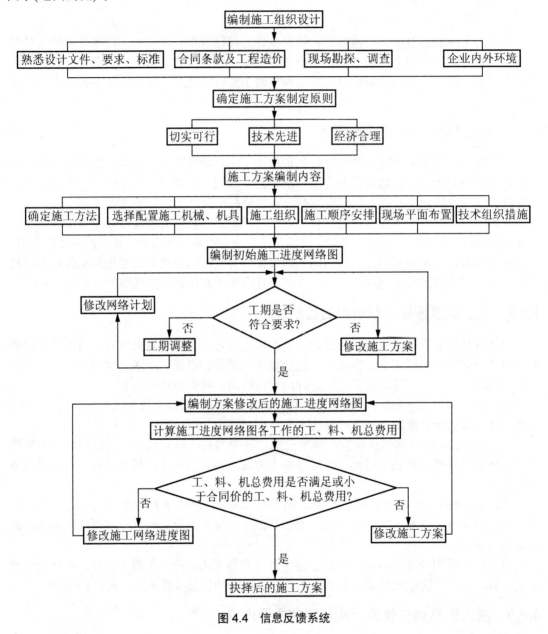

图 4.4　信息反馈系统

(4) 建设地区的技术经济条件。

① 地方建材生产企业情况：主要是钢筋混凝土构件、钢结构、门窗、水泥制品的加工条件。

② 地方资源情况：地方材料砖、砂、石灰、碎石等供应情况。

③ 三大材料(即钢材、水泥和木材)、特殊材料、装饰材料的调查。

④ 地区交通运输条件：包括铁路、公路、水路、空运等运输条件。

⑤ 机械设备供应情况：包括某些大型运输车辆、起重设备及其他机械施工设备的供应条件。

⑥ 市政、公共服务设施：包括供水管网、污水排放点、供电条件、电话线路、热力、燃料供应情况、供气等。

⑦ 社会劳动力和生活设施情况：可提供的劳动力和其他服务项目；房屋设施情况，生活情况。

⑧ 环境保护与防治公害的标准。

⑨ 参加施工的各单位能力调查；工人、管理人员、施工机械情况；施工经验、经济指标。

(5) 施工现场情况。包括施工用地范围、有否周转用地、现场地形、可利用的建筑物及设施、交通道路情况、附近建筑物的情况、水与电源情况等。

(6) 引进项目。对引进项目应查清：进口设备、零件、配件、材料的供货合同，合同项目的有关条款，到货情况，验收质量标准以及相应的配合要求等。

4.2.4 参考资料的收集

在编制施工组织设计时，为弥补调查收集的原始资料的不足，有时还可以借助一些相关的参考资料来作为编制的依据。这些参考资料可利用现有的施工定额、施工手册、工期定额、施工组织设计实例或通过平时施工实践活动所积累的资料来获得。

4.3 施工技术的准备

施工技术的准备工作，即通常所说的室内准备(内业准备)。它是现场施工准备的基础，其内容包括：熟悉与会审图纸，编制施工组织设计，编制施工图预算和施工预算，签订工程合同。

4.3.1 熟悉和会审图纸

一个建筑物或构件物的施工依据就是施工图纸，施工技术人员必须在施工前熟悉施工图纸中各项设计的技术要求，在熟悉施工图纸的基础上，由建设，监理，施工，设计等单位共同对施工图纸组织会审，会审后要有图纸会审纪要，各参加会审的单位盖章，可作为与设计同时使用的技术文件。

4.3.2 编制施工组织设计

编制施工组织设计是施工准备工作的重要组成部分。虽然在获得工程之前的投标中，已编制标前的施工组织设计，但这里讲述的是编制实施性的施工组织设计，所有施工准备的主要工作均集中反映在施工组织设计中。施工组织设计是规划和指导施工全过程的一个综合性的技术经济文件。

4.3.3 编制施工图预算和施工预算

在设计交底和图纸会审的基础上,施工组织设计已被批准,预算部门即可着手编制单位工程施工图预算和施工预算,以确定人工、材料和机械费用的支出,并确定人工数量,材料消耗数量及机械台班数量。

知识链接

施工图预算是招投标中确定标底和报价的依据;是建设单位拨付工程款和进行工程结算的依据;是确定人工、材料、机械消耗量,编制施工组织设计的依据;是施工单位签订承包施工合同的依据。

施工预算是企业内部控制各项成本支出,加强施工管理的依据;是衡量工人劳动生产率,计算工人劳动报酬的依据;是签发施工任务、限额领料、进行经济活动分析的依据。

实施 GB 50500—2008《建设工程工程量清单计价规范》之后,其目的很明显打破了过去由政府的造价部门统一单价的做法,让施工企业能最大限度发挥自己的价格和技术优势,不断提高自己企业的管理水平,推动竞争,从而在竞争中形成市场,进一步推进整个建设领域的纵深发展;这也是招投标制度和造价管理与国际惯例接轨过程中要经过的必然阶段。

4.3.4 签订工程承包施工合同

工程承包施工合同属于经济合同的范围,是确定建设单位与施工单位的法律关系和一切责任、权利、义务关系的极为重要的技术经济文件。在合同签订之前,双方都要做好充分的准备工作,只要双方依法就主要条款达成一致意见,即可正式签订工程承包施工合同。

4.4 施工现场的准备

一项工程开工之前除了做好各项技术经济的准备工作外,还必须做好施工现场的准备工作即通常所说的室外准备(外业准备),其主要内容包括"三通一平"工作、工程定位和测量放线、搭设临时设施、现场临时供水供电设施等部分。

4.4.1 "三通一平"工作

"三通一平"是指在施工现场范围内修通道路,接通水源,电源和平整场地的工作。部分地区为"七通一平"(路、供水、排水、供电、通信、暖气、燃气通,场地平整)。这项工作应根据施工组织设计的规划来进行,它分为全场性"三通一平"和单位工程"三通一平"。前者必须有计划、分阶段地进行,后者必须在施工前完成。

4.4.2 工程定位和测量放线

按建筑总平面及给定的永久性的平面控制网和高程控制基桩,进行现场定位,测量放线工作。重要建筑物必须由规划测绘部门定位测量放线。这项工作是确定建筑物平面位置和高程的关键环节,测定经自检合格后,提交有关部门(规划,设计,建设,监理单位)验线，以保证定位放线的准确性。建筑物沿红线放线后(规划部门给定的建筑红线，在法律上起着建筑四周边界用地作用)，必须由城市规划部门验线，以防止建筑物压红线或超红线。图4.5为施工测量管理流程图。

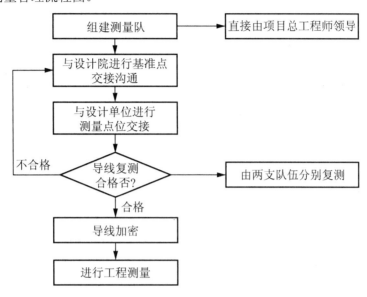

图 4.5 施工测量管理流程图

4.4.3 搭设临时设施

各种生产、生活需要的临时设施，包括各种仓库、搅拌站、预制构件厂(站、场)、各种生产作业棚、办公用房、宿舍、食堂、文化设施等均应按施工组织设计规定的数量、标准、面积、位置等要求组织搭设。现场所需的临时设施应报请规划、市政、消防、交通、环保等有关部门审查批准。为了施工方便和行人安全，指定的施工用地周界，应用围墙围护起来。围墙的形式和材料应符合市容管理的有关规定和要求。在主要出入口处应设置标牌，标明工程概况、建设、监理、设计、施工等单位工程负责人及施工平面图。

4.4.4 现场临时供水、供电设施

在工程建设中，建筑工地必须解决临时供水、供电设施，以满足施工、生活、消防三方面用水以及施工中动力设备用电、室内外照明用电需要。

1. 现场临时供水

建筑工地现场临时供水的设计，一般包括：确定用水量，选择水源设计配水管网(必要时并设计取水、净水和储水构筑物)。其可按以下步骤进行。

1) 确定供水量

建筑工地现场临时供水，包括生产用水(含工程施工用水和施工机械用水)，生活用水(含施工现场生活用水和生活区生活用水)和消防用水三个方面。

(1) 工程施工用水量。

$$q_1 = K_1 \sum Q_1 N_1 \times \frac{K_2}{8 \times 3600} \tag{4-1}$$

式中：q_1——施工工程用水量(L/s)；

K_1——未预见的施工用水系数(1.05～1.15)；

Q_1——年(季)度工程量(以实物计量单位表示)；

N_1——施工用水定额，如表4-1所列；

K_2——用水不均衡系数，如表4-2所列。

表 4-1 施工用水(N_1)参考定额

序号	用水对象	单位	耗水量 N_1/L	备注
1	浇注混凝土全部用水	m³	1700～2400	
2	搅拌普通混凝土	m³	250	实测数据
3	搅拌轻质混凝土	m³	300～350	
4	搅拌泡沫混凝土	m³	300～400	
5	搅拌热混凝土	m³	300～350	
6	混凝土养护(自然养护)	m³	200～400	
7	混凝土养护(蒸汽养护)	m³	500～700	
8	冲洗模板	m³	5	
9	搅拌机清洗	台班	600	实测数据
10	人工冲洗石子	m³	1000	
11	机械冲洗石子	m³	600	
12	洗砂	m³	1000	
13	砌砖工程全部用水	m³	150～250	
14	砌石工程全部用水	m³	50～80	
15	粉刷工程全部用水	m³	30	
16	砌耐火砖砌体	m³	100～150	包括砂浆搅拌
17	洗砖	千块	200～250	
18	洗硅酸盐砌块	m³	300～350	
19	抹面	m³	4～6	不包括调制用水，找平层同
20	楼地面	m³	190	
21	搅拌砂浆	m³	300	
22	石灰消化	t	3000	

(2) 施工机械用水量。

$$q_2 = K_1 \sum Q_2 \cdot N_2 \cdot \frac{K_3}{8 \times 3600} \tag{4-2}$$

式中：q_2——施工机械用水量(L/s)；

K_1——未预见的施工用水系数(1.05～1.15)；

Q_2——同种机械台数(台);

N_2——施工机械用水定额,见表4-3;

K_3——施工机械用水不均衡系数,见表4-2。

(3) 施工现场生活用水量。

$$q_3 = \frac{P_1 \cdot N_3 \cdot K_4}{b \times 8 \times 3600} \tag{4-3}$$

式中:q_3——施工现场生活用水量(L/s);

P_1——施工现场高峰期生活人数(人);

N_3——施工现场生活用水定额,如表4-4所列;

K_4——施工现场生活用水不均衡系数,如表4-2所列;

b——每天工作班次(班)。

表 4-2 施工用水不均衡系数

项 目	用 水 名 称	系 数
K_2	施工工程用水	1.5
	生产企业用水	1.25
K_3	施工机械运输机械	2.00
	动力设备	1.05～1.10
K_4	施工现场生活用水	1.30～1.50
K_5	居民区生活用水	2.00～2.50

(4) 生活区生活用水量q_4。

$$q_4 = \frac{P_2 \cdot N_4 \cdot K_5}{24 \times 3600} \tag{4-4}$$

式中:q_4——生活区用水量(L/s);

P_2——生活区居民人数(人);

N_4——生活区昼夜全部用水定额,如表4-4所列;

K_5——生活区用水不均衡系数,如表4-2所列。

(5) 消防用水量q_5,见表4-5。

(6) 总用水量Q。

① 当$(q_1+q_2+q_3+q_4) \leqslant q_5$时,则

$$Q = q_5 + (q_1+q_2+q_3+q_4)/2$$

② 当$(q_1+q_2+q_3+q_4) > q_5$时,则

$$Q = (q_1+q_2+q_3+q_4)$$

③ 当工地面积小于5万m^2,并且$(q_1+q_2+q_3+q_4) < q_5$时,则

$$Q = q_5$$

最后计算的总用水量,还应增加10%,以补偿不可避免的水管渗漏损失。现场临时供水量经计算确定以后,进而可以选择水源和布置配水管网。

表 4-3 施工机械(N_2)用水参考定额

序号	用水对象	单位	耗水量 N_2	备注
1	内燃挖土机	L/台·m³	200~300	以斗容量 m³ 计
2	内燃起重机	L/台班·t	15~18	以起重吨数计
3	蒸汽起重机	L/台班·t	300~400	以起重吨数计
4	蒸汽打桩机	L/台班·t	1000~1200	以锤重吨数计
5	蒸汽压路机	L/台班·t	100~150	以压路机吨数计
6	内燃压路机	L/台班·t	12~15	以压路机吨数计
7	拖拉机	L/昼夜·台	200~300	
8	汽车	L/昼夜·台	400~700	
9	标准轨蒸汽机车	L/昼夜·台	10000~20000	
10	窄轨蒸汽机车	L/昼夜·台	4000~7000	
11	空气压缩机	L/台班·(m³/min)	40~80	以压缩空气量 m³/min 计
12	内燃机动力装置(直流水)	L/台班·马力	120~300	
13	内燃机动力装置(循环水)	L/台班·马力	25~40	
14	锅驼机	L/台班·马力	80~160	
15	锅炉	L/h·t	1000	
16	锅炉	L/h·m²	15~30	不利用凝结水
17	点焊机 25 型	L/h	100	以小时蒸发量计
18	50 型	L/h	150~200	以受热面积计
19	75 型	L/h	250~350	实测数据
20	冷拔机	L/h	300	实测数据
20	对焊机	L/h	300	
21	凿岩机 01-30(CM-56)	L/min	3	
22	凿岩机 01-45(TN-4)	L/min	5	
23	凿岩机 01-38(KIIM-4)	L/min	8	
24	凿岩机 YQ-100	L/min	8~12	

表 4-4 生活用水量 $N_3(N_4)$ 参考定额

序号	用水对象	单位	耗水量 $N_3(N_4)$	备注
1	工地全部生活用水	L/人·日	100~120	
2	生活用水(漱洗生活饮用)	L/人·日	25~30	
3	食堂	L/人·日	15~20	
4	浴室(淋浴)	L/人·次	50	
5	淋浴带大池	L/人·次	30~50	
6	洗衣	L/人	30~35	
7	理发室	L/人·次	15	
8	小学校	L/人·日	12~15	
9	幼儿园托儿所	L/人·日	75~90	
10	医院	L/病床·日	100~150	

表 4-5　消防用水量

序号	用 水 名 称	火灾同时发生次数	用 水 量
1	居民消防用水 5000 人以内 10000 人以内 25000 人以内	一次 二次 二次	10 10~15 15~20
2	施工现场消防用水 施工现场在 25hm² 以内 每增加 25hm² 递增	一次	10~15 5

2) 选择水源

建设工地的临时供水水源,应尽量利用现场附近已有的供水管道,只有在现有给水系统供水不足或根本无法利用时,才使用天然水源。

天然水源有:地面水(江河水、湖水、水库水等);地下水(泉水、井水)。

选择水源应考虑下列因素:水量充沛可靠,能满足最大需水量的要求;符合生活饮用水、生产用水的水质要求;取水、输水、净水设施、储水设施安全可靠;施工、运转、管理、维护方便。

3) 配置临时给水系统

临时给水系统由取水设施、净水设施、储水构筑物(水塔及蓄水池)、输水管及配水管线组成。

通常应尽量先修建永久性给水系统,只有在工期紧迫、修建永久性给水系统难以应急时,才修建临时给水系统。

(1) 取水设施一般由取水口、进水管和水泵组成。取水口距河底(或井底)不得小于0.25~0.9m。给水工程所用水泵有离心泵、隔膜泵及活塞泵三种,所选用的水泵应具有足够的抽水能力和扬程。

(2) 储水构筑物有水池、水塔和水箱。在临时给水时,如水泵非昼夜连续工作,则必须设置储水构筑物,其容量以每小时消防用水量来决定,但不得小于10~20m³。

(3) 管径计算。根据工地总需水量Q,按下列公式计算管径

$$D = \sqrt{\frac{4Q \cdot 1000}{\pi \cdot V}} \qquad (4\text{-}5)$$

式中:D——配水管内径(mm);

　　　Q——用水量(L/s);

　　　V——管网中水的流速(m/s),如表4-6所列。

(4) 选择管材。

临时给水管道,根据管道尺寸和压力大小进行选择,一般干管为钢管或铸铁管,支管为钢管、镀锌管。

表 4-6 临时水管经济流速表

管 径	流速/(m/s)	
	正常时间	消防时间
(1) 支管 $D<0.10$m	2	
(2) 生产消防管道 $D=0.1\sim0.3$m	1.3	>3.0
(3) 生产消防管道 $D>0.3$m	1.5~1.7	2.5
(4) 生产用水管道 $D>0.3$m	1.5~2.5	3.0

2. 工地现场临时供电

建设工地临时供电的设计包括以下内容：计算用电量、选择电源、确定变压器、确定导线截面面积并布置配电线路。工地现场临时供电应采用三相五线制，如图4.6所示。

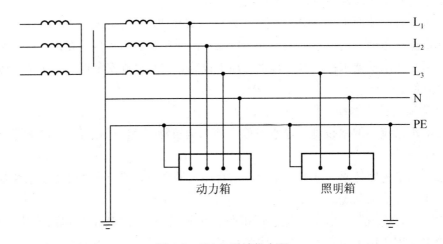

图 4.6 TN-S 系统供电图

1) 工地总用电量计算

施工工地的总用电量包括动力用电和照明用电两类，其计算公式如下

$$P = 1.05\sim1.10\left[K_1\frac{\sum P_1}{\cos\varphi}+K_2\sum P_2+K_3\sum P_3+K_4\sum P_4\right] \tag{4-6}$$

式中：P——供电设备总需要容量($kV\cdot A$)；

P_1——电动机额定功率(kW)；

P_2——电焊机额定容量($kV\cdot A$)；

P_3——室内照明容量(kW)；

P_4——室外照明容量(kW)；

$\cos\varphi$——电动机的平均功率因数(施工现场最高为0.75~0.78，一般为(0.65~0.75)；

K_1、K_2、K_3、K_4——需要系数，见表4-7。

单班施工时,最大用电负荷量以动力用电量为准,不考虑照明用电。各种机械设备以及室外照明用电可参考有关定额。

表 4-7 需要系数 K 值

用电名称	数量/台	需要系数 K 值		备 注
		K	数值	
电动机	3~10 11~30 >30	K_1	0.7 0.6 0.5	如施工中需要电热时,应将其用电量计算进去。为使计算接近实际,式中各项用电根据不同性质分别计算
加工厂动力设备			0.5	
电焊机	3~10 >10	K_2	0.6 0.5	
室内照明		K_3	0.8	
室外照明		K_4	1.0	

2) 电源选择

选择电源,较经济的方案是利用施工现场附近已有的高压线路或发电站及变电所,但事前必须将施工中需要的用电量向供电部门申请,如果在新辟的地区中施工,没有电力系统时,则须自备发电站。通常是将附近的高压电,经设在工地变压器降压后,引入工地。

3) 确定配电导线截面积

导线截面面积可根据负荷电流来选择,然后再用电压及力学强度进行校核。所选的导线截面应同时满足上述三方面的要求。为满足机械强度要求,绝缘铝线截面面积不小于 $16mm^2$,绝缘铜线截面面积不小于 $10mm^2$;室内配线所用导线截面,应根据用电设备的负荷确定,但铝线截面面积应不小于 $2.5mm^2$,铜线截面面积应不小于 $1.5mm^2$。

临时供电网的布置与水管网布置相似。它们均有环状布置、枝状布置和混合式三种形式。

在工程项目开工前的准备工作,除了做好原始资料调查、技术资料和施工现场的准备外,还要建立施工的物质条件,包括组织材料、半成品、构件和配件的生产、加工和运输,组织施工机具进场,并安装和调试;组织施工力量,包括建立施工现场管理机构——项目经理部,集结施工队伍,进行施工培训,落实协作配合条件,签订专业合同和分包合同,招募临时施工力量并进行教育和培训等;做好冬雨季施工的现场准备,设置消防、保安设施。有些地区还由质量安全监督部门进行现场安全文明施工检查合格,具备工程开工条件的各项施工准备工作后,办理施工许可证,才能提出开工报告,工程开工报告示例见表4-8。开工报告批准后工程项目进入全面施工阶段。

工程施工组织

表 4-8　工程开工报告

表号：监 A-04　　　　　　　　　　　　　　　　　　　　编号：

工程名称	
合同编号	

致　　　　　　(监理单位)：

　　我单位承担_____工程施工任务，已完成开工前的各项准备工作(施工组织设计、施工进度计划、施工图预算、分包单位等以及现场"三通一平"、临时设施)，已办妥各项手续(建筑许可证、施工许可证等)。计划于____年____月____日开工。请审批。

　　附：施工组织设计(施工方案)及说明书。

技术负责人：_____　日期：____

施工单位(章)：　　　日期：____

监理单位审查意见：

总监理工程师：____日期：____

监理单位(章)：　　日期：____

工程案例

某医院病房楼施工组织设计的施工准备工作

1. 工程概况

某医院病房楼工程，位于××市××路西侧，某医院院内，总建筑面积约27600m²，由某医院投资筹建。本工程由×××建设监理有限公司监理，设计单位为×××设计研究院。

该工程采用框架剪力墙结构，为一类高层建筑物，占地面积约为 4240m²，总建筑面积为 27600m²，其中地下室面积约为 2000m²。地下1层，地上16层，局部机房17层；裙楼3层，局部4层。建筑物长 64.0m，宽 25.0m。

地下室为设备间及其他，1 层为住院处、护士站、仓储等，2 层为妇科病房，3～4 层为手术病房，5 层为ICU病房，6 层为CCU病房，7～16 层标准层为普通病房，17 层以上为电梯及设备机房等。地下室层高5.4m，1层层高5.0m，2层层高4.5m，3层层高5.0m，4～17层标准层层高为3.6m，室内外高差0.5m，裙楼建筑高度18.1m，主楼建筑总高度74.45m。主楼在东侧、西侧、东北角部位各设置1座楼梯，其中东北角双跑楼梯通至4层；东侧、西侧以及南侧共设置6部电梯均升至顶层，东侧和西侧两部分别为食梯和污梯且兼用为消防电梯。

2. 施工准备

2.1 现场准备

包括：平整场地，铺设场区施工道路，开挖雨水排水沟，砌筑污水沉淀池，安装给排水管道，安装临时用电线路，硬化砂石等材料堆场，浇筑塔式起重机基础，搭设办公、生活、生产等临时设施，填写各种图表文字等。

2.2 技术准备

建立平面控制网和高程控制网,复核基坑和桩基轴线、标高;熟悉理解施工图纸和有关的技术资料,做好图纸会审和技术交底工作;编制项目质量计划和操作性强、技术含量高的实施阶段施工组织设计,编制各主要工程施工方案:基础土方施工方案、地下室施工方案、主体结构施工方案、装修施工方案、屋面防水施工方案、安装工程施工方案等。

根据工期要求和施工部署,做好材料计划、机具计划、劳动力需用计划等。

2.3 人员准备

根据组织机构设立、进度计划和劳动力需用计划,陆续组织管理人员和操作人员进场。

2.4 机械设备及周转工具的准备

根据施工机具的配置,组织塔式起重机、混凝土机械、钢筋机械、木工机械等进场,并安装就绪。根据材料计划,组织模板、架料等周转材料和钢筋、水泥、砂石等原材料进场,并取样试验(包括混凝土和砂浆的配合比试验)。

2.5 水电准备

2.5.1 施工用水

1. 施工用水量

按日养护用水量最大时 60m³、砌筑墙体 60m³(Q_1)考虑。

未预计施工用水系数 K_1=1.05,用水不均衡系数 K_2=1.5;

用水定额 N_1:浇筑自拌混凝土取 2400L/m³,砌筑墙体取 250L/m³。

$$q_1 = \frac{K_1 \sum Q_1 N_1 \times K_2}{8 \times 3600} = \frac{1.05 \times (60 \times 2400 + 60 \times 250) \times 1.5}{8 \times 3600} \text{L/s} = 8.70 \text{L/s}$$

2. 施工现场生活用水量

施工高峰人数 P_1 取 340 人;生活用水定额 N_3 取 40L/人·天);用水不均衡系数 K_4=1.4;每天工作班 t 取 2。

$$q_3 = \frac{P_1 N_3 K_4}{t \times 8 \times 3600} = \frac{340 \times 40 \times 1.4}{2 \times 8 \times 3600} \text{L/s} = 0.33 \text{L/s}$$

3. 消防用水

由于现场面积远小于 25hm² 的规定,消防用水 q_5 取 10L/s。

4. 总用水量计算

q_1+q_3=8.70L/s+0.33L/s=9.03L/s<q_5=10 L/s,取总用水量 Q=q_5=10L/s。

5. 管径计算

施工用水流速 v 取 2.5m/s。

供水管径为

$$D = \sqrt{\frac{4Q}{\pi \times v \times 1000}} = \sqrt{\frac{4 \times 10}{3.14 \times 2.5 \times 1000}} \text{m} = 0.071\text{m} = 71\text{mm}$$

选 D=75mm 水管。

2.5.2 施工用电

详见施工用电施工方案。

2.6 各种施工许可手续的办理

包括施工许可证、开工报告、质量监督、检验手续、重要或特殊材料准用证等。派专人负责联系和协调××市的各有关建筑施工管理部门,熟悉各手续的办理程序,保证施工生产的顺利进行。

小　结

　　本章内容包括工程施工准备工作意义、内容和要求；原始资料的收集；技术准备；施工现场准备；施工的临时用水用电的计算与设计。

　　施工准备工作贯穿于建筑施工全过程。通过对本章的学习，应该熟悉工程施工准备工作的分类和内容，能在实际工程施工中能会技术准备及施工现场的测量放线、临时设施搭设等，能做好施工前劳动力、主要材料、施工机械器具的计划，能掌握建筑工程施工中现场施工用水、施工临时用电的计算及规划布置。

思考题与习题

4-1　施工准备工程工作的主要内容有哪些？
4-2　施工准备工作的要求有哪些？
4-3　何谓原始资料？原始资料的调查包括哪些方面？各方面的主要内容是什么？
4-4　原始资料调查收集的目的是什么？
4-5　技术资料的准备工作包括哪些内容？
4-6　施工现场的准备工作包括哪些内容？
4-7　什么是"三通一平"？其分为哪几类型？
4-8　施工图纸会审的程序是怎样的？施工图纸会审应有哪些单位参加？
4-9　工地临时供水确定的主要内容有哪些？如何选择水源？
4-10　工地临时供电电源有哪几种方案？

第5章 施工组织总设计

教学目标

本章主要讲述施工组织总设计的编制程序、内容和方法。通过本章的学习,达到以下目标。
(1) 了解施工组织总设计的编制程序、依据和内容。
(2) 掌握群体工程或特大型项目施工组织总设计的施工总部署、施工方案的确定。
(3) 熟悉施工总进度计划的编制方法。
(4) 熟悉施工现场临时设施的组织方法。
(5) 掌握施工总平面图的设计内容、原则、依据及设计步骤。

教学要求

知识要点	能力要求	相关知识
施工组织总设计的编制程序	熟悉施工组织总设计的编制程序、内容	建筑施工工艺,工程识图,工程测量,施工图预算;流水施工原理,网络计划技术
施工组织总设计的编制准备	会收集各种有关施工组织总设计的资料	工程识图
施工部署与施工方案的确定	掌握主要分部分项工程的施工顺序、施工方法	建筑施工技术
施工总进度计划	熟悉工程量估算,能绘制施工总进度计划的横道图或网络图	流水施工方法,网络计划技术
施工准备及资源需要量计划	熟悉施工准备工作及各资源的计划编制	施工用水用电计算,工料分析,机械设备的规格、型号
现场临时设施	应会施工现场供水、供电的计算	施工工程测量,给水排水、电工知识
施工总平面图	能独立设计施工总平面图	施工规划与绘图基本知识
施工组织总设计主要技术经济指标	会进行技术经济指标的评价	全国建筑施工工期定额,工程经济知识

工程施工组织

 **基本概念**

施工组织总设计；施工部署；施工方案；施工总进度计划；施工总平面图。

 引例

国家体育场(鸟巢)是中国十大新建筑奇迹之一，是 2008 年北京奥运会主体育场，建设地点在奥林匹克公园，建筑面积为 258000m^2；长 330m；宽 220m；高 69.2m；坐席数为 91000 个。赛时功能是奥运会开幕式和闭幕式；田径、足球比赛场地。赛后功能是体育比赛和文化、娱乐活动中心，开工时间 2003 年 12 月 24 日，完工时间 2007 年底。根据这些资料，你想一想，这工程是怎样组织施工的，怎样确保按时完工投入使用？

下图为鸟巢工程外景。

5.1 施工组织总设计的编制程序

施工组织总设计就是以若干单位工程组成的群体工程或特大型项目为主要对象编制的施工组织设计，对整个项目的施工过程起统筹规划、重点控制的作用。它是为施工生产建立施工条件、集结施工力量、组织物资资源的供应以及进行现场生产与生活临时设施规划的依据，也是施工企业编制年度施工计划和单位工程施工组织设计的依据，是实现建筑企业科学管理、保证最优完成施工任务的有效措施。一般由建设总承包单位编制。

施工组织总设计的内容主要包括：工程概况和特点分析；施工部署和主要工程项目施工方案；施工总进度计划；施工资源需要量计划；施工总平面图和技术经济指标等。

施工组织总设计的编制程序如图 5.1 所示。

由编制程序可以看出：编制施工组织总设计时，首先要从全局出发，对建设地区的自然条件、技术经济情况、物资供应与消耗、工期等情况进行调查研究，找出主要矛盾和薄弱环节，重点解决。其次，在此基础上合理安排施工总进度计划，进行物资、技术、施工等各方面的准备工作;编制相应的劳动力、材料、机具设备、运输量、生产生活临时需要量等需要计划;确定各种机械入场时间和数量;确定临时水、电、热计划。最终编制施工准备工作计划和设计施工总平面图并进行技术经济指标计算。

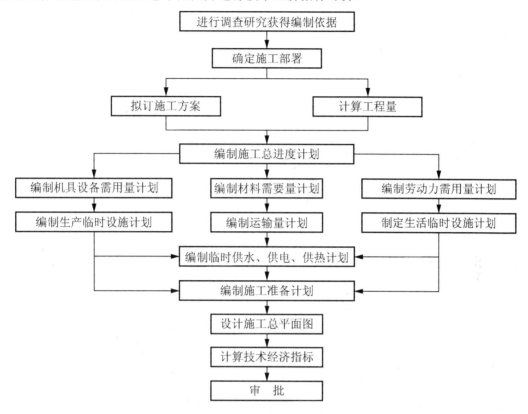

图 5.1 施工组织总设计的编制程序

5.2 施工组织总设计的编制准备

编制施工组织总设计前,应当做好一系列的编制准备工作,为后续编制工作创造条件,保证编制工作的顺利进行。准备工作主要包括以下内容:通过调查研究收集整理与工程建设有关的文件、政策、标准、规范、技术资料等作为编制依据;根据建设项目的具体特点确定施工组织总设计的编制内容;对工程概况与特点进行归纳、整理和分析。

5.2.1 编制依据

编制依据如下。
(1) 计划文件,包括可行性研究报告、国家批准的基本建设计划、管理部门的批件等。
(2) 建设文件,如批准的初步设计或技术设计、总概算、已批准的计划任务书等。
(3) 建设地区工程勘察和技术经济调查资料,如地质、地形、河流水位、地区条件等。
(4) 上级指示、国家现行规定规范、合同协议等。

(5) 类型相近项目的经验资料。

5.2.2 编制内容

施工组织总设计的编制内容主要包括以下几点。
(1) 工程概况和工程特点分析。
(2) 施工部署和施工方案。
(3) 施工总进度计划。
(4) 施工总平面图。
(5) 技术经济指标。

5.2.3 工程概况和特点分析

工程概况和特点分析是对整个建设项目的总说明、总分析，一般应包括以下内容。

(1) 工程项目、工程性质、建设地点、建设规模、总期限、分期分批投入使用的项目和工期、总占地面积、建筑面积、主要工种工程量；设备安装及其吨数；总投资；建筑安装工程量、工厂区和生活区的工作量；生产流程和工艺特点；建筑结构类型、新技术、新材料的复杂程度和应用情况。
(2) 建设地区的自然条件和技术经济条件。
(3) 气象、地形、地质和水文情况。
(4) 劳动力和生活设施情况、地方资源以及交通运输、水电等动力条件等。
(5) 地方建筑生产企业情况。
(6) 上级对施工企业的要求，企业的施工能力、技术装备水平、管理水平和完成各项经济指标的情况等。

在对上述情况进行综合分析的基础上，提出施工组织总设计中的施工部署、施工总进度计划和施工总平面图等需要注意和解决的重大问题。

5.3 总体施工部署与施工方案的确定

总体施工部署是对整个建设项目从全局上做出的统筹规划和全面安排，它主要解决影响建设项目全局的重大战略问题。

总体施工部署的内容和侧重点根据建设项目的性质、规模和客观条件的不同而有所不同。一般应包括确定工程开展程序、拟定主要工程项目的施工方案、明确施工任务划分与组织安排，编制施工准备工作计划等内容。

5.3.1 确定工程开展程序

根据建设项目总目标的要求，确定合理的工程建设分期分批开展的程序。有些大型工业企业项目，如冶金联合企业、化工联合企业、火力发电厂等都是由许多工厂或车间组成的，在确定施工开展程序时，主要应考虑以下问题。

(1) 在保证工期的前提下，实行分期分批建设。建设工期是施工的时间总目标，在满足工期要求的大前提下、科学地划分独立交工系统，对建设项目中相对独立的投产或交付使用子系统，实行分期分批建设并进行合理的搭接，既可使各具体项目迅速建成，尽早投入使用，又可在全局上实现施工的连续性和均衡性，减少暂设工程数量，降低工程成本，充分发挥国家基本建设投资的效果。

(2) 统筹安排各类项目施工，保证重点，兼顾其他，确保工程项目按期投产。按照各工程项目的重要程度，应优先安排的工程项目有以下几点。

① 按生产工艺要求，须先期投入生产或起主导作用的工程项目。

② 工程量大、施工难度大、工期长的项目。

③ 运输系统、动力系统。如厂区内外道路、铁路和变电站等。

④ 生产上需先期使用的机修车间、办公楼及部分家属宿舍等。

⑤ 供施工使用的工程项目。如采砂(石)场、木材加工厂、各种构件加工厂、混凝土搅拌站等施工附属企业及其他为施工服务的临时设施。

应注意已完工程的生产与使用和在建工程的施工互不妨碍，生产、施工两方便。

(3) 一般工程项目均应按照先地下、后地上；先深后浅；先干线后支线的原则进行安排。如地下管线和修筑道路的程序，应该先铺设管线，后在管线上修筑道路。

(4) 考虑季节对施工的影响。在冬季施工时，既要保持施工的连续性与全年性，又要考虑经济性。例如大规模土方工程和深基础施工，最好避开雨季。寒冷地区入冬以后最好封闭房屋，转入室内进行设备安装、装修等作业。

对于大中型的民用建设项目(如居民小区)，一般应按年度分批建设。除考虑住宅以外，还应考虑幼儿园、学校、商店和其他公共设施的建设，以便交付使用后能保证居民的正常生活。

5.3.2 拟定主要项目的施工方案

施工组织总设计中要拟定一些主要的单项工程、单位工程及特殊的分项工程的施工方案。目的是为了组织和调集施工力量，合理准备资源，为施工的顺利开展和工程现场的合理布置提供依据。主要内容包括确定施工工艺流程、选择大型施工机械和主要施工方法等。施工方案中重点解决下述问题。

1. 重点单位工程的施工方案

要通过技术经济比较确定单位工程的施工方案，如深基础施工用哪种支护结构、地下水如何处理、挖土方式如何、混凝土结构工程用预制或现浇方法施工、采用什么类型的模板(如滑升模板、大模板、爬升模板)等。

2. 主要工种工程的施工方案

确定主要工种工程(如土方、桩基础、混凝土、砌体、结构安装、预应力混凝土工程等)的施工方案，如何提高生产效率，提高工程质量，降低造价和保证施工安全。

在施工机械的选择上，注意施工机械的可能性、实用性、经济合理性。应使主导机械的性能既能满足工程的需要，又能发挥其效能，在各个工程上能够实现综合流水作业，减少其拆、装、运的次数，以充分发挥主导施工机械的工作效率。

5.3.3 明确施工任务划分与组织安排

在明确施工项目管理体制、机构的条件下，划分各参与施工单位的工作任务，明确总包与分包的关系，建立施工现扬统一的组织领导机构及职能部门，确定综合和专业化的施工队伍，明确各单位之间的分工协作关系，划分施工阶段，确定各单位分期分批的主攻项目和穿插项目。

5.3.4 编制施工准备工作计划

根据施工开展程序和主要工程项目方案，编制好施工项目全场性的施工准备工作计划。主要内容包括以下几点。

(1) 安排好场内外运输、施工用主干道、水电气来源及其引入方案。
(2) 安排场地平整方案和全场性排水、防洪。
(3) 安排好生产和生活基地建设。包括商品混凝土搅拌站、预制构件厂、钢筋、木材加工厂、金属结构制作加工厂、机修厂等以及职工生活设施等。
(4) 安排建筑材料、成品、半成品的货源和运输、储存方式。
(5) 安排现场区域内的测量工作，设置永久性测量标志，为放线定位做好准备。
(6) 编制新技术、新材料、新工艺、新结构的试验计划和职工技术培训计划。
(7) 冬、雨季施工所需要的特殊准备工作。

知识链接

"鸟巢"方案的安全性问题也引起了专家们的担心。"鸟巢"每平方米的用钢量达到了500kg。总的用钢量接近5万t。它的自重占整个壳的60%，再加上屋面和设备重量，就占到了总量的80%。这是一个非常超标的用钢量。减少用钢量，在减轻重量的同时，是否会对安全性带来影响？原有的方案经过调整和改进之后，工程的坚固性还能不能得到保证？施工方案的调整会不会影响施工总进度计划的实施？图5.2所示就是鸟巢的施工现场情景。

图 5.2 鸟巢工程施工现场

5.4 施工总进度计划

施工总进度计划是施工现场各项施工活动在时间上的体现。编制的基本依据是施工部署中的施工方案和工程项目的开展程序。其作用在于确定各个建筑物主要工种工程、准备工作和全工地性工程的施工期限及其开工和竣工的日期,从而确定建筑施工现场上劳动力、材料、成品、半成品、施工机械的需要数量和调配情况,以及现场临时设施的数量、水电供应数量和能源、交通的需要数量等。

施工总进度计划可用横道图表达,也可用网络图表达。当用横道图表达时,施工总进度计划中施工项目的排列可按施工部署确定的工程展开顺序排列,格式如表5-1所列。

表5-1 施工总进度计划表

序号	单项工程名称	建安指标		设备安装指标/t	工程造价/万元			施工进度					第二年	第三年
		单位	数量		合计	建筑工程	设备安装	第一年						
								I	II	III	IV			

用网络图表达施工总进度计划是用以控制总工期,因此,一般以整个建设项目为总目标,各个单位工程为子目标,每个子目标再划分为若干个施工阶段目标,这些目标反映在网络计划的各个节点上,用有时间坐标的网络图表达,则更加直观和明了。

5.4.1 列出工程项目一览表并计算工程量

1. 计算目的

施工总进度计划主要通过控制各主要工程工期,以及各单位工程之间的搭接关系和时间,来确定各主要工种工程、准备工程和全工地性工程的开工、竣工日期。按工程的开展顺序和单位工程计算主要实物工程量。此时计算工程量的目的是为了确定施工方案和主要施工过程所需的运输机械,主要施工过程的流水施工,计算劳动力和技术物资的需要量等。因此,工程量只需概算即可。

2. 计算依据

计算工程量,可按初步(或扩大初步)设计图纸并根据各种定额手册进行计算。常用的定额资料有以下几种。

(1) 万元、10万元投资工程量、劳动力及材料消耗扩大指标。
(2) 概算指标或扩大结构定额。这两种定额都是预算定额的进一步扩大。
(3) 标准设计或已建房屋、构筑物的资料。

将算出的工程量填入统一的工程量汇总表中(见表 5-2)。

表 5-2 工程项目一览表

工程分类	工程项目名称	结构类型	建筑面积	栋数	概算投资	主要实物工程量				
						土方工程	砖石工程	钢筋混凝土工程	装饰工程	…

5.4.2 确定各单位工程的施工期限

建筑物的施工期限，由于各施工单位的施工技术与施工管理水平、机械化程度、劳动力和材料供应情况等不同，而且差别较大。因此，应根据各施工单位的具体条件，并考虑建筑物的建筑结构类型、体积大小和现场地形地质、施工条件环境等因素加以确定。此外，也可参考有关的工期定额来确定各单位工程的施工期限。

5.4.3 确定各单位工程的开、竣工时间和相互搭接关系

在确定了总的施工期限、施工程序和各系统的控制期限及搭接关系后，就可以对每一个单位工程的开工、竣工时间进行具体确定。通过对各主要建筑物的工期进行计算分析，具体安排各建筑物的搭接施工时间。尽量使主要工种的工人能连续、均衡地施工。通常应考虑以下各主要因素。

1. 保证重点，兼顾一般

在安排进度时，要分清主次、抓住重点，同期进行的项目不宜过多，以免分散有限的人力物力。

2. 要满足连续、均衡施工要求

在安排施工进度时，应尽量使各工种施工人员、施工机械在全工地内连续施工，同时尽量使劳动力、施工机具和物资消耗量在全工地上达到均衡，避免出现突出的高峰和低谷，以利于劳动力的调度和原材料供应。为达到这种要求，可以在工程项目之间组织大流水施工。另外，为实现连续均衡施工，还要留出一些后备项目，如宿舍、附属或辅助车间、临时设施等，作为调节项目，穿插在主要项目的流水中。

3. 要满足生产工艺要求

工业企业的生产工艺系统是串联各个建筑物的主动脉。要根据工艺所确定的分期分批建设方案，合理安排各个建筑物的施工顺序，使土建施工、设备安装和试生产在时间上、量的比例上均衡、合理，实现"一条龙"，以缩短建设周期，尽快发挥投资效益。

4. 认真考虑施工总平面图的空间关系

工业企业建设项目的建筑总平面设计，应在满足有关规范要求的前提下，使各建筑物的布置尽量紧凑，这可以节省占地面积，缩短场内各种道路、管线的长度；但同时由于建筑物密集，也会导致施工场地狭小，使场内运输、材料构件堆放、设备拼装和施工机械布置等产生困难。为减少这方面的困难，除采取一定的技术措施外，还可以对相邻建筑物的开工时间和施工顺序进行调整，以避免或减少相互干扰。

5. 全面考虑各种条件限制

在确定各建筑物施工顺序时，还应考虑各种客观条件的限制，如施工企业的施工力量、各种原材料、机械设备的供应情况、设计单位提供图纸的时间、各年度建设投资数量等，对各项建筑物的开工时间和先后顺序予以调整。同时，由于建筑施工受季节、环境影响较大，因此经常会对某些项目的施工时间提出具体要求，从而对施工的时间和顺序安排产生影响。

6. 合理安排施工顺序

在施工顺序上，应本着先地下后地上、先深后浅、先地下管线后筑路的原则，使进行主要工程所必需的准备工作能够及时完成。

7. 考虑气候条件

应考虑当地的气候条件，尽可能地减少冬期、雨季施工的附加费用。

此外，编制施工总进度计划还要遵守防火、技术安全和生产卫生、环境保护等规定。

5.4.4 安排施工进度

施工总进度计划可以用横道图表达，格式见表 5-3，也可以用网络图表达。施工总进度计划只是起控制作用，不必绘制得过细。当用横道图表达总进度计划时，项目的排列可按施工总体方案所确定的工程展开程序排列。横道图上应表达出各施工项目的开工、竣工时间及其施工持续时间。网络图中关键工作、关键线路、逻辑关系、持续时间和时差等信息一目了然。具体内容见第 3 章。

表 5-3 施工总进度计划表

序号	单项工程名称	建安指标		设备安装指标/t	工程造价/万元			施工进度						
								第一年				第二年	第三年
		单位	数量		合计	建筑工程	设备安装	I	II	III	IV		

5.4.5 总进度计划的调整与修正

施工总进度计划表绘制完后，将同一时期各项工程的工作量加在一起，用一定的比例画在施工总进度计划的底部，即可得出建设项目工作量动态曲线。若曲线上存在较大的高峰或低谷，则表明在该时间里各种资源的需求量变化较大，需要调整一些单位工程的施工速度或开工、竣工时间，以便消除高峰或低谷，使各个时期的工作量尽可能达到均衡。

在编制了各个单位工程的施工进度以后，有时需对施工总进度计划进行必要的调整；在实施过程中，也应随着施工的进展及时作必要的调整；对于跨年度的建设项目，还应根据年度国家基本建设投资情况，对施工进度计划予以调整。

5.5 施工准备及总资源需要量计划

施工总进度计划编制好以后，就可以据此编制施工准备工作计划和各项总资源需要量计划。

5.5.1 编制施工准备工作计划

施工准备工作计划主要包括以下内容。

(1) 按照建筑总平面图做好现场测量控制网，设置永久性测量标志，为放线定位做好准备。

(2) 土地征用、居民迁移和障碍物拆除，确定建筑材料、成品、半成品的货源和运输、储存方式等。

(3) 了解和掌握施工图出图计划、设计意图，以及拟采用的新结构、新材料、新技术并组织进行试制和试验。

(4) 研究有关施工技术措施。

(5) 有关大型临时设施工程、施工用水、用电和铁路、公路、码头及现场场地平整工作的安排、合理安排好场内外运输、施工用主干道、水、电来源及其引入方案。

(6) 进行技术培训工作。

(7) 冬、雨季施工所需要的特殊准备工作。

全工地性的施工准备工作计划，将施工准备期内的各种准备工作进行具体安排和逐一落实，是施工总进度计划中准备工作项目的进一步具体化，也是实施施工总进度计划的要求。施工准备工作计划通常以表格形式表示(见表 5-4)。

表 5-4 施工准备工作计划表

序号	准备工作名称	准备工作内容	主办单位	协办单位	完成日期	负责人

5.5.2 总资源需要量计划

总资源需要量计划是做好劳动力及物资的供应、平衡、调度、落实的依据，其内容一般包括以下几方面。

1. 综合劳动力和主要工种劳动力计划

劳动力综合需要量计划是规划暂设工程和组织劳动力进场的依据(见表 5-5)。编制时首先根据工程量汇总表中分别列出的各个建筑物分工种的工程,查预算定额,便可得到各个建筑物几个主要工种的劳动量工日数,再根据总进度计划表中各单位工程分工种的持续时间,得到某单位工程在某段时间里平均劳动力数。按同样方法可计算出各个建筑物的各主要工种在各个时期的平均工人数。将总进度计划表纵坐标方向上各单位工程同工种人数叠加在一起并连成一条曲线,即为某工种的劳动力动态曲线图。其他几个工种也用同样方法绘成曲线图,从而可根据劳动力曲线图列出主要工种劳动力需要量计划表。将各主要工种劳动力需要量曲线图在时间上叠加,就可得到综合劳动力曲线图和计划表。

表 5-5　建设项目土建施工劳动力汇总表

序号	工程名称	劳动量	工程建筑及全工地性工程							居住建筑		仓库加工厂等临时建筑	201×年(月)	201×年(月)
			工业建筑			道路	铁路	上下水道	电气工程	永久性住宅	临时性住宅			
			主厂房	辅助	附属									
	钢筋工 ...													

2. 材料、构件及半成品需要量计划

根据工种工程量汇总表所列各建筑物的工程量,查"万元定额"或"概算指标"即可估算出各建筑物所需的建筑材料、构件和半成品的需要量。然后根据总进度计划表估计出某些建筑材料在某季度的需要量,编制出建筑材料、构件和半成品的需要量计划(见表 5-6)。

表 5-6　建筑材料、构件和半成品的需要量计划汇总表

序号	类别	构件、半成品及主要材料名称	单位	总计	运输线路	上下水工程	电气工程	工业建筑			居住建筑		其他临时建筑	需要量计划			
								主厂房	辅助	附属	永久性	临时性		2010年	2011年	2012年	...
	构件及半成品	钢筋工程															
		钢筋混凝土及混凝土															
		木结构															
		钢结构 ...															

3. 施工机械需要量计划

主要施工机械(如挖土机、起重机等)的需要量,根据施工进度计划、主要建筑物施工方案和工程量,并套用机械产量定额求得;辅助机械可以根据安装工程每10万元扩大概算指标求得;运输机具的需要量根据运输量计算。上述汇总结果填入表5-7中。

表5-7 施工机械需要量汇总表

序号	机具名称	简要说明(型号、生产率等)	数量	电动机功率/kW	需要量计划	
					20××年(月)	20××年(月)

5.6 现场临时设施

为满足工程项目施工需要,在工程正式开工之前,要按照工程项目施工准备工作计划的要求,建造相应的现场临时设施(即全场性暂设工程),为工程项目创造良好的施工环境。暂设工程类型的规模因工程而异,主要有工地暂设建筑物和临时供水与供电等设施。

5.6.1 工地暂设建筑物

工地暂设建筑物是确保文明施工生产安全的前提,原则上生产区和生活区必须分开设置,主要有生产性临时设施、物资储存临时设施、行政、生活、福利设施等。

1. 生产性临时设施

生产性临时设施主要有:混凝土搅拌站、临时混凝土预制场、半永久性混凝土预制厂、木材加工厂、钢筋加工厂、金属结构构件加工厂等;木工作业棚、电锯房、钢筋作业棚、锅炉房、水泵房和各种机械存放场所等。

(1) 工地加工厂。工地加工厂主要有:钢筋混凝土预制构件加工厂、木材加工厂、粗木加工厂、细木加工厂、钢筋加工厂、金属结构构件加工厂和机械修理厂等。

各种加工厂根据使用期限长短和建设地区的条件确定其结构形式。一般使用较短者,宜采用简易结构,如油毡、铁皮或草屋面的竹木结构;使用期限较长者,宜采用瓦屋面的砖木结构、砖石结构或装拆式活动房屋等。

加工厂的建筑面积,主要取决于设备尺寸、工艺过程、设计和安全防火等要求,通常可参考有关经验指标等资料确定。

(2) 对于钢筋混凝土构件预制厂、锯木车间、模板加工车间、细木加工车间、钢筋加工车间(棚)等,其建筑面积可按下式计算。

$$F = \frac{K \times Q}{T \times S \times \alpha} \tag{5-1}$$

式中：F——所需建筑面积(m^2)；

K——不均衡系数，取 1.3~1.5；

Q——加工总量；

T——加工总时间(月)；

S——每平方米场地月平均加工量定额；

α——场地或建筑面积利用系数，取 0.6~0.70。

2. 物资储存临时设施

(1) 建筑工程施工中所用仓库有以下几种。

① 转运仓库。设在车站、码头等地，用来转运货物的仓库。

② 中心仓库。是专用储存整个建筑工地(或区域型建筑企业)所需的材料、贵重材料及需要整理配套的材料的仓库。

③ 现场仓库。是专为某项工程服务的仓库，一般均就近建在现场。

④ 加工厂仓库。专供某加工厂储存原材料和已加工的半成品、构件的仓库。

(2) 工地仓库按保管材料的方法不同，可分为以下几种。

① 露天仓库。用于堆放不因自然条件而影响性能、质量的材料。如砖、砂石、装配式混凝土构件等的堆场。

② 库棚。用于堆放防止阳光雨雪直接侵蚀变质的物品、贵重建筑材料、五金器具以及细小容易散失或损坏的材料。

(3) 材料储备规划。材料储备一方面要确保工程施工的顺利进行，另一方面还要避免材料的大量积压，以免仓库面积过大，增加投资，积压资金。通常储备量根据现场条件、供应条件和运输条件来确定。

① 对经常或连续使用的材料，如砖、瓦、砂石、水泥和钢材等，可按储备期计算，即

$$P = T_e \frac{Q}{T} R_i \tag{5-2}$$

式中：P——材料储备量(t 或 m^3)；

T_e——储备期定额(d)；

Q——材料、半成品的总需要量；

T——有关项目的施工工作日；

R_i——材料使用不均衡系数。

② 对于用量少、不经常使用或储备期较长的材料，如耐火砖、石棉瓦、水泥管、电缆等可按储备量计算(以年度需要量的百分比储备)。

(4) 确定仓库面积。计算公式为

$$F = \frac{P}{q \times K} \tag{5-3}$$

式中：F——仓库总面积(m^2)；

P——仓库材料储备量；

q——每平方米仓库面积能存放的材料、半成品和制品的数量；

K——利用系数。

3. 行政、生活及福利设施

1) 办公及福利设施类型

(1) 行政管理和生产用房。包括：建筑安装工程办公室、传达室、车库及各类材料仓库和辅助修理车间等。

(2) 居住生活用房。包括：家属宿舍、职工单身宿舍、招待所、商店、医务所、浴室等。

(3) 文化生活用房。包括：俱乐部、学校、托儿所、图书馆、邮亭、广播室等。

2) 办公及福利设施规划

(1) 确定建筑工地人数。

① 直接参加建筑施工生产的工人，包括施工过程中的装卸与运输工人。

② 辅助施工生产的工人。包括：机械维修工人、运输及仓库管理人员、动力设施管理工人、冬季施工的附加工人等。

③ 行政及技术管理人员。

④ 为建筑工地人员生活服务的人员。

⑤ 以上各项人员中随现场迁移的家属。

上述人员的比例，可按国家有关规定或工程实际情况计算。现场型施工企业家属人数可按职工的一定比例计算，通常占职工人数的10%～30%。

(2) 确定办公及福利等临时设施建筑面积。建筑施工工地人数确定后，就可按实际参加人数确定建筑面积计算公式为

$$S = N \times P \tag{5-4}$$

式中：S——建筑面积(m^2)；

N——工地人员实际人数；

P——建筑面积指标，可参照表5-8取定。

表5-8 临时建筑面积参考指标

序号	临时建筑名称	指标使用方法	参考指标(m^2/人)
一	办公室	按使用人数	3.0～4.0
二	宿舍		
1	单层通铺	按高峰年(季)平均人数	2.5～3.0
2	双层床	不包括工地人数	2.0～2.5
3	单层床	不包括工地人数	3.5～4.0
三	家属宿舍		16～25m^2/户
四	食堂	按高峰年平均人数	0.5～0.8
	食堂兼礼堂	按高峰年平均人数	0.6～0.9
五	其他合计	按高峰年平均人数	0.5～0.6
1	医务所	按高峰年平均人数	0.05～0.07
2	浴室	按高峰年平均人数	0.07～0.10
3	理发室	按高峰年平均人数	0.01～0.03
4	俱乐部	按高峰年平均人数	0.10
5	小卖部	按高峰年平均人数	0.03
6	招待所	按高峰年平均人数	0.06
7	托儿所	按高峰年平均人数	0.03～0.06

续表

序号	临时建筑名称	指标使用方法	参考指标(m²/人)
8	子弟学校	按高峰年平均人数	0.06~0.08
9	其他公用	按高峰年平均人数	0.05~0.10
六	小型设施	按高峰年平均人数	0.05~0.10
1	开水房		10~40
2	厕所	按工地平均人数	0.02~0.07
3	工人休息室	按工地平均人数	0.15

5.6.2 工地供水与供电

在工程施工中，工地供水供电应保证施工生产、生活的用水需要以及动力设备和照明用电的需要。因此，工地供水供电应按照施工组织设计规范的要求，认真做好施工规划，以确保工程项目目标的实现。有关工地供水供电量的计算详见第 4 章 4.4 节。

5.6.3 工地运输组织

工地运输既满足技术、经济的要求，又尽量避免二次搬运。一般根据总运输量、运输距离来选择不同的运输方式。

1. 工地运输方式及特点

工地运输方式有：铁路运输、水路运输、汽车运输和其他运输等。

1) 铁路运输

铁路运输具有运量大、运距长、不受自然条件限制等优点，但其投资大，筑路技术要求高，只有在拟建工程需要铺设永久性铁路专用线或者工地需从国家铁路上获得大量物料(一年运输量在 20 万 t 以上者)时，方可采用铁路运输。

2) 水路运输

水路运输是最为经济的一种运输方式，在可能条件下，应尽量采用水运。采用时应注意与工地内部运输配合，码头上通常要有转运仓库和卸货设备。同时还要考虑到洪水、枯水和正常通航期对运输的影响。

3) 汽车运输

汽车运输是目前应用最广泛的一种运输方式。其优点是机动性大、操作灵活、行驶速度快、适合各类道路和各种物料，可直接运到使用地点。汽车运输特别适合货运量不大，货源分散或地区地形复杂，不宜于铺设轨道，以及城市和工业区内的运输。

4) 其他运输

农用车、拖拉机、马车等运输适宜于较短距离 (3~5km) 运送货物。它具有使用灵活，对道路要求较低，费用也较低廉等优点。

2. 工地运输规划

1) 确定运输量

运输总量按工程的实际需要量来确定，同时还考虑每日的最大运输量以及各种运输工具的最大运输密度。

2) 确定运输方式

工地运输方式有铁路运输、公路运输和特种运输等方式。选择运输方式，必须考虑各种因素的影响，如材料的性质、运输量的大小、超重、超高、超大、超宽设备及构件的形状尺寸、运距和期限、现有机械设备，利用永久性道路的可能性，现场及场外道路的地形、地质及水文自然条件等。在有几种运输方案可供选择时，应进行全面的技术经济分析比较，以便确定最合适的运输方式。

3) 确定运输道路

工地运输道路应尽可能利用永久性道路，或先修永久性道路路基并铺设简易路面。主要道路应布成环形，次要道路可布置成单行线，但应有回车场。要尽量避免与铁路交叉。

5.7 施工总平面图设计

施工总平面图是具体指导现场施工部署的行动方案，表示全工地在施工期间所需要各项设施和永久性建筑之间的合理布局，按照施工部署、施工方案和施工总进度的要求，对施工用临时房屋建筑、临时加工预制场，材料仓库、堆场、临时水、电、动力管线、交通运输道路等做出的周密规划和布置。从而确定全工地施工期间所需各项设施和永久性建筑物以及拟建工程之间的空间关系。

施工总平面图按照规定的图例进行绘制，一般比例为1∶1000或1∶2000。

对于特大型建设项目，当施工工期较长或受场地所限，施工场地需几次周转使用时，可按照几个阶段分别设计施工总平面图。

5.7.1 施工总平面布置图的原则、要求和内容

根据GB/T 50502—2009《建筑施工组织设计规范》的规定，施工总平面布置图的原则、要求和内容如下。

1. 施工总平面布置图的原则

施工总平面布置应符合下列原则。

(1) 平面布置科学合理，施工场地占用面积少。
(2) 合理组织运输，减少两次搬运。
(3) 施工区域的划分和场地的临时占用应符合施工部署和施工流程的要求，减少相互干扰。
(4) 充分利用既有建(构)筑物和既有设施为项目施工服务，降低临时设施的建造费用。
(5) 临时设施应方便生产和生活，办公区、生活区和生产区宜分离设置。
(6) 符合节能、环保、安全和消防等要求。
(7) 遵守当地主管部门和建设单位关于施工现场安全文明施工的相关规定。

2. 施工总平面布置图的要求

施工总平面布置图应符合下列要求。

(1) 根据项目总体施工部署，绘制现场不同施工阶段(期)的总平面布置图。

(2) 施工总平面布置图的绘制应符合国家相关标准要求并附必要说明。

3. 施工总平面图布置图的内容

施工总平面布置图应包括下列内容。
(1) 项目施工用地范围内的地形状况。
(2) 全部拟建的建(构)筑物和其他基础设施的位置。
(3) 项目施工用地的加工设施、运输设施、存储设施、供电设施、供水供热设施、排水排污设施、临时施工道路和办公、生活用房等。
(4) 施工现场必备的安全、消防、保卫和环境保护等设施。
(5) 相邻的地上、地下既有建(构)筑物及相关环境。

5.7.2 施工总平面图设计的依据

施工总平面图设计的依据如下。
(1) 各种设计资料,包括建筑总平面图、地形地貌图、区域规划图、建设项目范围内有关的一切已有和拟建的各种设施及地下管网位置等。
(2) 建设地区的自然条件和技术经济条件。
(3) 建设项目的建设概况、施工方案、施工进度计划,以便了解各施工阶段情况,合理规划施工场地。
(4) 各种建筑材料、构件、加工品、施工机械和运输工具需要量一览表,以及它们所需要的仓库、堆场面积和尺寸。
(5) 各构件加工厂及其他临时设施的数量和外廓尺寸。
(6) 安全、防火规范。

5.7.3 施工总平面布置图的设计步骤

施工总平面布置图的设计一般应按以下步骤进行。

1. 首先应解决材料进场问题

设计全工地性施工总平面图时,首先应从研究大宗材料、成品、半成品、设备等进入工地的运输方式入手。当大批材料由铁路运来时,应提前修建永久性铁路,以便为工程施工服务;由水路运来时,应首先考虑原有码头的运用和是否增设专用码头问题;当大批材料是由公路运入工地时,由于汽车线路可以灵活布置,因此,一般先布置场内仓库和加工厂,然后再布置场外交通道路。

2. 仓库与材料堆场的布置

布置仓库与材料堆场时,通常考虑设置在运输方便、位置适中、运距较短并且安全防火的地方,并应区别不同材料、设备和运输方式来设置。

各种加工厂布置应以方便使用、安全防火、运输费用最少、不影响建筑安装工程施工的正常进行为原则。一般应将加工厂集中布置在同一个地区,且多处于工地边缘。各种加工厂应与相应的仓库或材料堆场布置在同一地区。

3. 加工厂布置

加工厂的布置要考虑距离工地近可使运费最少;还要考虑有最好的工作条件,使生产与建筑施工互不干扰，并考虑留有扩建和发展的余地。

(1) 混凝土搅拌站。根据工程的具体情况可采用集中、分散或集中与分散相结合的三种布置方式。当现浇混凝土量大时，宜在工地设置混凝土搅拌站；当运输条件好时，以采用集中搅拌最有利；当运输条件较差时，以分散搅拌为宜。

(2) 预制加工厂。一般设置在建设单位的空闲地带上，如材料堆场专用线转弯的扇形地带或场外邻近处。

(3) 钢筋加工厂。区别不同情况，采用分散或集中布置。对于需进行冷加工、对焊、点焊的钢筋和大片钢筋网，宜设置中心加工厂，其位置应靠近预制构件加工厂；对于小型加工件，利用简单机具成形的钢筋加工，可在靠近使用地点的分散的钢筋加工棚里进行。

(4) 木材加工厂。要视木材加工的工作量、加工性质和种类决定是集中设置还是分散设置几个临时加工棚。一般原木、锯木堆场布置在铁路专用线、公路或水路沿线附近；木材加工厂亦应设置在这些地段附近；锯木、成材、细木加工和成品堆放，应按工艺流程布置。

(5) 砂浆搅拌站。对于工业建筑工地，由于砂浆用量小、分散，可以分散设置在使用地点附近。

(6) 金属结构、锻工、电焊和机修等车间。由于它们在生产上联系密切，应尽可能布置在一起。

4. 布置内部运输道路

根据各加工厂、仓库及各施工对象的相应位置，研究货物转运图，区分主要道路和次要道路，进行道路的规划。并使规划道路满足运输车辆的安全行驶，不会产生交通阻塞现象，并有足够的宽度和转弯半径。规划厂区内道路时，应考虑以下几点。

(1) 合理规划临时道路与地下管网的施工程序。在规划临时道路时，应充分利用拟建的永久性道路，提前修建永久性道路或者先修路基和简易路面，作为施工所需的道路，以达到节约投资的目的。若地下管网的图纸尚未出全，必须采取先施工道路后施工管网的顺序时，临时道路就不能完全建造在永久性道路的位置，而应尽量布置在无管网地区或扩建工程范围地段上，以免开挖管道沟时破坏路面。

(2) 保证运输通畅。道路应有两个以上进出口，道路末端应设置回车场地，且尽量避免临时道路与铁路交叉。厂内道路干线应采用环形布置，主要道路宜采用双车道，宽度不小于 6m，次要道路宜采用单车道，宽度不小于 3.5m。

(3) 选择合理的路面结构。临时道路的路面结构，应当根据运输情况和运输工具的不同类型而定。一般场外与省、市公路相连的干线，因其以后会成为永久性道路，因此一开始就建成混凝土路面；场区内的干线和施工机械行驶路线，最好采用碎石级配路面，以利修补。场内支线一般为土路或砂石路。

5. 行政与生活临时设施布置

行政与生活临时设施包括：办公室、汽车库、职工休息室、开水房、小卖部、食堂、俱乐部和浴室等。要根据工地施工人数计算这些临时设施和建筑面积。应尽量利用建设单位的生活基地或其他永久建筑，不足部分另行建造。

一般全工地性行政管理用房宜设在全工地入口处，以便对外联系；也可设在中间，便于全工地管理。工人用的福利设施应设置在工人较集中的地方，或工人必经之处。生活基地应设在场外，距工地 500～1000m 为宜。食堂可布置在内部或工地与生活区之间。

6. 临时水电管网及其他动力设施的布置

(1) 当有可以利用的水源、电源时，可以将水电从外面接入工地，沿主要干道布置干管、主线，然后与各用户接通。临时总变电站应设置在高压电引入处，不应放在工地中心；临时水池应放在地势较高处。

(2) 当无法利用现有水电时，工地中心或工地中心附近设置临时发电设备，沿干道布置主线；利用地上水或地下水，并设置抽水设备和加压设备(简易水塔或加压泵)，以便储水和提高水压。

(3) 根据工程防火要求，应设立消防站，一般设置在易燃建筑物附近，并须有通畅的出口和消防车道，其宽度不宜小于 6m，与拟建房屋的距离不得大于 25m，也不得小于 5m，沿道路布置消火栓时，其间距不得大于 10m，消火栓到路边的距离不得大于 2m。

(4) 为安全保卫考虑，可设围墙，并在出入口处设门岗。

应该指出，上述各设计步骤不是截然分开各自孤立进行的，而是互相联系、互相制约的，需要综合考虑、反复修正才能确定下来。当有几种方案时，还应进行方案比较。图 5.3 所示为某工程施工总平面布置图。

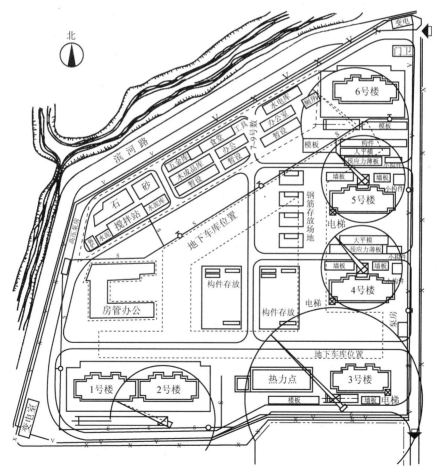

图 5.3　施工总平面图

5.8 主要技术经济指标

施工组织总设计的质量对工程建设的进度、质量、安全和经济效益影响较大,施工组织总设计编制完毕后应进行技术经济评价。通过定性及定量的计算分析,对有利于对设计方案进行对比、优化和修改,对提高施工组织总设计的编制质量具有重要意义。通常用下列技术经济指标来衡量施工组织总设计的编制和执行的效果情况。

1. 施工周期

施工周期是指建设项目从正式工程开工到全部投产使用为止的持续时间,相关指标有以下几点。

(1) 施工准备期:从施工准备开始到主要项目开工的全部时间。

(2) 部分投产期:从主要项目开工到第一批投产使用的全部时间。

(3) 单位工程期:建筑群中各单位工程从开工到竣工的全部时间。

2. 劳动生产率

(1) 全员劳动生产率(元/人·年)

　　全员劳动生产率=报告期年度完成工作量/报告期年度全体职工平均人数

(2) 单位用工(工日/m^2 竣工面积)

　　单位用工=完成该工程消耗的全部劳动工日数/工程总量

(3) 劳动力不均衡系数

　　劳动力不均衡系数=施工期高峰人数/施工期平均人数

3. 工程质量指标

工程质量指标主要用以说明工程质量达到的等级,如合格、优良、省优、鲁班奖等。

4. 降低成本指标

(1) 成本降低额

　　成本降低额=承包成本-计划成本

(2) 成本降低率

　　成本降低率=降低成本额/承包成本额×100%

5. 安全指标

安全指标以工伤事故频率控制数表示

　　工伤事故频率=工伤事故人次数/本年职工平均人数×100%

6. 施工机械化指标

(1) 施工机械化程度

施工机械化程度=机械化施工完成工作量/工程总量

(2) 施工机械完好率

施工机械完好率=计划内机械完好台班数/计划内机械制度台班数×100%

(3) 施工机械利用率

施工机械利用率=计划内机械工作台班数/计划内机械制度台班数×100%

7. 预制化施工程度

预制化施工程度

预制化施工程度=在工厂及现场预制的工作量/总工作量

8. 临时工程投资比例

临时工程投资比例

临时工程投资比例=(临时工程投资－回收费+租用费)/建筑安装工程总值

9. 三大材料节约指标

三大材料节约指标。

(1) 节约钢材百分比=钢材计划节约量/钢材预算节约量×100%。
(2) 节约木材百分比=木材计划节约量/木材预算节约量×100%。
(3) 节约水泥百分比=水泥计划节约量/水泥预算节约量×100%。

10. 施工现场场地综合利用指标

施工现场场地综合利用指标。

施工现场场地综合利用系数=临时设施及材料堆场占地面积/(施工现场占地面积－待建建筑物占地面积)

工程案例

民用建筑施工总进度计划实例

本例为某厂住宅区的施工总进度计划的安排。本住宅区包括同类标准设计住宅 6 幢，建筑面积计 19056m^2；集体宿舍两幢，设计相同，建筑面积计 3397.13m^2；食堂建筑面积 1962.16m^2；托儿所 397.58m^2；商店建筑面积 720m^2；浴室、开水房建筑面积 400m^2，合计总建筑面积 25932.87m^2。

各单位工程施工顺序为：住宅→食堂→集体宿舍→商店、托儿所、浴室、开水房。

计划安排整个工地组成一个流水区，以每幢住宅为一个施工段，两幢集体宿舍为一个施工段，食堂为一个施工段，其他建筑为一个施工段，共九个施工段。以施工阶段，即基础、结构、装修等，作为工序，进行全工地性流水作业。根据同类工程的施工经验和本工程的劳动组织、技术装备等实际条件，各工程、各阶段的作业时间如表 5-9 所列。

表 5-9　各工程各阶段的作业时间　　　　　　　　　　　单位：天

工程名称 工序	住宅每幢	集体宿舍 2 幢	食堂	其他	备注
基础	25	30	22	20	基础与结构顺序作业
结构	40	40	35	35	结构与装饰搭接施工
装修	55	50	45	45	
K	25	25	20	25	K 指各幢号结构与装修开工时间间隔

该工程项目各阶段如各用一套作业班子施工，即按上表 1 的作业时间组织，总工期将拖得很长。因此，根据各阶段作业时间的比例关系，基础阶段的流水线用一套班子完成，结构和装修阶段的流水线各用两套作业班子来施工，即基础工程由一套班子依次连续完成所有九个工号的基础施工，而结构和装修由甲、乙两套班子施工，甲套班子依次完成 1 号住宅→3 号住宅→5 号住宅→食堂→其他工号；乙套班子依次完成 2 号住宅→4 号住宅→6 号住宅→集体宿舍结构和装修。其工程网络计划见图 5.4，总进度计划的横道计划见图 5.5。

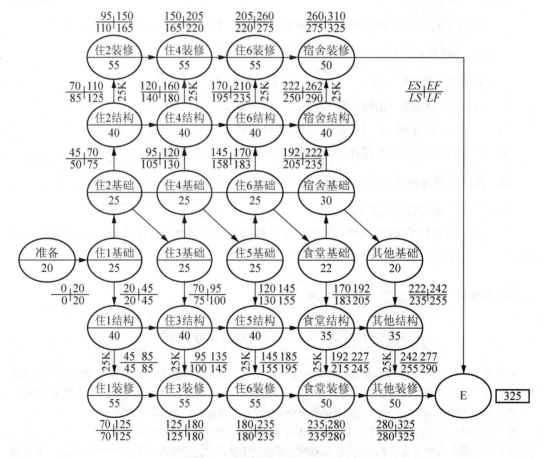

图 5.4　某建筑群流水作业网络计划

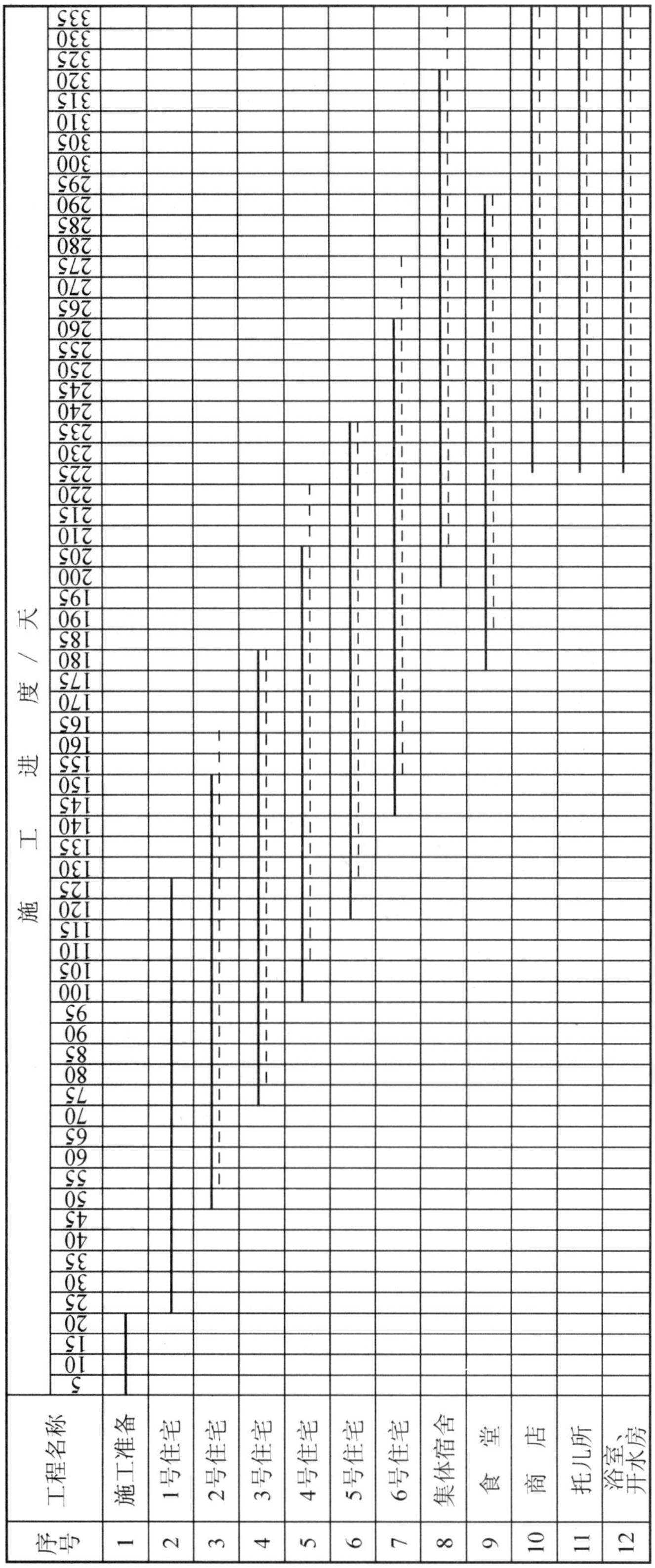

图5.5 某建筑群施工进度计划

小 结

本章主要介绍了施工组织总设计的编制程序、编制准备、总体施工部署与施工方案、施工总进度计划、施工准备及资源需要量计划、现场临时设施、施工总平面图设计等内容。

通过对本章的学习,应该熟悉施工组织总设计的研究对象和任务,重点是施工组织总设计编制程序、内容,掌握总体施工部署、施工总进度计划、施工总平面图设计的依据、原则、要求和内容。

思考题与习题

5-1 施工组织总设计是什么?

5-2 施工组织总设计的编制程序是什么?

5-3 施工组织总设计的编制依据与内容有哪些?

5-4 施工总部署的主要内容有哪些?

5-5 主要项目施工方案是怎样拟定的?

5-6 施工总进度计划的编制步骤是怎样的?

5-7 什么是施工总平面图?施工总平面图设计的内容有哪些?

5-8 施工总平面图设计的原则和依据是什么?

5-9 施工总平面图的设计步骤是怎样的?

5-10 现场临时设施主要包括哪些?

5-11 施工组织总设计的主要技术经济指标有哪些?

5-12 结合你所在地区以若干单位工程的群体工程或特大型项目为主要对象的建设项目,组织参观认识实习,了解该建设项目的总体施工部署、施工总进度计划、总体施工准备与主要资源配置计划、主要施工方法、施工总平面图布置,写出你的学习体会。

第6章
单位工程施工组织设计

 教学目标

本章主要讲述单位工程施工组织设计的内容和编制方法。通过本章的学习,应达到以下目标。

(1) 了解单位工程施工组织设计的作用、编制依据和内容。
(2) 掌握单位工程施工组织设计施工方案的设计内容,能够编制一般单位工程的施工方案。
(3) 掌握单位工程施工进度计划编制的方法和步骤,能够编制一般单位工程的进度计划。
(4) 掌握施工现场平面图设计的程序与步骤,理解临时设施、供水、供电的有关计算。

 教学要求

知识要点	能力要求	相关知识
单位工程施工组织设计概述	熟悉单位工程施工组织设计的作用、内容、编制依据、编制程序	建筑施工工艺,工程识图,工程定额
施工方案的设计	了解工程概况,收集有关资料;掌握施工流向、施工总程序、施工顺序、施工方法以及施工段划分、施工选择,会进行施工方案的技术经济性比选	建筑施工技术、工程项目的划分,施工有关规范
施工进度计划的编制	掌握施工进度计划编制程序、方法、步骤,能独立编制施工进度计划及各项资源计划	工程识图,工程量计算规则,劳动定额
现场施工平面图设计	应熟悉施工平面图设计的依据、原则、内容,掌握施工平面图设计程序、步骤,能绘制施工现场平面布置图	建筑总平图,给水排水、电工知识

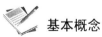 基本概念

单位工程;施工程序;施工顺序;劳动量;施工平面图。

引例

在古代，我国南方有一条运河，穿越于五岭中，它是秦始皇二十八年(公元前219年)，命监御史禄负责穿凿运河，以解决军队的给养问题。

五岭山脉中的越城岭和都庞岭之间，有一个谷地，谷地中有两条自然河道，一条是湘江上游的海洋河，另一条为粤江水系中的始安水。如果在两水之间凿一条运河，就可沟通长江和粤江，便可解决秦军的粮运问题。不过，在此穿凿运河，在工程上说，既有有利的一面，也有不利的一面。有利的是海洋河和始安水的距离很近，最近处只有1.5km。不利的是海洋河和始安水间横亘着高为20～30m、宽为300～500m的小山阜；而且整个谷地地势的坡度也较大。监御史禄等决定克服困难，兴建这条运河。经过几年的努力，到秦始皇三十三年(公元前214年)，工程基本建成。下图为灵渠工程全貌。

这条运河就是灵渠。它由分水工程、南渠、北渠三部分组成。分水工程建在水量大的海洋河上，位置在今兴安县东南2km处的分水村，呈"｜"形，似木工的曲尺，角尖对着海洋河的上游。平时，它拦截海洋河水，阻止河水流入原来的河道，将其一分为二，七分进北渠，三分入南渠。分水工程就是今天大、小天平的前身。南渠可分上下两段，上段自小天平向西北走向，到兴安县北，接始安水，长约4.5km。这一段系凿岩成渠，全部由人工开成，宽度虽较小，为7～14m，但工程比较艰巨。下段沿始安水、零水向西，至今溶江镇附近，接漓江，长约30km，是在始安水和零水的基础上拓展而成，宽为10～60m。南渠全长30多km，落差29m，河床比降很大，渠道上不设辅助工程，不便舟楫上下。后人推测，可能已在沿渠建有原始陡门，现称船闸，灵渠是世界上最早的有闸运河。北渠从大天平向北，到今洲子上村附近回到湘江故道，长约3.5km。北渠经过的地带，是个山间小平原，这里的地面虽然较少沟壑，但坡度偏大，采用直线渠道，与南渠一样，也会流水过急，不便航行。为了减少这段渠道的比降，建设者们采用曲线渠道，形如蛇行。巧妙地用伸长渠的长度，以达到减少比降、利于通舟的目的。

灵渠全长虽然不到40km，是一条小型运河，但因为它沟通了长江、粤江两大水系，是内地和岭南的主要交通枢纽。可见，灵渠工程建设处处闪烁着建设者的聪明睿智。

至1936年和1941年，粤汉铁路和湘桂铁路相继建成，灵渠才让位于现代化交通工具。它在1956年最后停运，改作农田灌溉和城市供水工程，并成为桂林地区重要的名胜古迹，供人观赏。

单位工程施工组织设计就是对工程项目在整个施工过程的构思设想和具体劳动力、材料、机具等资源做出组织安排，它的核心部分是施工方案、施工进度计划、施工平面图设计。如果你当监御史禄的话，会做得比他更好吗？

6.1 单位工程施工组织设计概述

单位工程施工组织设计是以单位工程为对象编制的，是规划和指导单位工程从施工准备到竣工验收全过程施工活动的技术经济文件。是施工组织总设计的具体化，也是施工单位编制季度、月度施工计划、分部(分项)工程施工方案及劳动力、材料、机械设备等供应计划的主要依据。它编制得是否合理对参加投标而能否中标和取得良好的经济效益起着很大的作用。本节主要介绍单位工程施工组织设计的作用、编制内容、编制依据、编制程序等。

6.1.1 单位工程施工组织设计的作用

单位工程施工组织设计的作用主要表现在以下几个方面。

(1) 贯彻施工组织总设计的精神，具体实施施工组织总设计对该单位工程的规划安排。

(2) 选择确定合理的施工方案，提出具体质量、安全、进度、成本保证措施，落实建设意图。

(3) 编制施工进度计划，确定科学合理的各分部分项工程间的搭接配合关系，以实现工期目标。

(4) 计算各种资源需要量，落实资源供应，做好施工作业准备工作。

(5) 设计符合施工现场情况的平面布置图，使施工现场平面布置科学、紧凑、合理。

6.1.2 单位工程施工组织设计的内容

单位工程施工组织设计的内容，应根据工程的性质、规模、结构特点、技术复杂程度施工现场的自然条件、工期要求、采用先进技术的程度、施工单位的技术力量及对采用新技术的熟悉程度来确定。对其内容和深度、广度的要求不强求一致，应以讲究实效、在实际施工中起指导作用为目的。

单位工程施工组织设计一般应包括以下内容。

1. 工程概况

工程概况是编制单位工程施工组织设计的依据和基本条件。工程概况可附简图说明。各种工程设计及自然条件的参数(如建筑面积、建筑场地面积、造价、结构型式、层数、地质条件、水、电等)可列表说明，一目了然，简明扼要。施工条件应着重说明资源供应、运输方案及现场特殊的条件和要求等。

2. 施工方案

施工方案是编制单位工程施工组织设计的重点。施工方案中应着重于各施工方案技术经济比较，力求采用新技术，选择最优方案。确定施工方案主要包括施工程序、施工流程及施工顺序的确定，主要分部工程施工方法和施工机械的选择，技术组织措施的制定等内容。尤其是对新技术选择的要求更为详细。

3. 施工进度计划

施工进度计划主要包括确定施工项目，划分施工过程，计算工程量、劳动量和机械台班量，确定各施工项目的作业时间，组织各施工项目的搭接关系并绘制进度计划图表等内容。

实践证明，应用流水作业理论和网络计划技术来编制施工进度能获得最佳的效果。

4. 施工准备工作和各项资源需要量计划

该部分内容主要包括施工准备工作的技术准备、现场准备、物资准备及劳动力、材料、构件、半成品、施工机具需要量计划、运输量计划等内容。

5. 施工现场平面布置图

施工现场平面布置图主要包括起重运输机械位置的确定，搅拌站、加工棚、仓库及材料堆放场地的合理布置，运输道路、生产生活临时设施及供水、供电管线的布置等内容。

6. 主要技术组织措施

主要技术组织措施包括质量保证措施，保证施工安全措施，保证文明施工措施，保证施工进度措施，冬、雨季施工措施，降低成本措施，提高劳动生产率措施等内容。

7. 技术经济指标

技术经济指标主要包括工期指标、质量和安全指标、降低成本指标和节约材料指标等内容。

以上七项内容中，以施工方案、施工进度计划、施工平面图三项最为关键，它们分别规划了单位工程施工中的技术与组织、时间、空间三大要素，在单位工程施工组织设计中，应着力研究筹划，以期达到科学合理适用。对于一般常见的建筑结构类型且规模不大的单位工程，施工组织设计可以编制的简单一些，即主要内容有：施工方案、施工进度计划和施工平面图，并辅以简要的说明。

6.1.3 单位工程施工组织设计的编制依据

单位工程施工组织设计的编制依据主要有以下几个方面的内容。

1. 上级主管部门和建设单位对本工程的要求

这方面内容主要包括：上级主管部门对本工程的范围和内容的批文及招投标文件，建设单位提出的某些特殊施工技术的要求、采用何种先进技术，施工合同中规定的开工、竣工日期，质量要求、工程造价，工程价款的支付、结算方式等。

2. 施工组织总设计

当单位工程属于某个建设项目时,要根据施工组织总设计的既定条件和要求来编制该单位工程的施工组织设计。

3. 经过会审的施工图

经过会审的全套施工图纸、会审记录及采用的标准图集等有关技术资料。对于较复杂的工业厂房,还要有设备、电器和管道等的图纸。

4. 建设单位对工程施工可能提供的条件

建设单位可能提供的条件包括:临时设施、施工用水、用电的供应量,水压、电压能否满足施工要求等。

5. 资源供应情况

施工中所需劳动力、各专业工人数,材料、构件、半成品的来源,运输条件、运距、价格及供应情况,施工机具的配备及生产能力等。

6. 施工现场的勘察资料

施工现场的地形、地貌,地上与地下障碍物,地形图和测量控制网,工程地质和水文地质,气象资料和交通运输等方面的资料。

7. 工程预算文件及有关定额

应有详细的分部、分项工程量,必要时应有分层、分段或分部位的工程量及预算定额和施工定额。

8. 工程施工协作单位的情况

工程施工协作单位的资质、技术力量、设备进场安装时间等。

9. 国家的有关规定和标准

采用国家现行的施工及验收规范、质量评定标准及安全操作规程等。

10. 其他

另外,其他有关参考资料及类似工程的施工组织设计实例。

6.1.4 单位工程施工组织设计的编制程序

单位工程施工组织设计的编制程序是指单位工程施工组织设计各个组成部分的先后次序以及相互制约的关系。单位工程施工组织设计的编制程序和内容,如图6.1所示。

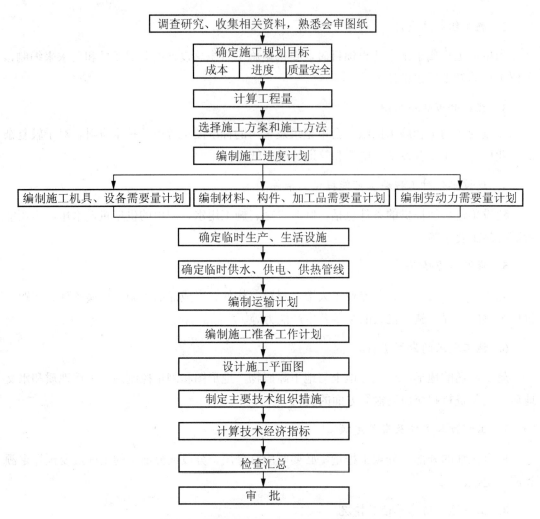

图 6.1 单位工程施工组织设计的编制程序

6.2 工程概况

单位工程施工组织设计中的工程概况,是对拟建工程的工程特点、建设地点特征、施工条件、施工特点、组织机构等所做的一个简要而又突出重点的文字描述。对于建筑、结构不复杂及规模不大的拟建工程,其工程概况也可采用表格的形式。

为了弥补文字叙述或表格介绍工程概况的不足,一般需要附上拟建工程平面、立面、剖面简图,图中注明轴线尺寸、总长、总宽、总高、层高等主要建筑尺寸,细部构造尺寸不需注明,图形简洁明了。一般还需附上主要工程量一览表,见表 6-1。

表6-1 主要工程量一览表

序号	分部分项工程名称	工程量 单位	工程量 数量	序号	分部分项工程名称	工程量 单位	工程量 数量
1				6			
2				7			
3				8			
4				9			
5				…			

工程概况中要针对工程特点，结合调查资料进行分析研究，找出关键性的问题加以说明。对新材料、新结构、新工艺的施工特点应着重说明。

(1) 工程建设概况。主要介绍：拟建工程的建设单位，工程名称、性质、用途、作用和建设目的，资金来源及工程投资额，开工、竣工日期，设计单位、监理单位、施工单位，施工图纸情况，施工合同，主管部门的有关文件或要求，以及组织施工的指导思想等。

(2) 建筑设计特点。主要介绍：拟建工程的建筑面积，平面形状和平面组合情况，层数、层高、总高度、总长度和总宽度等尺寸及室内、外装饰要求的情况，并附有拟建工程的平面、立面、剖面简图。

(3) 结构设计特点。主要介绍：基础构造特点及埋置深度，设备基础的形式，桩基础的根数及深度，主体结构的类型，墙、柱、梁、板的材料及截面尺寸，预制构件的类型、重量及安装位置，楼梯构造及型式等。

(4) 设备安装工程设计特点，主要介绍：建筑采暖与天然气工程、建筑电气安装工程、通风与空调工程、电梯安装工程的设计要求。

(5) 工程施工特点。主要介绍工程施工的重点所在。不同类型的建筑、不同条件下的工程施工，均有其不同的施工特点，如砖混结构的施工特点是砌砖和抹灰工程量大、水平与垂直运输量大等。又如现浇钢筋混凝土高层建筑的施工特点主要有结构和施工机具设备的稳定性要求高等。

(6) 建设地点特征。主要介绍：拟建工程的位置、地形，工程地质和水文地质条件；不同深度的土壤分析；冻结时间与冻土深度；地下水位与水质；气温；冬雨期起止时间；主导风向与风力；地震烈度等特征。

(7) 施工条件。主要介绍：水、电、道路及场地平整的"三通一平"情况；施工现场及周围环境情况；当地的交通运输条件；材料、预制构件的生产及供应情况；施工机械设备的落实情况；劳动力，特别是主要施工项目的技术工种的落实情况；内部承包方式、劳动组织形式及施工管理水平；现场临时设施的解决等。

(8) 项目组织机构。主要介绍：建筑业企业对拟建工程实行项目管理所采取的组织形式、人员配备等情况。选择项目组织时应考虑：项目性质、施工企业类型、企业人员素质、企业管理水平等因素。一般常用的项目组织形式有：工作队式、部门控制式、矩阵式、事业部式等。适用的项目组织机构有利于加强对拟建工程的工期、质量、安全、成本等的管理，使管理渠道畅通、管理秩序井然，便于落实责任、严明考核和奖罚。

6.3 施工方案的设计

施工方案与施工方法是单位工程施工组织设计的核心问题，是单位工程施工组织设计中带有决策性的重要环节，是决定整个工程全局的关键。施工方案的合理与否，直接影响到工程进度、施工平面布置、施工质量、安全生产和工程成本等。

一般来说，施工方案的设计包括：确定施工流向和施工程序；确定各施工过程的施工顺序；主要分部分项工程的施工方法和施工机械选择；单位工程施工的流水组织；主要的技术组织措施等。

6.3.1 确定施工流向

施工流向是指一个单位工程(或施工过程)在平面上或空间上开始施工的部位及其进展方向。它主要解决一个建筑物(或构筑物)在空间上的合理施工顺序问题。

对于生产厂房(单层建筑物)可按其车间、工段等分区分段地确定出在平面上的施工流向；对于多层房屋，除确定每层的施工流向外，还需确定其层间或单元空间上的施工流向。

施工流向的确定，涉及一系列施工过程的开展和进展，是施工组织的重要环节。为此在确定施工流向时应考虑以下几个因素。

1. 生产工艺流程

这是确定施工流向的关键因素。一般对生产工艺上影响其他工段试车投产或生产使用上要求急的工段、部位先安排施工。如工业厂房内要求先试车生产的工段应先施工。

2. 建设单位对生产和使用的要求

根据建设单位的要求对生产和使用急需的工段先施工，这往往是确定施工流向的基本因素，也是施工单位全面履行合同条款的应尽义务。如高层宾馆、饭店等，可以在主体结构施工到一定层数后，即进行地面上若干层的设备安装与室内外装修。

3. 技术复杂、工期长的区段先行施工

单位工程各部分的繁简程度不同，一般对技术复杂、新结构、新工艺、新材料、新技术、工程量大、工期较长的工段或部位先施工。如高层框架结构先施工建筑主楼部分，后施工群房部分。

4. 工程现场条件和施工方法、施工机械

工程现场条件，如施工场地的大小、道路布置等，以及采用的施工方法和施工机械，是确定施工起点和流向的主要因素。如当选定了挖土机械和垂直运输机械后，这些机械的开行路线或布置位置就决定了基础挖土和结构吊装的施工起点流向。

5. 房屋的高低层或高低跨和基础的深浅

在高低跨并列的单层工业厂房结构安装中,柱的吊装从并列处开始;在高低跨并列的多层建筑中,层数高的区段常先施工;屋面防水层施工应按先高后低的方向施工,同一屋面则由檐口到屋脊方向施工;基础有深浅时,应按先深后浅的顺序施工。

6. 施工组织的分层分段

划分施工层、施工段的部位也是决定施工起点流向时应考虑的因素。在确定施工流向的分段部位时,应尽量利用建筑物的伸缩缝、沉降缝、抗震缝、平面有变化处和留槎接缝不影响结构整体性的部位,且应使各段工程量大致相等,以便组织有节奏流水施工,并应使施工段数与施工过程数相协调,避免窝工;还应考虑分段的大小应与劳动组织(或机械设备)及其生产能力相适应,保证足够的工作面,便于操作,提高生产效率。

7. 分部分项工程的特点及其相互关系

各分部分项工程的施工起点流向有其自身的特点。如一般基础工程由施工机械和方法决定其平面的施工起点流向;主体结构从平面上看,一般从哪一边先开始都可以,但竖向一般应自下而上施工;装饰工程竖向的施工起点流向比较复杂,室外装饰一般采用自上而下的流向,室内装饰则可采用自上而下、自下而上、自中而下再自上而中三种流向。密切相关的分部分项工程,如果前面施工过程的起点流向确定了,则后续施工过程也就随之而定了。如单层工业厂房的土方工程的起点流向决定了柱基础、某些构件预制、吊装施工过程的起点流向。

下面以多层建筑物室内装饰工程为例加以说明。

1. 室内装饰工程采用自上而下的施工流向

这通常是指主体结构封顶、做好屋面防水层后,室内装饰从顶层开始逐层向下进行。其施工起点流向如图6.2所示,有水平向下和垂直向下两种情况,施工中一般采用图6.2所示水平向下的方式较多。这种施工流向的优点是主体结构完成后,有一定的沉降时间,沉降变化趋于稳定,能保证装饰工程的质量;做好屋面防水层后,可防止雨水或施工用水渗漏而影响装饰工程质量;再者,自上而下的流水施工,各工序之间交叉少,便于组织施工,也便于从上而下清理垃圾。其缺点是不能与主体施工搭接,工期相应较长。

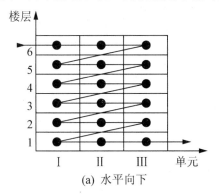
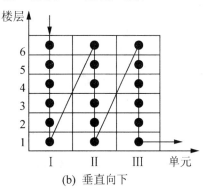

图6.2 室内装饰工程自上而下的流向

2. 室内装饰工程采用自下而上的施工流向

这通常是指当主体结构施工完第三或四层以上时，装饰工程从第一层开始，逐层向上进行，其施工流向如图 6.3 所示，有水平向上和垂直向上两种情况。这种施工流向的优点是可以与主体结构平行搭接施工，故工期较短，当工期紧迫时可考虑采用这种流向。其缺点是：工序之间交叉多，材料机械供应密度增大，需要很好的组织施工、加强管理，采取有效安全措施；当采用预制楼板时，为防止雨水或施工用水从上层板缝渗漏而影响装饰工程质量，应先做好上层地面再做下层顶棚抹灰。

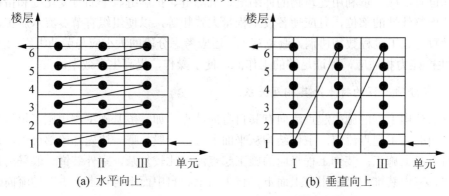

图 6.3 室内装饰工程自下而上的流向

3. 室内装饰工程采用自中而下再自上而中的施工流向

它综合了前两者的优点，一般适用于高层建筑的室内装饰施工，其施工起点流向如图 6.4 所示。

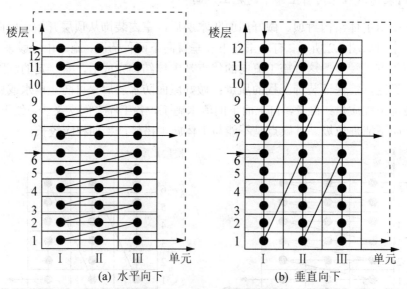

图 6.4 室内装饰工程自中而下再自上而中的流向

6.3.2 确定施工程序

施工程序是指单位工程中各分部工程或施工阶段的先后次序和其制约关系，主要是解决时间搭接上的问题。确定时应注意以下几点。

1. 施工准备工作

单位工程开工前必须做好一系列准备工作，尤其是施工现场的准备工作。在具备开工条件后，还应写出开工报告，经上级审查批准后方可开工。

单位工程的开工条件是：施工图纸经过会审并有记录；施工组织设计已批准并进行交底；施工合同已签订且施工许可证已办理；施工图预算和施工预算已编制并审定；现场障碍物已清除且"三通一平"已基本完成；永久性或半永久性坐标和水准点已设置；材料、构件、机具、劳动力安排等已落实并能按时进场；各项临时设施已搭设并能满足需要；现场安全宣传牌已树立；安全防火等设施已具备。

2. 单位工程施工程序

单位工程施工必须遵守"先地下后地上"、"先土建后设备"、"先主体后围护"、"先结构后装修"的施工程序。

(1) "先地下后地上"。指的是地上工程开始以前，尽量把管道、线路等地下设施敷设完毕，并完成或基本完成土方工程和基础施工，以免对地上部分施工产生干扰。

(2) "先土建后设备"。不论是工业建筑还是民用建筑，土建施工应先于水、暖、煤气、电、卫、通信等建筑设备的安装。但它们之间更多的是穿插配合的关系，一般在土建施工的同时要配合进行有关建筑设备安装的预埋工作，尤其在装修阶段，要从保质量、讲成本的角度，处理好相互之间的关系。

(3) "先主体后围护"。主要是指先施工框架主体结构，后施工围护结构。

(4) "先结构后装修"。是针对一般情况而言。有时为了缩短工期，也可以部分搭接施工。如在冬期施工之前，应尽可能完成土建和围护结构的施工，以利于施工中的防寒和室内作业的开展；又如大板建筑施工，大板承重结构部分和某些装饰部分宜在加工厂同时完成。

3. 土建施工与设备安装的施工程序

在工业厂房的施工中，除了完成一般工程外，还要完成工艺设备和工艺管道的安装工程。一般来说，有以下三种施工程序。

(1) 封闭式施工法。先建造厂房基础，安装结构，而后进行设备基础的施工。当设备基础不大，设备基础对厂房结构的稳定无影响，而且在冬、雨季施工时比较适用此方法。

这种方法的优点：由于土建工作面大，因而加快了施工速度，有利于预制和吊装方案的合理选择；由于主体工程先完成，所以设备基础施工不受气候的影响；可利用厂房吊车梁为设备基础施工服务。这种方法的缺点：出现重复工作，如挖基槽、回填土等施工过程；设备基础施工条件差，而且拥挤；不能提前为设备安装提供工作面，工期较长。

(2) 敞开式施工法。先对厂房基础和设备基础进行施工，而后对厂房结构进行安装。此方法对于设备基础较大较深，基坑挖土范围与柱基础的基坑挖土连成一片，或深于厂房柱基础，而且在厂房所建地点的土质不好时比较适用。

敞开式施工的优缺点与封闭式施工的优缺点正好相反。

(3) 设备安装与土建施工同时进行。这是当土建施工为设备安装创造了必要条件，同时能防止设备被砂浆、建筑垃圾等污染的情况下，所适宜采用的施工程序。如建造水泥厂的施工。

知识链接

结构吊装中选择起重机是关键，大型结构吊装有时采用多台起重机共同工作，单位工程施工组织设计需详细拟定施工方案来解决。

6.3.3 确定施工顺序

施工顺序是指各施工过程之间施工的先后次序。它既要满足施工的客观规律，又要合理解决好工种之间在时间上的搭接问题。

1. 确定施工顺序的基本原则

(1) 符合施工工艺的要求。这种要求反映施工工艺上存在的客观规律和相互制约关系，一般是不能违背的。例如：基础工程未做完，其上部结构就不能进行；浇筑混凝土必须在安装模板、钢筋绑扎完成，并经隐蔽工程验收后才能开始。

(2) 与施工方法协调一致。例如，在装配式单层工业厂房的施工中，如果采用分件吊装法，施工顺序是先吊柱，再吊梁，最后吊一个节间的屋架和屋面板。

(3) 考虑施工组织的要求。施工顺序可能有几种方案时，就应从施工组织的角度，进行分析、比较，选择经济合理，有利于施工和开展工作的方案。例如，有地下室的高层建筑，其地下室地面工程可以安排在地下室顶板施工前进行，也可以在顶板铺设后施工。从施工组织方面考虑，前者施工较方便，上部空间宽敞，可利用吊装机械直接将地面施工用的材料吊到地下室；而后者，地面材料的运输和施工就比较困难了。

(4) 考虑施工质量的要求。如屋面防水施工，必须等找平层干燥后才能进行，否则将影响防水工程的质量。

(5) 考虑当地气候条件。如雨期和冬期到来之前，应先做完室外各项施工过程，为室内施工创造条件；冬期施工时，可先安装门窗玻璃，再做室内地面和墙面抹灰。

(6) 考虑安全施工的要求。如脚手架应在每层结构施工之前搭好。

2. 多层砖混结构的施工顺序

多层砖混结构的施工特点是：砌砖工程量大，装饰工程量大，材料运输量大，便于组织流水施工等。施工时，一般可分为基础、主体结构、屋面、装修和设备安装等施工阶段，其施工顺序如图 6.5 所示。

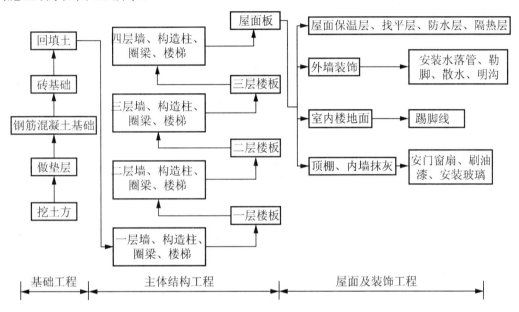

图 6.5 多层砖混结构施工顺序示意图

(1) 基础工程的施工顺序。这个阶段的施工过程与施工顺序一般是：定位放线→挖基槽(机械、人工挖土)→做垫层→基础→做基础防潮层→回填土。如有桩基础，则应另列桩基工程。如有地下室，则在垫层完成后进行地下室底板、墙身施工，再做防水层，安装地下室顶板，最后回填土。

在组织施工时，应特别注意挖土与垫层的施工搭接要紧凑，时间不宜隔得太长，以防下雨后基槽(坑)内积水，影响地基的承载能力。还应注意垫层施工后的技术间隙时间，使其达到一定强度后，再进行后道工序的施工。各种管沟的挖土、铺设等应尽可能与基础施工配合，平行搭接施工。基槽(坑)回填土，一般在基础工程完成后一次分层夯填完毕，这样既避免了基槽遇雨水浸泡，又可以为后续工作创造良好的工作条件；当工程量较大且工期较紧时，也可将回填土分段与主体结构搭接进行，或安排在室内装修施工前进行。

(2) 主体结构工程的施工顺序。主体结构工程的施工，包括搭脚手架，墙体砌筑，安装门窗框，安装预制过梁，安装预制楼板，现浇盥洗间楼盖，现浇圈梁和雨篷，安装屋面板等。

这一阶段，应以墙体砌筑为主进行流水施工，根据每个施工段砌墙工程量、工人人数、垂直运输量和吊装机械效率等计算确定流水节拍的大小，而其他施工过程则应配合砌墙的流水，搭接进行。如脚手架的搭设和楼板铺设应配合砌墙进度逐段逐层进行；其他现浇构件的支模、扎筋可安排在墙体砌筑的最后一步插入，混凝土与现浇圈梁同时进行；各层预制楼梯段的安装必须与墙体砌筑和安装楼板紧密结合，与之同时或相继完成；若采用现浇楼梯，更应注意与楼层施工紧密配合，否则由于混凝土养护的需要，后道工序将不能如期进行，从而延长工期。

(3) 屋面、装修、设备安装阶段的施工顺序。屋面保温层、找平层、防水层的施工应依次进行。刚性防水屋面的现浇钢筋混凝土防水层、分格缝施工应在主体结构完成后开始并尽快完成，以便为顺利进行室内装修创造条件。一般情况下，它可以和装修工程搭接或平行施工。

装修工程阶段的主要工作，可分为室外装修和室内装修两部分，其中室外装修包括：外墙抹灰、勾缝、勒脚、散水、台阶、明沟、水落管和道路等施工过程。室内装修包括：天棚、墙面、地面抹灰、门窗扇(框)安装、五金和各种木装修、踢脚线、楼梯踏步抹灰、玻璃安装、刷油漆、喷白浆等施工过程，其中抹灰工程为主导施工过程。由于其施工内容多，繁而杂，因而进行施工项目的适当合并，正确拟定装修工程的施工顺序和流向，组织好立体交叉搭接流水施工，显得十分重要。

室内抹灰在同一层内的顺序有两种：地面→天棚→墙面、天棚→墙面→地面。前一种顺序便于清理地面，地面质量易于保证，而且便于利用墙面和天棚的落地灰，以节约材料，但地面需要养护和采取保护措施，否则后道工序不能按时进行。后一种顺序应在做地面面层时将落地灰清扫干净，否则会影响地面的质量(产生起壳现象)，而且地面施工用水的渗漏可能影响下一层墙面、天棚的抹灰质量。

底层地坪一般是在各层装修做好后施工。为保证质量，楼梯间和踏步抹灰往往安排在各层装修基本完成后进行。门窗扇的安装可在抹灰之前或之后进行，主要视气候和施工条件而定。宜先刷油漆门窗扇，后安装玻璃。

设备安装工程的施工可与土建有关分部分项工程交叉施工，紧密配合。例如：基础施工阶段，应先将相应的管沟埋设好，再进行回填土；主体结构施工阶段，应在砌墙或现浇楼板的同时，预留电线、水管等孔洞或预埋木砖和其他预埋件。

3. 高层框架结构建筑的施工顺序

高层框架结构建筑的施工，按其施工阶段划分，一般可以分为地基与基础工程、主体结构工程、屋面及装饰装修工程三个阶段，其施工顺序如图6.6所示。

(1) 基础工程的施工顺序。高层现浇框架—剪力墙结构基础，若有地下室，且需地基处理时，基础工程的施工顺序一般为：土方开挖→地基处理→垫层→地下室底板防水及底板→地下室墙、柱、顶板→地下室外墙防水→回填土。

土方开挖时需注意防护和支护。如有桩基础时，还需确定打桩的施工顺序。对于大体积混凝土，还需确定分层浇筑施工顺序，并安排测温工作。施工时，应根据气候条件，加强对垫层和基础混凝土的养护，在基础混凝土达到拆模要求时及时拆模，并尽早回填土，为上部结构施工创造条件。

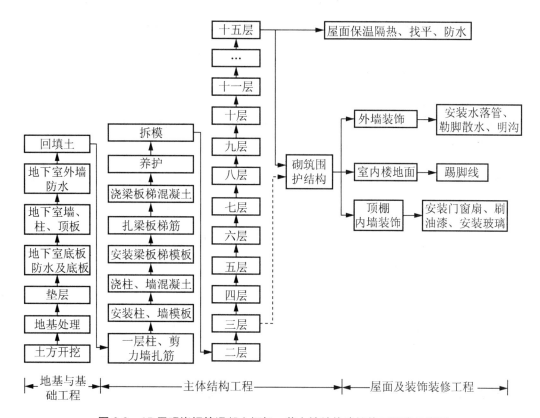

图 6.6 15 层现浇钢筋混凝土框架、剪力墙结构建筑施工顺序示意图

(2) 主体结构工程的施工顺序。主体结构工程施工阶段的工作包括：安装垂直运输设施及搭设脚手架，每一层分段施工框架－剪力墙混凝土结构，砌筑围护结构墙体等。其中，每层每段的施工顺序为：测量放线→柱、剪力墙钢筋绑扎→墙柱设备管线预埋→验收→墙柱模板支设→验收→浇墙柱混凝土→养护拆模→测量放线→梁板梯模板支设→板底层筋绑扎→设备管线预埋敷设→验收→梁板梯钢筋绑扎→验收→浇梁梯板混凝土→养护→拆模。柱、墙、梁、板、梯的支模、绑筋等施工过程的工程量大，耗用的劳动力、材料多，对工程质量、工期起着决定性作用。故需将高层框架－剪力墙结构在平面上分段、在竖向上分层，组织流水施工。

砌筑围护结构墙体的施工包括：砌筑墙体、安装门窗框、安装预制过梁，现浇构造柱等工作。高层建筑砌筑围护结构墙体一般可安排在框架－剪力墙结构施工到 3～4 层(或拟建层数一半)后即插入施工，以缩短工期，为后续室内外装饰工程施工创造条件。

(3) 屋面及装饰工程的施工顺序。屋面工程的施工顺序及其与室内外装饰工程的关系和砖混结构建筑施工顺序基本相同。高层框架－剪力墙结构建筑的装饰工程是综合性的系统工程，其施工顺序与砖混结构建筑施工顺序基本相同，但要注意目前装饰工程新工艺、新材料层出不穷，安排施工顺序时应综合考虑工艺、材料要求及施工条件等因素。施工前应预先完成与之交叉配合的水、采暖、天然气、电等安装工程，尤其注意天棚内的安装未完成之前，不得进行天棚施工。施工时，先作样板或样板间，经与建设单位、监理共同检查认可后方可大面积施工，以保证施工质量。安排立体交叉施工或先后施工顺序时应特别注意成品保护。

4. 装配式单层工业厂房的施工顺序

装配式单层工业厂房的施工特点是：基础施工复杂，土石方工程量大，构件预制量大等。其施工一般分为基础工程、预制工程、结构安装工程、围护工程和装饰工程等5个施工阶段。其施工顺序如图6.7所示。

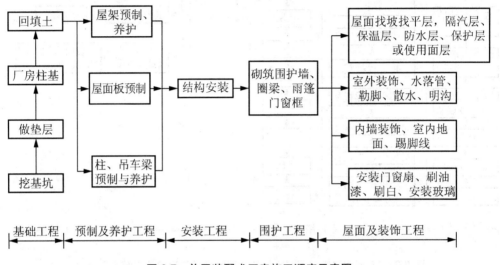

图6.7 单层装配式厂房施工顺序示意图

(1) 基础工程的施工顺序。基础工程的施工过程和顺序是：挖土→垫层→杯形基础(又可分为扎筋、支模、浇筑混凝土等)→回填土。

对厂房内的设备基础，应根据不同情况，采用封闭式或敞开式施工。封闭式施工，即先建造厂房基础，设备基础在结构吊装后再施工。这种施工方法适用于设备基础不大，埋深不超过厂房基础深度，或当厂房施工处于冬季或雨季时采用。敞开式施工，即厂房基础与设备基础同时施工。这种施工方法适用于设备基础较大较深的情形。当厂房所在地点土质不好时，往往采用先对设备基础进行施工的顺序。

(2) 预制工程的施工顺序。通常对于重量较大、运输不便的大型构件，如柱、屋架、吊车梁等，采取在现场预制。可采用先屋架后柱或柱、屋架依次分批预制的顺序，这取决于结构吊装方法。现场后张法预应力屋架的施工顺序是：场地平整夯实→支模→扎筋→预留孔道→浇筑混凝土→养护→拆模→预应力钢筋张拉→锚固→灌浆。

(3) 结构安装工程的施工顺序。吊装顺序取决于安装方法。若采用分件吊装时，施工顺序一般是：第一次吊装柱，并进行校正和固定；第二次吊装吊车梁、连系梁、基础梁等；第三次吊装屋盖构件。若采用综合吊装法时，施工顺序一般是：先吊装一、二个节间的4~6根柱，再吊装该节间内的吊车梁等构件，最后吊装该节间内的屋盖构件，如此逐间依次进行，直至全部厂房吊装完毕。抗风柱的吊装顺序一般有两种方法，一是在吊装柱的同时先安装该跨一端抗风柱，另一端则在屋架吊装完毕后进行；二是全部抗风柱的吊装均待屋盖吊装完毕后进行。

(4) 围护工程的施工顺序。围护工程施工内容包括墙体砌筑、安装门窗框和屋面工程。墙体工程包括搭脚手架，内、外墙砌筑等分项工程。屋盖安装结束后，随即进行屋面灌浆嵌缝等的施工，与此同时进行墙体砌筑。脚手架应配合砌筑和屋面工程搭设，在室外装饰之后，做散水坡前拆除。

(5) 装饰工程的施工顺序。装饰工程的施工又分为室内装饰和室外装饰。室内装饰工程包括地面、门窗扇安装、玻璃安装、刷油漆、刷白等分项工程；室外装饰工程包括勾缝、抹灰、勒脚、散水坡等分项工程。

单层厂房的装饰工程一般是与其他施工过程穿插进行。室外抹灰一般自上而下；室内地面施工前应将前道工序全部做完；刷白应在墙面干燥和大型屋面板灌缝之后进行，并在刷油漆开始之前结束。

6.3.4 选择施工方法与施工机械

正确地选择施工方法和施工机械是施工组织设计的关键，它直接影响着施工进度、工程质量、施工安全和工程成本。

1. 施工方法的选择

1) 选择施工方法的基本要求
(1) 满足主导施工过程的施工方法的要求。
(2) 满足施工技术的要求。
(3) 符合机械化程度的要求。
(4) 符合先进、合理、可行、经济的要求。
(5) 满足工期、质量、成本和安全的要求。

2) 主要分部分项工程施工方法的选择
(1) 基础工程。包括：确定基槽开挖方式和挖土机具；确定地表水、地下水的排除方法；砌砖基础、钢筋混凝土基础的技术要求，如宽度、标高的控制等。
(2) 砌筑工程。包括：砖墙的组砌方法和质量要求；弹线和皮数杆的控制要求；脚手架搭设方法和安全网的挂设方法等。
(3) 钢筋混凝土工程。包括：选择模板类型和支模方法，必要时进行模板设计和绘制模板放样图；选择钢筋的加工、绑扎、连接方法；选择混凝土的搅拌、输送和浇筑顺序和方法，确定所需设备类型和数量，确定施工缝的留设位置；确定预应力混凝土的施工方法和其所需设备等。
(4) 结构吊装工程。包括：确定结构吊装方法；选择所需机械，确定构件的运输和堆放要求，绘制有关构件预制布置图等。
(5) 屋面工程。包括：屋面施工材料的运输方式；各道施工工序的操作要求等。
(6) 装饰工程。包括：各种装修的操作要求和方式；材料的运输方式和堆放位置；工艺流程和施工组织确定等。

2. 施工机械的选择

施工方法的选择必然要涉及施工机械的选择，机械化施工作为实现建筑工业化的重要因素，施工机械的选择将成为施工方法选择的中心环节。在选择施工机械时应注意以下几点。

(1) 首先选择主导施工过程的施工机械。根据工程的特点，决定最适宜的机械类型。如基础工程的挖土机械，可根据工程量的大小和工作面的宽度选择不同的挖土机械；主体结构工程的垂直、水平运输机械，可根据运输量的大小、建筑物的高度和平面形状以及施工条件，选择塔式起重机、井架、龙门架等不同机械。

(2) 选择与主导施工机械配套的备种辅助机具。为了充分发挥主导施工机械的效率，在选择配套机械时，应使它们的生产能力相互协调一致，并能保证有效地利用主导施工机械。如在土方工程中，汽车运土应保证挖土机械连续工作；在结构安装中，运输机械应保证起重机械连续工作等。

(3) 应充分利用施工企业现有的机械，并在同一工地贯彻一机多用的原则。

(4) 提高机械化和自动化程度，尽量减少手工操作。

6.3.5 主要技术组织措施

技术组织措施是指为保证质量、安全、进度、成本、环保、建筑节能、季节性施工、文明施工等，在技术和组织方面所采用的方法。应在严格执行施工验收规范、检验标准、操作规程等前提下，针对工程施工特点，制定既行之有效又切实可行的措施。

1. 技术措施

(1) 施工方法的特殊要求和工艺流程。
(2) 水下和冬雨期施工措施。
(3) 技术要求和质量安全注意事项。
(4) 材料、构件和机具的特点、使用方法和需用量。

2. 质量措施

(1) 确定定位放线、标高测量等准确无误的措施。
(2) 确定地基承载力和各种基础、地下结构施工质量的措施。
(3) 严格执行施工和验收规范，按技术标准、规范、规程组织施工和进行质量检查，保证质量。如强调隐蔽工程的质量验收标准和隐患的防止；混凝土工程中混凝土的搅拌、运输、浇筑、振捣、养护、拆模和试块试验等工作的具体要求；新材料、新工艺或复杂操作的具体要求、方法和验收标准等。
(4) 将质量要求层层分解，落实到班组和个人，实行定岗操作责任制、三检制等。
(5) 强调执行质量监督、检查责任制和具体措施。
(6) 推行全面质量管理在建筑施工中的应用，强调预防为主的方针，及时消除事故隐患；强调人在质量管理中的作用，要求人人为提高质量而努力；制定加强工艺管理，提高工艺水平的具体措施，不断提高施工质量。

3. 安全措施

(1) 严格执行安全生产法规,在施工前要有安全交底,保证在安全的条件下施工。
(2) 保证土石方边坡稳定的措施。
(3) 明确使用机电设备和施工用电的安全措施,特别是焊接作业时的安全措施。
(4) 防止吊装设备、打桩设备倒塌措施。
(5) 季节性安全措施,如雨季的防洪、防雨,暑期的防暑降温,冬期的防滑、防火等措施。
(6) 施工现场周围的通行道路和居民保护隔离措施。
(7) 保证安全施工的组织措施,加强安全教育,明确安全施工生产责任制。

4. 降低成本措施

(1) 合理进行土石方平衡,以减少土方运输和人工费。
(2) 综合利用吊装机械,减少吊次,节约台班费。
(3) 提高模板精度,采用整装整拆,加速模板周转,以节约木材和钢材。
(4) 在混凝土、砂浆中掺加外加剂或掺和剂,以节约水泥。
(5) 采用先进的钢筋连接技术以节约钢筋,加强技术革新、改造,推广应用新技术、新工艺。
(6) 正确贯彻执行劳动定额,加强定额管理;施工任务书要做到任务明确,责任到人,要及时核算、总结;严格执行定额领料制度和回收、退料制度,实行材料承包制度和奖罚制度。

5. 现场文明施工措施

(1) 遵守国家的法律法规和有关政策,明确施工用地范围,不得擅自侵占道路,砍伐树木,毁坏绿地。
(2) 设置施工现场的围栏与标牌,确保出入口交通安全、道路畅通,安全与消防设施齐全。
(3) 强调对办公室、更衣室、食堂、厕所等的卫生要求,并加强监督指导,实行门前三包责任制。
(4) 施工现场应按施工平面图的要求布置材料、构件和暂设工程,加强对各种材料、半成品、构件的堆放与管理。
(5) 防止各种环境污染,施工现场内要整洁,道路要平整、坚实,避免尘土飞扬。

6.3.6 施工方案评价

为了提高经济效益,降低成本,保证工程质量,在施工组织设计中对施工方案的评价(即技术经济分析)是十分重要的。施工方案评价是从技术和经济的角度,进行定性和定量分析,评价施工方案的优劣,从而选取技术先进可行、质量可靠、经济合理的最优方案。

1. 定性分析

定性分析是对施工方案的优缺点从以下几个方面进行分析和比较。
(1) 施工操作上的难易程度和安全可靠性。

(2) 为后续工程提供有利施工条件的可能性。

(3) 对冬、雨季施工带来的困难多少。

(4) 选择的施工机械获得的可能性。

(5) 能否为现场文明施工创造有利条件。

2. 定量分析

定量分析一般是计算出不同施工方案的工期指标、劳动消耗量、降低成本指标、主要工程工种机械化程度和三大材料节约指标等来进行比较。其具体分析比较的内容有以下几点。

(1) 工期指标。工期反映国家一定时期和当地的生产力水平。应将该工程计划完成的工期与国家规定的工期或建设地区同类型建筑物的平均工期进行比较。

(2) 施工机械化程度。施工机械化程度是工程全部实物工程量中机械施工完成的比重。其程度的高低是衡量施工方案优劣的重要指标之一。计算公式为

$$施工机械化程度 = \frac{机械完成实物量}{全部实物量} \times 100\% \tag{6-1}$$

(3) 降低成本指标。降低成本指标的高低可反映采用不同施工方案产生的不同经济效果。其指标可用降低成本额和降低成本率表示，即

$$降低成本额 = 预算成本 - 计划成本 \tag{6-2}$$

$$降低成本率 = \frac{降低成本额}{预算成本} \times 100\% \tag{6-3}$$

(4) 主要材料节约指标。主要材料节约指标根据工程不同而定，靠材料节约措施实现。可分别计算主要材料节约量、主要材料节约率。计算公式为

$$主要材料节约量 = 预算用量 - 计划用量 \tag{6-4}$$

$$主要材料节约率 = \frac{主要材料节约量}{预算用量} \times 100\% \tag{6-5}$$

(5) 单位建筑面积劳动消耗量。单位建筑面积劳动消耗量是指完成单位建筑面积合格产品所消耗的劳动力数量。它可反映出施工企业的生产效率和管理水平，以及采用不同的施工方案对劳动量的需求。计算公式为

$$单位建筑面积劳动消耗量 = \frac{完成该工程的全部劳动工日数}{该工程建筑面积} \times 100\% \tag{6-6}$$

6.4 编制单位工程施工进度计划

单位工程施工进度计划是在确定了施工方案的基础上，根据规定工期和各种资源供应条件，按照施工过程的合理施工顺序及组织施工的原则，用图表的形式(横道图或网络图)，对一个工程从开始施工到工程全部竣工的各个项目，确定其在时间上的安排和相互间的搭接关系。在此基础上方可编制月度、季度计划及各项资源需要量计划。所以，施工进度计划是单位工程施工组织设计中的一项非常重要的内容。

6.4.1 单位工程施工进度计划的作用及分类

1. 施工进度计划的作用

单位工程施工进度计划的作用有如下几点。

(1) 控制单位工程的施工进度,保证在规定工期内完成符合质量要求的工程任务。

(2) 确定单位工程的各个施工过程的施工顺序、施工持续时间及相互衔接和合理配合关系。

(3) 为编制季度、月度生产作业计划提供依据。

(4) 是制定各项资源需要量计划和编制施工准备工作计划的依据。

2. 施工进度计划的分类

单位工程施工进度计划根据施工项目划分的粗细程度,可分为控制性与指导性施工进度计划两类。控制性施工进度计划按分部工程来划分施工项目,控制各分部工程的施工时间及其相互搭接配合关系。它主要适用于工程结构较复杂、规模较大、工期较长而需跨年度施工的工程(如体育场、火车站等公共建筑以及大型工业厂房等),还适用于工程规模不大或结构不复杂但各种资源(劳动力、机械、材料等)不落实的情况,以及建筑结构、建筑规模等可能变化的情况。编制控制性施工进度计划的单位工程,当各分部工程的施工条件基本落实之后,在施工之前还应编制各分部工程的指导性施工进度计划。指导性施工进度计划按分项工程或施工过程来划分施工项目,具体确定各分项工程或施工过程的施工时间及其相互搭接配合关系。它适用于施工任务具体而明确、施工条件基本落实、各种资源供应正常、施工工期不太长的工程。

6.4.2 单位工程施工进度计划的编制依据和程序

1. 施工进度计划的编制依据

编制单位工程施工进度计划,主要依据下列资料。

(1) 经过审批的建筑总平面图及单位工程全套施工图,以及地质地形图、工艺设计图、设备及其基础图,采用的各种标准图集等图纸及技术资料。

(2) 施工组织总设计对本单位工程的有关规定。

(3) 施工工期要求及开、竣工日期。

(4) 施工条件、劳动力、材料、构件及机械的供应条件,分包单位的情况等。

(5) 主要分部(分项)工程的施工方案,包括施工程序、施工段划分、施工流程、施工顺序、施工方法、技术组织措施等。

(6) 施工定额。

(7) 其他有关要求和资料,如工程合同等。

2. 施工进度计划的编制程序

单位工程施工进度计划的编制程序如图 6.8 所示。

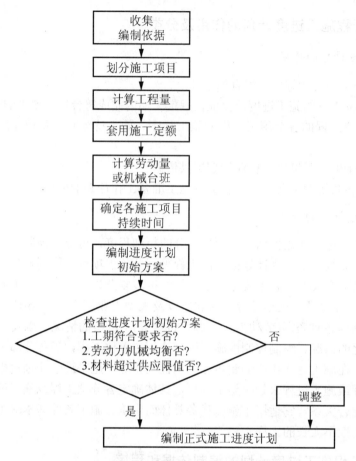

图 6.8 单位工程施工进度计划的编制程序

6.4.3 单位工程施工进度计划的编制方法与步骤

1. 熟悉并审查施工图纸，研究有关资料，调查施工条件

施工单位(承包商)项目部技术负责人在收到施工图及取得有关资料后，应组织工程技术人员及有关施工人员全面地熟悉和详细审查图纸，并参加建设、监理、施工等单位有关工程技术人员参加的图纸会审，由设计单位技术人员进行设计交底，在弄清设计意图的基础上，研究有关技术资料，同时进行施工现场的勘察，调查施工条件，为编制施工进度计划做好准备工作。

2. 划分施工过程并计算工程量

编制施工进度计划时，应按照所选的施工方案确定施工顺序，将分部工程或施工过程(分项工程)逐项填入施工进度表的分部分项工程名称栏中，其项目包括从准备工作起至交付使用时为止的所有土建施工内容。对于次要的、零星的分项工程则不列出，可并入"其他工程"，在计算劳动量时，给予适当的考虑 10%~15%劳动量即可。水、暖、电及设备一般另作一份相应专业的单位工程施工进度计划，在土建单位工程进度计划中只列分部工程总称，不列详细施工过程名称。

编制单位工程施工进度计划时,应当根据施工图和建筑工程预算工程量的计算规则来计算工程量。若已编制的预算文件中所采用的预算定额和项目划分与施工过程项目一致时,就可以直接利用预算工程量;若项目不一致时,则应依据实际施工过程项目重新计算工程量。计算工程量时应注意以下几个问题。

(1) 注意工程量的计算单位。直接利用预算文件中的工程量时,应使各施工过程的工程量计算单位与所采用的施工定额的单位一致,以便在计算劳动量、材料量、机械台班数时可直接套用定额。

(2) 工程量计算应结合所选定的施工方法和所制定的安全技术措施进行,以使计算的工程量与施工实际相符。

(3) 工程量计算时应按照施工组织要求,分区、分段、分层进行计算。

知识链接

工程量的计算规则分为定额的工程量计算规则与工程量清单工程量计算规则,两者的计算有些不同,在编制单位工程施工组织设计时,要根据施工实际加以确定。

3. 套用施工定额,确定各施工过程的劳动量和机械台班需求量

根据所划分的施工过程(施工项目)和选定的施工方法,套用施工定额,以确定劳动量及机械台班量。

施工定额有两种形式,即时间定额 H 和产量定额 S。时间定额是指完成单位建筑产品所需的时间;产量定额是指在单位时间内所完成建筑产品的数量,两者互为倒数。

若某施工过程的工程量为 Q,则该施工过程所需劳动量或机械台班量可由下式进行计算

$$P = \frac{Q}{S}$$

或

$$P = Q \times H \tag{6-7}$$

式中:P——某施工过程所需劳动量,工日或机械台班量;

Q——施工过程工程量(m^3、m^2、t⋯);

S——施工过程的产量定额(m^3/工日或台班、m^2/工日或台班、t/工日或台班⋯);

H——施工过程的时间定额(工日或台班/m^3、工日或台班/m^2、工日或台班/t⋯)。

这里应特别注意的是如果施工进度计划中所列项目与施工定额中的项目内容不一致时,例如施工项目是由同一工种,但材料、做法和构造都不同的施工过程合并而成时,施工定额可采用加权平均定额,计算公式如下

$$S' = \frac{\sum_{i=1}^{n} Q_i}{\sum_{i=1}^{n} P_i} \tag{6-8}$$

$$\sum_{i=1}^{n} P_i = P_1 + P_2 + \cdots + P_n = \frac{Q_1}{S_1} + \frac{Q_2}{S_2} + \cdots + \frac{Q_n}{S_n} \tag{6-9}$$

$$\sum_{i=1}^{n} Q_i = Q_1 + Q_2 + \cdots + Q_n \tag{6-10}$$

式中：S'——某施工项目加权平均产量定额；

$\sum_{i=1}^{n} P_i$——该施工项目总劳动量；

$\sum_{i=1}^{n} Q_i$——该施工项目总工程量。

对于某些采用新技术、新工艺、新材料、新方法的施工项目，其定额未列入定额手册时，可参照类似项目或进行实测来确定。

"其他工程"项目所需的劳动量，可根据其内容和数量，并结合施工现场的实际情况以占总劳动量的百分比计算，一般为10%～15%。

水、暖、电、设备安装等工程项目，在编制施工进度计划时，一般不计算劳动量或机械台班量仅表示出与一般土建单位工程进度相配合的关系。

4. 确定工作班制

在进行施工进度计划编制时，考虑到施工工艺要求或施工进度的要求，需选择好工作班制。通常采用一班制生产，有时因工艺要求或施工进度的需要，也可采用两班制或三班制连续作业，如浇筑混凝土即可三班连续作业。

5. 确定施工过程的持续时间

根据施工条件及施工工期要求不同，有定额计算法、工期计算法、经验估算法等三种方法。

6. 编制施工进度计划的初始方案

编制施工进度计划的初始方案时，必须考虑各分部分项工程合理的施工顺序，尽可能按流水施工进行组织与编制，力求使主要工种的施工班组连续施工，并做到劳动力、资源计划的均衡。编制方法与步骤如下。

(1) 先安排主要分部工程并组织其流水施工。主要分部工程尽可能采用流水施工方式编制进度计划，或采用流水施工与搭接施工相结合的方式编制施工进度计划，尽可能使各工种连续施工，同时也能做到各种资源消耗的均衡。

(2) 安排其他各分部工程的施工或组织流水施工。其他各部分工程的施工应与主要分部工程相结合，同样也应尽可能地组织流水施工。

(3) 按工艺的合理性和施工过程尽可能搭接的原则，将各施工阶段的流水作业图表搭接起来，即得到单位工程施工进度计划的初始方案。

7. 检查调整施工进度计划的初始方案

(1) 施工顺序检查与调整。施工进度计划中施工顺序的检查与调整主要考虑以下几点。各个施工过程的先后顺序是否合理；主导施工过程是否最大限度的进行流水与搭接施工；其他的施工过程是否与主导施工过程相配合，是否影响到主导施工过程的实施以及各施工过程中的技术组织时间间歇是否满足工艺及组织要求，如有错误之处，应给予调整或修改。

(2) 施工工期的检查与调整。施工进度计划安排的施工工期应满足规定的工期或合同中要求的工期。不能满足时，则需重新安排施工进度计划或改变各分部分项工程持续时间等进行修改与调整。

(3) 劳动量消耗的均衡性。对单位工程或各个工种而言，每日出勤的工人人数应力求不发生过大的变动，也就是劳动量消耗应力求均衡，劳动量消耗的均匀性是用劳动量消耗动态图表示的。它是根据施工进度计划中各施工过程所需要的班组人数统计而成的，一般画在施工进度水平图表中对应的施工进度计划的下方。

在劳动量消耗动态图上不允许出现短时期的高峰或长时期的低陷情况，如图6.9(a)、(b)所示。

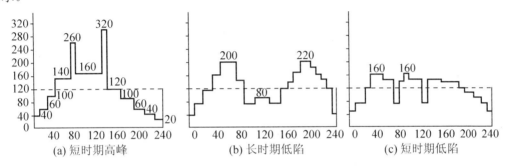

图 6.9 劳动力消耗动态图

图 6.9(a)所示为短时期的高峰，即短时期工人人数多，这表明相应增加了为工人服务的各种临时设施；图6.9(b)所示长时期低陷，说明在长时内所需工人人数少，如果工人不调出，则将发生窝工现象；如工人调出，则各种临时设施不能充分利用；图6.9(c)所示为短期的低陷，甚至是很大的低陷，这是可以允许的，因为这种情况不会发生什么显著影响，只要把少数工人的工作量重新安排，窝工现象就可以消除。

劳动消耗的均衡性可用劳动力均衡性系数 K 进行评价，计算公式为

$$K = \frac{最高峰施工期间工人人数}{施工期间每天平均工人人数} \tag{6-11}$$

最理想的情况是 K 接近于1，在2以内为好，超过2则不正常。

(4) 主要施工机械的利用程度。在编制施工进度计划中，主要施工机械通常是指混凝土搅拌机、灰浆搅拌机、自行式起重机、塔式起重机等，在编制的施工进度计划中，要求机械利用程度高，可以充分发挥机械效率，节约资金。

应当指出，上述编制施工进度计划的步骤并不是孤立的，有时是相互联系，串在一起的，有时还可以同时进行。但由于建筑施工受客观条件影响的因素很多，如气候、材料供应、资金等，使其经常不符合设计的安排，因此在工程进行中应随时掌握施工情况，经常检查，不断进行计划的修改与调整。

8. 施工进度计划的审核

上级单位对施工进度计划审核的主要内容有以下几点。

(1) 单位工程施工进度目标应符合总进度目标及施工合同工期的要求，符合其开竣工日期的规定，分期施工应满足分批交工的需要和配套交工的要求。

(2) 施工进度计划的内容全面无遗漏,能保证施工质量和安全的需要。
(3) 合理安排施工程序和作业顺序。
(4) 资源供应能保证施工进度计划的实现,且较均衡。
(5) 能清楚分析进度计划实施中的风险,并制定防范对策和应变预案。
(6) 各项进度保证计划措施周到可行、切实有效。

6.4.4 单位工程施工进度计划的实施

施工进度计划的实施过程就是单位工程建造任务的逐步完成过程。其主要内容有以下几点。
(1) 编制月度(旬或周)施工进度计划。
(2) 签发施工任务书,如施工任务单、限额领料单、考勤表等。
(3) 在实施中做好施工进度记录,填写施工进度统计表,任务完成后作为原始记录和业务考核资料保存。
(4) 做好施工调度工作。

6.4.5 单位工程施工进度计划执行中的检查与调整

施工进度计划的检查工作是为了检查实际施工进度,收集整理有关资料并与计划对比,为进度分析和计划调整提供信息。检查时主要依据施工进度计划、作业计划及施工进度实施记录。检查时间及间隔时间要根据单位工程的类型、规模、施工条件和对进度执行要求的程度等确定。

通过跟踪检查实际施工进度,得到相关的数据。整理统计检查数据后采取横道图比较法、列表比较法、S 型曲线比较法、"香蕉"形曲线比较法、前锋线比较法等方法,得出实际进度与计划进度是否存在偏差,形成实际施工进度检查报告。

对于存在偏差(超前、拖后)的进度计划,应分析引起进度偏差的原因及偏差值的大小,在对实际进度进行偏差分析的基础上要做出是否调整原计划的决定,需调整的要及时进行调整,力争使偏差在最短时间内,在所发生的施工阶段内自行消化、平衡,以免造成太大影响。

在施工进度计划完成后,应及时进行施工进度控制总结,为进度控制提供反馈信息。总结时依据的资料有:施工进度计划、施工进度计划执行的实际记录、施工进度计划检查结果及调整资料。

施工进度控制总结的主要内容有:合同工期目标和计划工期目标完成情况,施工进度控制经验及存在的问题,科学施工进度计划方法的应用情况,施工进度控制的改进意见等。

6.5 各项资源的需用量与施工准备工作计划

施工资源需要量计划指的是施工所需要的劳动力、材料、构件、半成品构件及施工机械计划,应在单位工程施工进度计划编制好后,按施工进度计划、施工图纸及工程量等资料进行编制。单位工程施工资源计划包括:劳动力需要量计划、主要材料需要量计划、构件和半成品构件需要量计划、商品混凝土需要量计划、施工机械需要量计划。施工准备工作计划是保证工程施工能否顺利进行的重要前提。因此，在工程施工中必须有计划有步骤地做好下述工作。

6.5.1 各项资源需要量计划

编制施工资源计划，不仅可以保证施工进度计划的顺利实施，也为做好各种资源的供应、调配、落实提供了依据。

1. 劳动力需要量计划

劳动力需要量计划，主要是为安排施工现场的劳动力，平衡和衡量劳动力消耗指标，安排临时生活福利设施提供依据。其编制方法是将各施工过程所需的主要工种的劳动力，按施工进度计划的安排进行叠加汇总而成。其表格形式见表6-2。

表6-2 劳动力需要量计划表

序号	工种名称	劳动量/工日	×月					×月				
			1	2	3	4	…	1	2	3	4	…

2. 主要材料需要量计划

主要材料需要量计划是用作施工备料、供料、确定仓库和堆场面积及做好运输组织工作的依据。其编制方法是根据施工进度计划表、施工预算中的工料分析表及材料消耗定额、储备定额进行编制。其表格形式见表6-3。

表6-3 主要材料需要量计划表

序号	构件名称	规格	需求量		供应时间	备注
			单位	数量		

3. 构件和半成品构件需要量计划

构件半成品构件的需要量计划主要用于落实加工订货单位，并按所需规格、数量和时间组织加工、运输及确定仓库或堆场。它是根据施工图和施工进度计划编制的。其表格形式见表6-4。

表6-4 构件和半成品构件需要量计划表

序号	构件名称	规格	图号	需求量		使用部位	加工单位	供应日期	备注
				单位	数量				

4. 商品混凝土需要量计划

商品混凝土需要量计划主要用于落实购买商品混凝土，以便顺利完成混凝土的浇筑工作。商品混凝土需要量计划是根据混凝土工程量大小进行编制的。其表格形式见表6-5。

表6-5 商品混凝土需要量计划表

序 号	混凝土使用地点	混凝土规格	单 位	数 量	供应时间	备 注

5. 施工机械需要量计划

施工机械需要量计划主要是确定施工机具的类型、规格、数量及使用时间，并组织其进场，为施工的顺利进行提供有利保证。编制的方法是将施工进度计划表中的每一个施工过程所用的机械类型、数量，按施工日期进行汇总。在安排施工机械进场时间时，应考虑到某些机械需要铺设轨道、拼装和架设的时间，如塔式起重机等。其表格形式见表6-6。

表6-6 施工机械需要量计划表

序 号	机械名称	规格型号	需求量		货 源	使用起止日期	备 注
			单位	数量			

6.5.2 施工准备工作计划

施工准备工作是完成单位工程施工任务，实现施工进度计划的一个重要环节，也是单位工程施工组织设计中的一项重要内容。为了保证工程建设目标的顺利实现，施工人员在开工前，根据施工任务、开工日期、施工进度和现场情况的需要，应做好各方面的准备工作。

施工准备主要有以下内容。

(1) 熟悉与会审施工图纸。为了正确地组织施工，做到目的明确，应认真地熟悉施工图纸，了解设计意图。着重分析。

① 拟建工程在总平面图上的坐标位置的正确性。
② 基础设计与实际地质条件的一致性。
③ 建筑、结构和设备安装图纸上的几何尺寸、标高等相互关系是否吻合。
④ 设计是否符合当地施工条件和施工能力。
⑤ 设计中所需的材料资源是否可以解决。
⑥ 施工机械、技术水平是否能达到设计要求。
⑦ 对设计的合理化建议。

(2) 编制单位工程施工组织设计和施工预算。
(3) 组织劳动队伍。
(4) 进行计划与技术交底。
(5) 物资资源准备。
(6) 现场准备。

施工现场准备工作主要有以下几点。

(1) 清除障碍物。
(2) 做好"三通一平"(道路、水、电畅通,场地平整)。
(3) 核对勘察资料,了解地下情况。
(4) 做好施工场地围护,保护周围环境。
(5) 组织材料进场,按计划堆场。
(6) 施工机械进场。
(7) 搭设暂设工程(如工棚、材料库、休息室、食堂等)。
(8) 测量放线。
(9) 预订后续材料、设备等。

6.6 单位工程施工平面图设计

单位工程施工平面图是施工组织设计的重要组成部分。它是对拟建工程的施工现场所做的平面规划和布置。它是按照一定的设计原则,确定和解决为施工服务的施工机械、施工道路、材料和构件堆场、各种临时设施、水电管网等的现场合理位置关系。

单位工程施工平面图一般按1∶200~1∶500的比例绘制。

单位工程施工平面图是施工方案在施工现场的空间体现,反映了已建建筑和拟建工程、临时设施和施工机械、道路等之间的相互空间关系。它布置得是否恰当合理,管理执行的好坏,对现场文明施工、施工进度、工程成本、工程质量和施工安全都将产生直接的影响,因此,搞好单位工程施工平面图设计具有重要的意义。

6.6.1 施工平面图设计的依据和基本原则

在绘制施工平面图之前,首先应认真研究施工方案、施工方法,并对施工现场和周围环境做深入细致的调查研究;对布置施工平面图所依据的施工信息原始资料进行周密的分析,使设计与施工现场的实际情况相符。只有这样,才能使施工平面图起到指导施工现场组织管理的作用。

1. 施工平面图设计的依据

施工平面图设计的主要依据有以下三方面的资料。

1) 建设地区的原始资料

(1) 自然条件调查资料，如地形、水文、工程地质和气象资料等，主要用于布置地面水和地下水的排水沟，确定易燃、易爆、淋灰池等有碍身体健康的设施布置位置，安排冬、雨季施工期间所需设施的位置。

(2) 技术经济条件调查资料，如交通运输、水源、电源、物资资源、生产和生活基地状况等，主要用于布置水、电管线和道路等。

2) 设计资料

(1) 建筑总平面图，用于决定临时房屋和其他设施的位置，以及修建工地运输道路和解决给水排水等问题。

(2) 一切已有和拟建的地上、地下的管道位置和技术参数，用以决定原有管道的利用或拆除，以及新管线的敷设与其他工程的关系。

(3) 建筑区域的竖向设计资料和土方平衡图，用以布置水、电管线，安排土方的挖填和确定取土、弃土地点。

(4) 拟建房屋或构筑物的平面图、剖面图等施工图设计资料。

3) 施工组织设计资料

(1) 主要施工方案和施工进度计划，用以决定各种施工机械的位置。

(2) 各类资源需用量计划和运输方式。

2. 施工平面图设计的基本原则

(1) 现场布置尽量紧凑，节约用地，不占或少占非建筑用地。在保证施工顺利进行的前提下，布置紧凑、节约用地可以便于管理，并减少施工用的管线，降低成本。

(2) 短运输、少搬运。在合理的组织运输、保证现场运输道路畅通的前提下，最大限度地减少场内运输，特别是场内两次搬运，各种材料尽可能按计划分期分批进场，充分利用场地。各种材料堆放位置，应根据使用时间的要求，尽量靠近使用地点，运距最短，既节约劳动力，也减少材料多次转运中的消耗，可降低成本。

(3) 控制临时设施规模，降低临时设施费用。在满足施工的条件下，尽可能利用施工现场附近的原有建筑物作为施工临时设施，多用装配式的临时设施，精心计算和设计，从而少用资金。

(4) 临时设施的布置，应便利于施工管理及工人的生产和生活，使工人至施工区的距离最近，往返时间最少，办公用房应靠近施工现场，福利设施应在生活区范围之内。

(5) 遵循建设法律法规对施工现场管理提出的要求，利于生产、生活、安全、消防、环保、市容、卫生防疫、劳动保护等。

6.6.2 施工平面图设计的主要内容

施工平面图设计的主要内容有以下几点。

(1) 建筑平面上已建和拟建的一切房屋、构筑物和其他设施的位置和尺寸。

(2) 拟建工程施工所需的起重与运输机械、搅拌机等位置和其主要尺寸，起重机械的开行路线和方向等。

(3) 地形等高线，测量放线标桩的位置和取弃土的地点。
(4) 为施工服务的一切临时设施的位置和面积。
(5) 各种材料(包括水、暖、电、卫等材料)、半成品、构件和工业设备等的仓库和堆场。
(6) 施工运输道路的布置和宽度尺寸，现场出入口，铁路和港口位置等。
(7) 临时给水排水管线、供电线路、热源气源管道和通信线路等的布置。
(8) 一切安全和防火设施的位置。

6.6.3 施工平面图设计的步骤

施工平面图设计的一般步骤是：确定起重机械的位置→布置材料和构件的堆场→布置运输道路→布置各种临时设施→布置水电管网→布置安全消防设施。单位工程施工平面图设计的程序如图 6.10 所示。

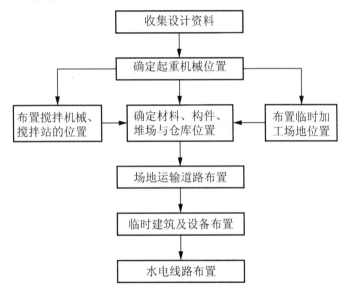

图 6.10 单位工程施工平面图的设计程序

1. 确定起重机械位置

起重机械位置的确定直接影响到施工设备、临时加工场地以及各种材料、构件的仓库和堆场位置的布置，也影响到场地道路及水电管网的布置，因此必须首先确定。但由于不同的起重机械其性能及使用要求不同，平面布置的位置也不相同。

1) 轨道式起重机的平面布置

轨道式起重机的布置，主要根据房屋形状、平面尺寸、现场环境条件、所选用的起重机性能及所吊装的构件质量等因素来确定。

在一般情况下，起重机沿建筑的长度方向布置在建筑物外侧，有单侧布置及双侧(或环形)布置两种，如图 6.11 所示。

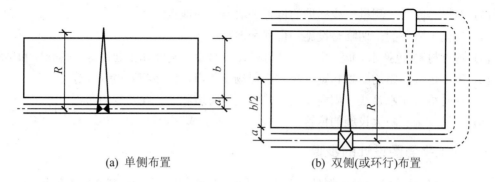

(a) 单侧布置　　　　　　　　(b) 双侧(或环行)布置

图6.11　轨道式起重机在建筑物外侧布置示意图

当建筑房屋平面宽度小、构件轻时,可单侧布置。此时起重半径必须满足下式

$$R \geqslant b + a \tag{6-12}$$

式中:R——有轨式起重机起吊最远构件的起重半径(m);
　　　b——建筑物宽度(m);
　　　a——建筑物外侧到轨道式起重机轨道中心线的距离(m)。

当建筑房屋宽度大、构件重,如果单侧布置起重机,其起重半径不能满足最远构件的吊装要求时,可双侧或环形布置。此时,起重半径必须满足下式

$$R \geqslant \frac{b}{2} + a \tag{6-13}$$

轨道式起重机进行布置时应注意以下几点。

(1) 轨道式起重机布置完成后,应绘出起重机的服务范围。其方法是分别以轨道两端有效端点的轨道中心为圆心,以起重机最大回转半径为半径画出两个半圆,并连接这两个半圆。

(2) 建筑物的平面应处于吊臂的回转半径之内(起重机服务范围之内),以便将材料和构件等运至任何施工地点,此时应尽量避免出现"死角"。

(3) 尽量缩短轨道长度,降低铺轨费用。

(4) 建筑物的一部分不在服务范围之内时(即出现"死角"),在吊装最远部位的构件时,应采取一定的安全技术措施,以确保这一部位的吊装工作顺利进行。

2) 固定式垂直起重设备的平面布置

固定式垂直起重设备,有固定式塔式起重机、钢井架、龙门架、桅杆式起重机等。布置时应充分发挥设备能力,使地面或楼面上运距短。故应根据起重机械的性能、建筑物的平面尺寸、施工段的划分、材料进场方向及运输道路而确定。

通常当建筑物各部位的高度相同时,固定式起重设备沿长度方向布置在施工段分界线附近;当建筑各部位的高度不相同时,起重机布置在高低分界线处高的一侧,这样使得高低处水平运输施工互不干涉;井架、龙门架一般布置在窗口处,以避免砌墙留槎和减少拆除井架后的修补工作。应特别注意固定式起重运输设备中的卷扬机的位置,不应距离起重机过近,阻挡司机视线,应使司机可观测到起重机的整个升降过程,以保证安全生产。

3) 自行式起重机开行路线的确定

自行式起重机一般为履带式起重机、汽车式起重机和轮胎式起重机,其开行路线主要取决于建筑物的平面尺寸、施工方法、场地四周的环境及构件的类型、大小和安装高度。

开行路线有跨中行驶和跨边行驶两种。

2. 确定搅拌机(站)临时加工场地及材料、构件的堆场与仓库的位置

搅拌机(站)或混凝土泵、临时加工场地及材料、构件的仓库与堆场的位置应尽量靠近使用地点，同时应布置在起重机的有效服务范围内，应考虑到方便运输与装卸。

1) 搅拌机(站)位置的确定

搅拌机(站)的布置应尽量选择在靠近使用地点并在起重设备的服务范围以内。根据起重机类型的不同有下列几种布置方案。

(1) 采用固定式垂直运输设备时，搅拌机(站)尽可能靠近起重机布置，以减少运距或两次搬运。

(2) 当采用塔式起重机时，搅拌机应布置在塔式起重机的服务范围内。

(3) 当采用无轨自行式起重机进行水平或垂直运输时，应沿起重机运输线路一侧或两侧进行布置，位置应在起重机的最大外伸长度范围内。

2) 混凝土泵或混凝土泵车位置的确定

在泵送混凝土施工过程中，混凝土泵或混凝土泵车的停放位置，不仅影响其输送管的配置，也影响到施工的顺利进行。所以在混凝土泵或混凝土泵车布置时应考虑下列条件。

(1) 力求距离浇筑地点近，使所浇筑的结构在布料杆的工作范围内，尽量少移动泵或泵车即能完成任务。

(2) 多台混凝土泵或泵车同时浇筑时，其位置要使其各自承担的浇筑任务尽量相等，最好同时浇筑完毕。

(3) 停放地点要有足够的场地，以保证供料方便，道路畅通。

(4) 为便于混凝土泵或混凝土泵车的使用，最好将其靠近供水和排水设施停放。

(5) 对于拖式混凝土泵车，除应满足上述要求外，还必须考虑到其进场与出场的方便及安全。同时，停放位置应离建筑物有一定的距离，并设置一定长度的水平管，利用该水平管中的摩擦阻力来抵消垂直管中因混凝土自重造成的逆流压力。

3) 临时加工场地位置的确定

单位工程施工平面图中的临时加工场地一般是指钢筋加工场地、木材加工场地、预制构件加工场地、淋灰池等。平面位置布置的原则是尽量靠近起重设备，并按各自的性能从使用功能来选择合适的地点。

钢筋加工场地、木材加工场地应选择在建筑物四周，且有一定的材料、成品堆放处，钢筋加工还应尽可能设在起重机服务范围之内，避免两次搬运，而木材加工场地应根据其加工特点，选在远离火源的地方。淋灰池应靠近搅拌机(站)布置。构件预制场地位置应选择在起重机服务范围内，且尽可能靠近安装地点。布置时还应考虑到道路的畅通，不影响其他工程的施工。

4) 仓库位置与材料构件堆场的确定

(1) 仓库应根据其储存材料的性能和仓库的使用功能确定其位置。通常，仓库应尽量选择在地势较高、周边能较好地排水、交通运输较方便的地方，如水泥仓库应靠近搅拌机(站)。其他仓库的位置也应根据其使用功能而定。

(2) 材料构件的堆场平面布置的原则是应尽量缩短运输距离，避免两次搬运。砂、石堆场应靠近搅拌机(站)，砖与构件应尽可能靠近垂直运输机械布置(基础用砖可布置在基坑四周)。

3. 现场运输道路的布置

现场运输道路分为单行道路和双行道路,单行道路宽为 3~3.5m,双行道路为 5.5~6m,为保证场内道路畅通,便于车辆回转,按材料和构件运输的需要,沿着仓库和堆场成环行线路布置,布置时应尽量利用永久性道路。

4. 临时生产、生活设施的布置

办公室、工人休息室、门卫、食堂、浴室等非生产性临时设施布置应考虑到使用的方便,不妨碍施工,满足防火、防洪及保安要求。布置时要尽量利用建设单位所能提供的设施。一般办公室、门卫应布置在工地出入口处,工人休息室、食堂、浴室等布置在作业区附近的上风向处。行政管理用房及临时用房面积可参考表 6-7。

表 6-7 临时宿舍、文化福利和行政管理用房面积参考指标

序号	行政、生活、福利建筑物品称	单位	面积	备注
1	办公室	m^2/人	3.5	
2	单身宿舍 (1) 单层通铺 (2) 双层床 (3) 单层床	m^2/人 m^2/人 m^2/人	2.6~2.8 2.1~2.3 3.2~3.5	
3	家属宿舍	m^2/人	16~25	
4	食堂兼礼堂	m^2/人	0.9	
5	医务室	m^2/人	0.06	不小于 $30m^2$
6	理发室	m^2/人	0.03	
7	浴室	m^2/人	0.10	
8	开水房	m^2	10~40	
9	厕所	m^2/人	0.02~0.07	
10	工人休息室	m^2/人	0.15	

5. 水、电管网布置

1) 施工用临时给水管网布置

一般从建设单位的干管或自行布置的干管接到用水地点,应力求管网总长度最短。管径的大小和出水龙头的数目及设置,应视工程规模的大小通过计算确定。管道可埋于地下,也可铺于路上,以当地的气候条件和使用期限的长短而定。在工地内要设置消火栓,消火栓距建筑物应不小于 5m,也不应大于 25m,距路边不大于 2m,条件允许时,可利用已有消火栓。

有时为了防止水的意外中断,可在建筑物旁布置简易的蓄水池,以储备一定的施工用水,高层建筑还应在水池边设泵站。

2) 施工临时用电线路布置

施工临时用电线路的布置应尽量利用已有的高压电网或已有的变压器进行布线,线路

应架设在道路一侧,且距建筑物水平距离大于1.5m,电杆间距为25~40m,分支线及引入线均由电杆处接出,在跨越道路时应根据电气施工规范的尺寸要求进行配置与架设。

在进行单位工程施工平面图设计时,必须强调指出,建筑施工是一个复杂的施工过程。各种施工设备、施工材料及构件均是随工程的进展而逐渐进场的,但又随工程的进展不断变动。因此在设计平面图时,要充分考虑到这一点,应根据各单位工程在各个施工阶段中的各项要求,将现场平面合理划分,综合布置,使各施工过程在不同的施工阶段具有良好的施工条件,指导施工顺利进行。

6.6.4 施工平面图布置实例

图6.12所示为某高层建筑结构施工阶段平面图。根据拟建建筑物的平面位置及尺寸、现场的具体情况,选用轨道式起重机,布置在拟建房屋北边、南边和东面,固定式塔吊一台布置在西南面;砂、石堆场设在搅拌机附近;临时生产、生活用房分别布置在拟建建筑的周边;为使场内道路畅通,装卸方便,按环行布置单行车道,并由南侧出入场地。

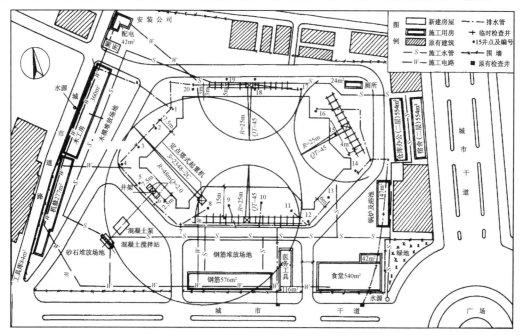

图6.12 某高层建筑结构施工阶段平面图

6.6.5 单位工程施工平面图的技术经济评价指标

根据单位工程施工平面图的设计原则并结合施工现场的具体情况,施工平面图的布置可以有几种不同的方案,需进行技术经济比较,从中选择最经济、最合理、最安全的平面布置方案。可以通过计算、分析下列技术经济指标获得所需的平面布置方案。

(1) 施工占地系数为

$$施工占地系数 = \frac{施工用地面积(m^2)}{建筑面积(m^2)} \times 100\% \qquad (6-14)$$

(2) 施工场地利用率为

$$\text{施工场地利用率} = \frac{\text{施工设施占用面积（m}^2\text{）}}{\text{施工用地面积（m}^2\text{）}} \times 100\% \qquad (6\text{-}15)$$

(3) 施工用临时房屋面积、道路面积、临时供水线长度及临时供电线长度。

(4) 临时设施投资率为

$$\text{临时设施投资率} = \frac{\text{临时设施费用总和（元）}}{\text{工程总造价（元）}} \times 100\% \qquad (6\text{-}16)$$

工程案例

某金工联合车间施工平面图设计实例

1. 工程概况

(1) 该工程为某金工联合车间，建筑面积为 3087.68 m²，长度为 72m，宽度为 42m，两跨钢筋混凝土单层工业厂房，装配式结构。图 6.13(a)为金工联合车间的剖面图，图 6.13(b)为基础平面图。

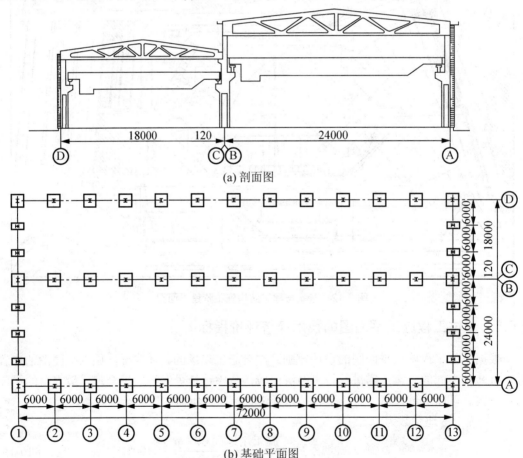

图 6.13 某金工联合车间剖面图及基础平面图

(2) 屋架共 26 榀，其中跨度为 24m 与 18m 后张法预应力混凝土屋架各半。柱子共 49 根，钢筋混凝土工字形柱。屋架与柱均现场预制。

(3) 墙体：一砖厚机制砖砌筑，外墙 1:1 水泥砂浆勾缝，内墙原浆勾平缝，喷白灰浆二度，塑钢门窗。

(4) 地坪：厚度为 100mm 道渣压实，厚度为 120mmC20 混凝土随捣随抹，地面分仓缝为 $6 \times 6m^2$。

(5) 油漆：均做二度灰色调合漆。金属构件涂红丹打底，涂灰色调合漆二度。

2. 施工条件

本工程系扩建工程的一个主要项目之一，原厂内有关设施可供使用，可不另建生活用房和物资仓库。水、电主管线通过现场可供直接接通使用，施工用电利用原厂配电站电源，不另设变压器。

为了便于管理，工号办公室、工具间、木工棚、钢筋加工棚等集中布置。生产区应与生活区分开布置，以确保安全。

构件预制除大型构件如屋架(24m、18m 跨度各 13 榀)和柱子(49 根)现场预制外，其余全部由钢筋混凝土预制构件厂供应，现场预制平面图见图 6.14。

构件吊装阶段，屋架、大型屋面板就位平面布置图见图 6.15。

结构吊装结束后，砌筑围护结构。在车间两边布置两条斜道，四周搭脚手架，在车间每边布置一个井架，用作垂直运输，车间四周，根据设计要求提前做好永久性道路。施工平面图见图 6.16。

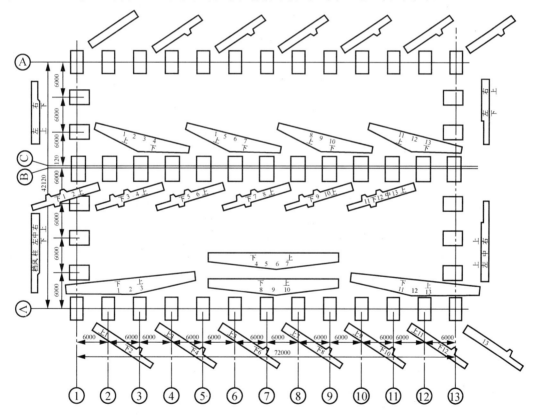

图 6.14 某金工联合车间现场预制阶段施工平面图

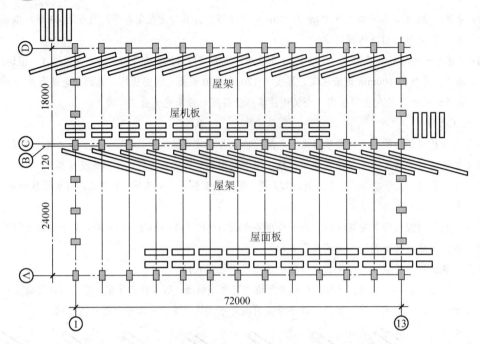

图 6.15 结构吊装阶段构件布置图

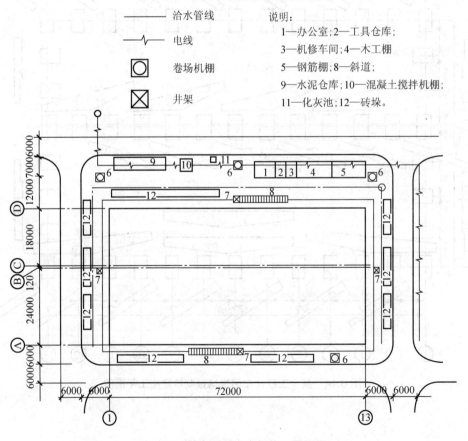

图 6.16 某金工联合车间施工平面图

小 结

本章主要对单位工程施工组织设计的内容和编制方法阐述,重点介绍工程概况及特点分析,施工方案设计,施工进度计划及各项资源计划的编制,施工平面图设计。

通过本章学习,主要熟悉单位工程施工组织设计的作用、编制依据和内容;掌握施工方案设计的施工程序、施工起点和流向、施工顺序等的确定以及施工方法和施工机械的选择、施工方案的技术经济评价;熟悉施工进度计划的作用、编制依据、施工进度计划的表示方法等,掌握单位工程施工进度计划编制的内容和步骤、资源需要量计划的编制等;掌握单位工程施工平面图的设计内容、设计依据、设计原则、设计步骤等。

在实际工作中,要求能独立编制单位工程施工组织设计,即"一案一表一图"或专项施工方案。

思考题与习题

6-1 什么是单位工程施工组织设计?它包括哪些内容?

6-2 试述单位工程施工组织设计的作用及其编制依据和编制程序。

6-3 单位工程施工组织设计中的工程概况包括哪些内容?

6-4 单位工程施工组织设计中的施工方案包括哪些内容?

6-5 什么是单位工程的施工起点流向?

6-6 选择施工方法和施工机械应注意哪些问题?

6-7 编制单位工程施工进度计划的作用和依据有哪些?

6-8 试述单位工程施工进度计划的编制程序。

6-9 如何初排施工进度?怎样进行施工进度计划的检查与调整?

6-10 单位工程施工平面图一般包括哪些主要内容?其设计原则是什么?

6-11 试述单位工程施工平面图的设计步骤。

6-12 试述塔式起重机布置的要求。

6-13 结合你所在地区,到施工现场调查某一框架结构的单位工程施工组织设计,了解工程概况、施工部署、施工进度计划、施工准备与资源配置计划、主要施工方案、施工现场平面布置,请教现场技术管理人员是如何组织和管理该单位工程的?

附录　某工学院科教中心工程施工组织设计实例

实例点评

国家标准(GB/T 50502—2009)《建筑施工组织设计规范》于 2009 年 10 月 1 日起实施。为了便于读者在学习掌握本书理论知识的基础上，能够独立编制一份完整的规范的单位工程施工组织设计，本书附录摘录了某工学院科教中心工程施工组织设计，说明如何按 GB/T 50502—2009 编制施工组织设计的方法。单位工程施工组织设计内容应包括工程概况、施工部署、施工进度计划、施工准备与资源配置计划、主要施工方案、施工现场平面布置六个重要组成部分。

本施工组织设计文字叙述详细，结构合理，对施工方法、步骤、施工工艺、注意事项、技术质量要求和控制措施等都写得比较详细，组织严谨，内容完整，同时有施工进度网络计划及施工现场平面布置图。总体来说对初学编制施工组织设计者有一定的参考价值。因篇幅有限，已删减部分内容。

1　工程概况

1) 建筑工程概况

建筑工程概况见表 1。

表 1　建筑工程概况

工程概况	工程名称	某工学院科教中心B标4#科研实验楼工程
	建设单位	某工学院
	建设地点	某市东环路268号
	设计单位	某工程设计与顾问有限公司
	建筑面积	10649.75 m^2
	结构类型	混凝土框架结构
	建筑高度	最高檐口高度23.4m
	建筑层数	6层
	施工范围	施工图包含的土建、装修、水电、消防的内容
	总工期	384日历天(开工日期以开工令为准)
	质量标准	合格

续表

建筑概况	室内相对标高±0.000	91.00 m				
	层高	1层4.5 m(2～6层均为3.6m)				
	墙体工程	外墙、内墙采用陶粒混凝土砌块				
	建筑使用年限	50年				
	建筑工程设计等级	二级				
	耐火等级	二级				
	屋面防水等级	二级				
结构概况	结构使用年限	50年				
	抗震设防烈度	六度				
	建筑结构安全等级	二级				
	耐火等级	二级				
	基础类别	柱下独立基础				
	钢筋种类	HPB235、HRB335、HRB400				
	混凝土强度等级	独基	地圈梁	楼梯	框架柱	梁、板
		C30	C30	C30	C40、C35、C30	C30
	墙体工程	填充墙采用240/200/120厚陶粒混凝土砌块,强度等级MU5.0,砂浆强度等级M5.0				
	回填土情况	采用非膨胀黏土,分层夯实				
装修概况	屋面工程	一道厚度为40mmC20细石混凝土刚性防水,一道厚度为3mm SBS卷材防水				
	外装修	涂料外墙				
	内装修	内墙	乳胶漆墙面、高级瓷砖墙面			
		顶棚	乳胶漆顶棚			
		地台	耐磨地砖面层、水泥砂浆面层			
		踢脚	水泥踢脚、花岗石踢脚			
		门窗	门窗框采用型钢,内门为木制			
		栏杆	扁铁栏杆			
		油漆	木制门油漆采用灰白色调和漆三遍			
给排水概况	给水系统	水源	本工程1F～5FI区给水系统由校园给水管道直接供水,6F给水系统由校园自来水、地下室储水箱、变频加压泵联合供给。其中6F给水系统经稳压减压阀减压供给,静水压力不大于0.4MPa。			
		管材及接口	主管道及管道井内给水管采用孔网钢带聚乙烯复合管,套筒电熔或法兰连接。卫生间内、实验室内给水管采用PPR管,热熔焊接及螺纹连接,给水阀门均为铜质球阀。给水管穿墙、穿梁部分需加设套管。穿越结构缝的管道要做好软连接处理。吊顶内给水管需加橡塑保温,以防止发生结露。所有卫生器具均采用节水型卫生洁具。给水管道安装完毕后进行水压试验。			

续表

给排水概况	排水系统	污水 雨水	排水横管采用UPVC管，胶连接；排水立管采用承压UPVC螺旋消声管，螺纹连接，每层设一伸缩节，立管每层设阻火圈。排水管埋地部分均做管基。
	灭火器		灭火器为磷酸铵盐干粉手提式灭火，规格为MFAC3，每具灭火器充量为6kg
	消防供水		(1) 室外消火栓用水量30L/S。 (2) 室内设带启动按钮湿式消防栓系统，室内消火栓用水量为15L/S。 (3) 消火栓采用单阀单出口乙型消火栓。 (4) 消火栓系统设水泵结合器两组。
电气概况	电源进线线路敷设		(1) 低压配电系统采用220/380V放射式与树干式相结合的方式，对于单台容量较大的负荷或重要负荷采用放射式供电；对于照明及一般负荷采用树干式与放射式相结合的供电方式。一级负荷采用双电源供电并在末端互投；三级负荷采用单电源供电。 (2) 高压电缆选用ZRYJV-10kV交联聚氯乙烯绝缘，聚氯乙烯护套铜芯电力电缆。低压出线电缆选用ZRYJV-1kV交联聚氯乙烯绝缘，聚氯乙烯护套铜芯(阻燃)电力电缆。应急母线出线选用NHYJV-1kV铜芯(耐火)电力电缆。电缆明敷在桥架上，普通电缆与应急电源电缆应分设桥架两侧并采取隔离措施，在竖井内距离应大于300mm或采用隔离措施，若不敷设在桥架上，应穿热镀锌钢管(SC)敷设。 (3) 所有支线除双电源互投箱出线选用NH-BV-500V(耐火型)聚氯乙烯绝缘铜芯导线，至污水泵出线选用VV39型防水电缆外，其他均选用ZR-BV-500V铜芯(阻燃)导线，穿热镀锌钢管暗敷。在电缆桥架上的导线应按回路穿热塑管或绑扎成束或采用ZR-BVV-500V型导线。控制线为ZR-KVV控制电缆，与消防有关的控制线为NH-KVV耐火型控制电缆。
	防雷及接地		(1) 利用建筑物基础钢筋及外接接地极作为接地装置，采用联合接地，防雷接地与配电保护接地共用一套接地装置。2#教学楼及4#实验楼接地体连为一体，要求共用接地电阻Rd≤1Ω，阻值达不到要求补打接地极。 (2) 本工程中凡不带电的金属外壳、设备支架、电缆外皮、穿线钢管、电缆桥架等均须与接地系统连接。 (3) 本工程在一层强电设备间设总等电位连接箱，在弱电机房及各层强弱电设备间、卫生间等处作局部等电位连接，并在弱电设备间内设-50×6铜带绝缘固定安装作为电信设备专用接地线。将建筑物内接地保护干线，各设备金属总管，建筑物金属构件进行连接。
节能设计			屋面：屋面做法详建筑说明，保温材料采用膨胀蛭石，条砖架空隔热。 外墙：外墙为厚度240mm陶粒混凝土砌块。 外墙窗：外窗为浮法白玻塑钢窗，厚度详建筑设计总说明。 给排水节能： (1) 给水系统充分利用市政自来水管网压力，是有效的节能措施。 (2) 卫生器具及五金配件采用节水型产品。 电气节能：光源采用节能型细管径直管荧光灯(T5或T8)、紧凑型荧光灯等节能光源，采用电子式镇流器的灯具，并要求荧光灯单灯就地补偿，补偿后的功率因数为不小于0.92。

2) 特殊过程及关键工序

特殊过程：本工程特殊过程为防水工程。

关键工序：本工程的关键工序为测量放线、模板工程、钢筋工程、混凝土工程、砌体工程、外墙涂料。

3) 质量控制点

质量控制点：测量放线、GGZ垂直度、框架混凝土、楼板混凝土、屋面防水。

4) 危险性较大项目、重大危险源及重要环境因素

(1) 危险性较大项目：高支模板、外脚手架、塔式起重机。

(2) 重大危险源及重要环境因素：本工程存在的重大危险源有坍塌、机械伤害、高空坠落、触电、火灾；重要环境因素有噪声、扬尘、废水、固废的排放。

5) 现场施工条件

(1) 施工季节：全年四季。

(2) 地下水位：无。

(3) 施工场地：本工程场地已完成"三通一平"。施工期间场地相对比较狭窄，生产、生活用地较为紧张，常用的施工材料、周转材料、钢筋加工场优先考虑放在现场，按施工平面布置图布置。工人生活设施为组合板房两层设置，具体详见施工平面布置图。

(4) 地理环境：本工程位于市区，交通条件较好，但现场施工场地有限。

 知识链接

GB/T 50502—2009《建筑施工组织设计规范》规定，工程概况的内容应尽量采用图表进行说明。内容包括以下几点。

(1) 工程概况应包括工程主要情况，各专业设计简介和工程施工条件等。

(2) 工程主要情况应该包括下列内容：①工程名称，性质和地理位置；②工程的建设、勘察、设计、监理和总承包等相关单位的情况；③工程承包范围和分包工程范围；④施工合同，招标文件或总承包单位对工程施工的重点要求；⑤其他应说明的情况。

(3) 各专业设计简介应包括下列内容：①建筑设计简介应根据建设单位提供的建筑设计文件进行描述，包括建筑规模，建筑功能，建筑特点，建筑耐火，防水及节能要求等，并应简单描述工程的主要装修做法；②结构设计简介应依据建设单位提供的结构设计文件进行描述，包括结构形式，地基基础形式，结构安全等级，抗震设防类别，主要结构构件类型及要求等；③机电及设备安装专业设计简介应依据建设单位提供的各相关专业设计文件进行描述，包括给水、排水及采暖系统，通风与空调系统，电气系统，智能化系统、电梯等各个专业系统的做法要求。

(4) 工程施工条件主要内容：①建设地点气象状况；②施工区域地形和工程水文地质状况；③施工区域地上、地下管线及相邻的地上、地下建(构)筑物情况；④与工程施工方有关的道路、河流等状况；⑤当地建筑材料、设备供应和交通运输等服务能力状况；⑥当地供电、供水、供热和通信能力状况；⑦其他与施工有关的主要因素。

2 施工部署

1) 工程质量、安全、工期目标

(1) 项目质量目标：合格。

(2) 项目职业健康安全目标：安全达市优，杜绝死亡及重伤事故，杜绝火灾事故的发生。

(3) 项目工期目标：总工期控制在384日历天内。

2) 施工部署

(1) 项目组织机构如图1所示。

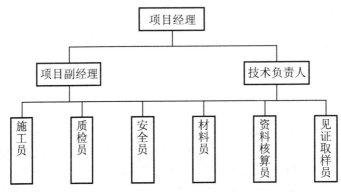

图 1　项目组织机构图

(2) 岗位职责。详见公司《项目经理部岗位职责》。

(3) 协调管理方式。现场协调设两级机构，上一级由业主、承包方及监理单位组成，定期或不定期举行协调会议，商议有关的工程资金、进度、质量、安全文明施工及各方配合协调方面的原则性方针问题；下一级由项目经理及各施工管理人员组成，每周召开一次管理人员例会，协商解决施工过程中一些具体配合协调问题，总结上周工作，安排下周工作任务，确保工程施工顺利进行。实行在公司职能部门监督下的项目经理负责制管理体制，现场由项目经理统一指挥领导，项目技术负责人及施工工长协同配合各施工队伍，施工队伍按一定比例科学组合，以确保工程质量和进度。

(4) 施工机械、机具选择。详见主要施工设备、机具需用量计划表。

(5) 基槽土方开挖方式。因本工程的土方开挖量较大，为了加快基础的施工进度，本工程的基槽开挖方式采用机械大开挖加人工修整的开挖方式，开挖顺序由西边往东边倒退进行开挖。

(6) 外架的搭设选择及模板支撑系统的选择。外架选用扣件式双排钢管脚手架，钢管选用$\phi 48 \times 3.5 mm$，钢管最大长度为6500mm，用于工程临边防护和装修工程上人操作，按不在架体内推车进行构造设计。

模板选用1840mm×920mm×18mm木胶合板，搁栅选用50mm×100mm木枋，钢管架作为支撑体系。

(7) 施工顺序安排。工程总体施工顺序：施工准备→定位、放线→基坑土方开挖→基础施工→回填土→主体框架结构施工(穿插框架填充墙施工)→屋面工程施工→室内外装饰施工→室外工程→收尾。水电、消防等预埋、预留及安装在土建工程施工中穿插进行。

知识链接

GB/T 50502—2009《建筑施工组织设计规范》规定,施工部署的内容包括以下几点。

(1) 工程施工目标应根据施工合同,招标文件以及本单位对工程管理目标的要求确定,包括进度、质量、安全、环境和成本等目标。各项目标应满足施工组织总设计中确定的总体目标。

(2) 施工部署中的进度安排和空间组织应符合下列规定:①工程主要施工内容及其进度安排应明确说明,施工顺序应符合工序逻辑关系;②施工流水段应结合工程具体情况分阶段进行划分;③单位工程施工阶段的划分一般包括地基基础、主体结构、装饰装修和机电设备安装三个阶段。

(3) 对于工程施工的重点难点应进行分析,包括组织管理和施工技术两个方面。

(4) 工程管理的组织机构形式应按照规范的规定执行,宜采用框图的形式表示。并确定项目经理部的工作岗位设置及其责任划分。

(5) 对于工程施工中开发和使用的新技术、新工艺应做出部署,对新材料和新设备的使用应提出技术及管理要求。

(6) 对主要分包工程施工单位的选择要求及管理方式进行简要说明。

3 施工进度计划

1) 施工进度计划编制说明

根据国家工期定额、工程合同内容及文件要求,本工程工期为 384 天,施工进度计划表详见附后的附图 1 施工进度网络计划表。

2) 施工进度保证措施

为确保工程能够如期竣工,将合理安排机械设备、人力,并加强现场施工组织管理和采取先进的技术措施。具体方法如下。

(1) 施工管理机构迅速成立及时到位。组织一支经验丰富的管理队伍成立有力的项目经理部,迅速到位行使职能,对内指挥施工生产,对外负责合同履行及协调联络。

(2) 施工队伍迅速进场。所需民工均从现有的民工队伍中挑选,根据工程需要,配备充足的技术人员和技术工人,并采取各项措施,提高劳动者业务素质和工作效率。施工队伍迅速进场,进行施工准备。机械设备将随同施工队伍迅速抵达现场,确保工程按时开工。

(3) 抓紧前期施工准备工作。尽快做好施工准备工作,认真复核图纸,进一步完善初步施工组织设计,编制关键工序施工方案,积极配合业主及有关单位;施工中遇到问题影响进度时,将统筹安排,及时调整,确保总体工期。

(4) 优化施工组织及进度计划。根据施工总进度计划,编制月度施工计划,保证施工进度计划的全面实施。并根据施工现场的具体情况变化及时调整施工计划,进一步优化,使工序衔接、劳动力组织、机械设备、工期安排方面都有利于施工生产的顺利开展。

(5) 人力、机械、材料的调度。建立从项目经理部到各施工队组的调度指挥系统,全面、及时掌握并迅速、准确地处理影响施工进度的种种问题。对工序交叉施工加强指挥和协调,确保在施工过程中有足够的人力、机械设备和充足的施工所需材料。

(6) 强化管理、严明纪律。强化施工管理,严明劳动纪律,对劳动力实行动态管理,优化组合,使作业专业化、正规化。内部实行经济承包责任制。既重包又重管,使责任和

（7）从质量方面保证。加强施工质量监督，避免出现返工现象。全部施工人员在思想上、组织机构、劳动组织、技术措施等各方面严格把关，针对工程中易出现的各种质量通病，狠下工夫，以预防为主，坚决杜绝各种质量通病的出现。由现场主管质量安全的项目质检员、工长和队组长，负责日常施工的质量检查。

（8）从安全方面保证。贯彻执行国家安全生产政策和安全法规，增强职工法制观念，严格按操作规程施工，加强施工安全监督工作，严把安全生产关，避免发生安全事故。

（9）从资金方面保证。加强资金管理，确保专款专用。

（10）从后勤上保证。根据合同的质量和工期要求，确定主要机械进场的种类和数量及进场时间。加强对施工机械设备的保养、维修、保证其正常运转。搞好职工食堂，注意防病治病，保障职工身心健康，保证正常出勤率，以利于施工顺利进行，确保工期。

（11）从技术上保证。对关键工序编制施工方案。施工中尽可能实施穿插作业，对互相干扰较大而且对工程工期起控制作用的施工项目，如排水管道、墙砌筑、模板安装、混凝土浇筑等，施工时应优先集中力量完成，以保证后续工作正常施工。

（12）加强与业主、设计、监理联系。加强与业主、设计、监理等单位之间的合作，配合业主做好相关标段协调工作，做好与当地政府和群众的调协工作，取得当地政府和群众的支持。

 知识链接

GB/T 50502—2009《建筑施工组织设计规范》规定，施工进度计划有以下几点要求。

(1) 单位工程施工进度计划应按照施工部署的安排进行编制。

(2) 施工进度计划可采用网络图或横道图表示，并附必要说明；对于工程规模较大或者较复杂的工程，宜采用网络图表示。

施工进度计划是施工部署在时间上的体现，反映了施工顺序和各个阶段工程进展情况，应均衡协调、科学安排。

一般工程画横道图即可，对工程规模较大、工序比较复杂的工程宜采用网络图表示，通过对各类参数的计算，找出关键线路，选择最优方案。

4 施工准备与资源配置计划

1) 技术准备

(1) 熟悉、审查施工图纸和有关设计资料情况，进场开工前，根据业主提供的图纸，组织有关人员熟悉图纸，提出问题，并尽快进行图纸会审，做好会审记录。

(2) 调查分析研究施工自然条件和技术经济条件资料。

(3) 编制施工组织设计和了解施工预算情况。

(4) 施工规范、操作规程的必备，保证项目部备有标准、管理人员熟悉标准。

(5) 对特殊过程、新技术施工人员、分包队伍进行技术培训。

(6) 特殊过程及关键工序施工方案编制见表2。

$$I=\frac{k \cdot p}{\sqrt{3} \cdot u}=159.5\text{A}$$

经查《建筑施工手册》可采用导线截面为 BV 型-3×70＋2×5 铝芯橡胶线。

(3) 施工现场用电基本保护系统的接线方式，采用具有专用保护零线的三相五线制 TN-S 接零保护系统，并且在专用保护零线上应做不少于三处的重复接地，如图 4 所示。

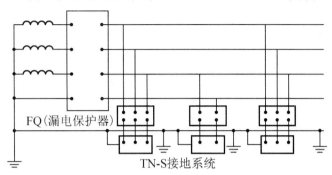

图 4　重复接地保护图

7) 施工临时用水计算

(1) 配水管径计算。经计算，本工程取消防用水量 Q=10L/S，管径选择：按消防用水需求考虑，按下式计算

$$D=\sqrt{\frac{4Q\times1000}{\pi \cdot v}}$$

式中：D——配水管直径(m)；

Q——耗水量(L/S)；

v——管网中水流速度(m/s)，取 1.5m/s。

经计算 D=0.092m=92mm，取 D=100mm。

所以本工程施工用水主管径采用 D=100mm 水管，接至各消防井。

(2) 水源选择。由甲方提供的水源接入。

(3) 管网设计。布置的原则是在保证正常供水的情况下，管道铺设越短越好，同时还应考虑到，在工程进展期中各段管网应具备移置的可能性。管径确定流速取 2m/s，则主管管径取 D=100mm。向施工现场沿线输水管管径 D_1=50mm，同时考虑在施工现场设置 1 个蓄水池，现场分布消防水栓。

8) 各项资源需用量计划

(1) 主要劳动力需用量计划(略)。

(2) 主要材料需用量计划表(略)。

(3) 成品、半成品需用量计划表(略)。

(4) 主要施工设备、机具需用量计划表(略)。

(5) 主要检测设备需用计划表(略)。

知识链接

GB/T 50502—2009《建筑施工组织设计规范》规定如下。

(1) 施工准备应包括技术准备、现场准备和资金准备等。

① 技术准备应包括施工所需技术资料的准备、施工方案编制计划、试验检验及设备调试工作计划、样板制作计划等。

- 主要分部(分项)工程和专项工程在施工前应单独编制施工方案,施工方案可根据工程进展情况,分阶段编制完成;对需要编制的主要施工方案应制定编制计划。
- 试验检验及设备调试工作计划应根据现行规范、标准中的有关要求及工程规模、进度等实际情况制定。
- 样板制作计划应根据施工合同或招标文件的要求并结合工程特点制定。

② 现场准备应根据现场施工条件和工程实际需要,准备现场生产、生活等临时设施。

③ 资金准备应根据施工进度计划编制资金使用计划。

(2) 资源配置计划应包括劳动力配置计划和物资配置计划等。

① 劳动力配置计划应包括下列内容:

- 确定各施工阶段用工量;
- 根据施工进度计划确定各施工阶段劳动力配置计划。

② 物资配置计划应包括下列内容:

- 主要工程材料和设备的配置计划应根据施工进度计划确定,包括各施工阶段所需要主要工程材料、设备的种类和数量;
- 工程施工主要周转材料和施工机具的配置计划应根据施工部署和施工进度计划确定,包括各施工阶段所需主要周转材料、施工机具的种类和数量。

与施工组织总设计相比较,单位工程施工组织设计的资源配置计划相对更具体,其劳动配置计划宜细化到专业工种。

5　主要施工方案

1) 测量施工方法

(1) 轴线定位:用经纬仪及钢卷尺定出建筑轴线,经甲方、监理复核验收合格后,做好测量定位放线记录,把主要控制桩加以保护,轴线控制桩用混凝土固定并引测至周围永久建筑物上。

(2) 轴线传递:柱基及首层轴线利用基坑周边轴线控制桩控制。在浇筑首层楼面混凝土时预埋 200mm×200mm×6mm 的铁板 4 块(A、B、C、D 点),在引测首层轴线的同时在钢板上做好"+"标志,上面各层梁板安装模板时,在相应位置留 180mm×180mm 方洞,上层楼板混凝土浇筑完毕后,用经纬仪把 4 个点引测至楼层,校核后再用经纬仪放出楼面控制轴线。

标高传递:根据现场高程控制点,用水准仪将此点引至基坑作为地基工程的水平控制点。首层施工好后,将+0.500m 标高引至柱上并做好红漆标记,用钢卷尺向上丈量至各楼层,然后用水准仪抄平控制楼层标高,同时将首层标高引测至永久性建筑物上并做好保护。

2) 基础工程

地基与基础工程质量控制流程图,如图 5 所示。

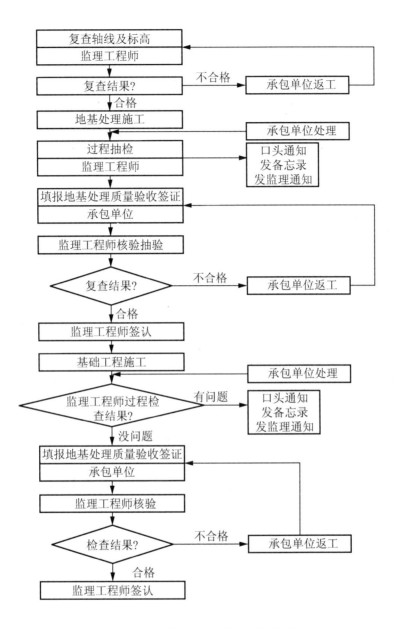

图 5 地基与基础工程质量控制流程图

(1) 土方开挖。据地质勘察报告，土方开挖到设计标高后，按设计要求钎探。

柱基间距较为密集，根据地质勘察资料及施工图纸要求，采用基坑大开挖放坡的形式。开挖前做好以下几方面内容的准备：①查勘现场，摸清工程实地情况；②按设计或施工要求标高整平场地；③设置测量控制网；④设置就绪基坑施工用的临时设施。基坑土方采用机械开挖人工修正。按 1∶0.67 进行放坡。

独立基础基坑均深约 2.6m。基坑无支护按地质勘察报告放坡，利用现场确定的±0.00 标高，分别引测到基坑侧边上并作红三角标记，作为基础开挖深度的控制，施工员要交底清楚，在施工中要随时检查避免超挖。

土方机械开挖至设计标高上 300mm 时，如未达到持力层，报知监理后，经业主及监理同意再进行超深开挖。机械开挖完毕后，人工挖土清平设计基底标高。挖土后及时组织验槽，浇混凝土垫层封闭，最大限度地减小对坑底土的扰动。

施工现场设置临时堆土场，计算好回填土量，多余的土方外运。作好施工现场的排水工作，基槽周边地面上设挡水堤，防止地表水、污水流入基坑槽内并作好降水措施。基坑土方挖到设计深度后，及时通知设计单位、地质单位、建设单位等的有关部门进行检查验收，做好验收记录。避免基坑槽暴露时间过长，验收完成后清除浮土即可进行混凝土垫层的施工。(另见土方施工方案)

(2) 独立柱基础。

① 工艺流程。

a. 钢筋绑扎工艺：核对钢筋半成品→钢筋绑扎→预埋管线及铁件→绑扎好垫块；

b. 模板安装工艺：确定模板组装方案→安装模板→模板检查及验收；

c. 混凝土浇筑工艺：混凝土泵送→浇筑→振捣→养护。

② 钢筋绑扎。

a. 核对成形钢筋：钢筋绑扎前，应先按设计图纸核对加工的半成品钢筋。并对其规格、型号、品种经过检验，然后挂牌堆放好。

b. 钢筋绑扎：钢筋按顺序绑扎，一般情况下，先长轴后短轴，由一端向另一端依次进行。操作时按照图纸要求画线、铺铁、穿箍、绑扎，最后成形。

c. 预埋管线及铁件：预留孔洞位置应正确；钢筋应按照图纸绑好，绑扎应牢固，其标高、位置、搭接锚固长度等尺寸应准确，不得遗漏和移位。

③ 安装模板。

a. 独立基础模板安装：基础每阶梯由四块模板组成，在制作基础模板时，其中两块侧模的尺寸和基础相应台阶的尺寸相等，另两块侧模长度比相应的台阶的长度大 150～200mm，高度与台阶的高度相等。上台阶模板的其中两块侧板的下部固定于轿杠木上，以便搁置于下层台阶模板上，下层台阶模板的四周要设斜撑及平撑。斜撑和平撑一端钉在侧板的木挡上，另一端顶紧在木桩上。上台阶模板的四周也要用斜撑和平撑支承，斜撑和平撑的一端钉在台阶侧板的木挡上，另一端钉在下台阶侧模的木挡顶上或支承于基坑四周的土墙上。

b. 模板安装时，应先在侧板内侧划出中线，在基坑底弹出基础中线。把各台阶侧板拼成方框。然后把下台阶模板放在基坑底，两者中线互相对准，并用水平尺校正其标高，在模板四周钉上木桩。上台阶模板和下台阶模板上安装方法相同。

c. 安装后校正基础中线、标高、断面尺寸。将模板内杂物清理干净、检查合格后办预检。图 6 为柱模板安装示意图。

④ 混凝土施工。

a. 本工程基础混凝土采用商品混凝土。

b. 浇筑：混凝土的下料口距离所浇筑的混凝土表面高度不得超过 2m。先浇筑柱基第一台阶，第一台阶混凝土初凝前返回浇筑第二台阶。

c. 振捣：用插入振捣器应快插慢拨，插点应均匀排列，逐点应均匀排列，逐点移动，顺序进行，不得遗漏，做至振捣密实。振捣上一层时应插入下层 5cm，以清除两层间的接缝。振捣时间以混凝土翻浆出气泡为宜。混凝土表面随振捣随按标高线，用木抹子搓平。

d. 浇筑混凝土时，应经常注意观察模板、支架有无走动情况，当发现有变形，位移时，应立即停止浇筑，并及时处理好，再继续烧筑。

e. 养护：混凝土浇筑后，在常温条件下 12h 内应浇水养护，浇水次数以保持混凝土湿润状态为宜。养护时间不少于 14 天。

图 6　柱模板安装

(3) 基础梁施工。

① 模板安装前，先弹出边线，再把侧板对准边线垂直竖立，校正调平无误后，用钢管斜撑和平撑扣牢。如基础较长，可先立基础两端的两块侧板，校正后再在侧板上口拉通线，依照通线再立中间的侧板。当侧板高度大于基础台阶高度时，可在侧板内侧按台阶高度弹准线，并每隔 2m 左右在准线上钉圆钉，作为浇筑混凝土时的标志。在每隔 1m 左右在侧板上口钉搭接木，防止模板变形。安装后校正梁中线、标高、断面尺寸。将梁模板内杂物清理干净、检查合格后办预检。

② 混凝土浇筑(做法同独立柱基础)。

(4) 回填土施工。在基础结构验收合格后，进行土方回填。施工工艺流程：基坑清理→检验土质→分层铺土→夯打密实→检验密实度→修整找平验收。

① 填土前，应将基坑的松散土及垃圾、杂物等清理干净，并把基层整平。在土料下基坑前，应对土料的含水量进行检测，方法是以手握成团，落地开花为宜。

② 在摊铺土料前，应做好水平标高的控制标志，即从基坑底算起，沿边坡向上每 1m 钉木桩，作为虚铺土层厚度的控制标高。小木桩用红色油漆标识，并做好保护措施。

③ 基坑回填应分层铺摊，每层虚铺厚度为 300mm，用蛙式打夯机从柱、梁边打夯出 1000mm，夯打 3～4 遍。夯打时应一夯压半夯，夯夯相接，行行相连，不得漏夯。

④ 基坑回填时应沿建筑物两侧同时进行。为加快回填速度，可根据现场具体情况进行分段回填，按铺土、夯实两道工序组织流水施工。

⑤ 基坑回填时，应先沿建筑物铺摊不小于 1000mm 宽的黏土，接着再铺摊素土，整平后一起夯实。

⑥ 在每层回填土夯实后，必须按规范规定进行环刀取样，测定土的干密度、压实度，若达不到设计要求，应根据测验情况，进行补夯 1～2 遍，再测验合格后方可进行上层的铺土工作。

3) 钢筋工程

本工程所用的钢筋为：基础柱基、柱、梁为 HRB335(中)级，直径为 ϕ16mm、ϕ22mm、ϕ25mm 钢筋，楼板为 HRB235(Φ)级，直径为 ϕ6.5mm、8mm 钢筋。

钢筋采购前择优选取合格的供应商，采购进场的钢筋要严格实行"双控"，要有相应的真实的产品质量合格证，进场后专职取样员在监理单位现场代表见证下抽取试样送检，并填写好送检单，经检验合格后才能使用。

本工程柱钢筋采用电渣压力焊连接，梁主钢筋绑扎时连接采用搭接焊，电焊工持证上岗，首先做试件送检合格后再大批制作。钢筋加工前，先由施工员编出钢筋下料单并经项目技术负责人审核、审批后方可进行钢筋加工。

(1) 梁筋绑扎。工艺流程：画主次梁箍筋间距→放主次梁箍筋→穿主梁底层纵筋→穿次梁底层纵筋并与箍筋固定→穿主梁上层纵向钢筋→按箍筋间距绑扎→穿次梁上层纵向钢筋按箍筋间距绑扎。如图7所示。

梁主钢筋加工时长短料接头采用闪光对焊连接。焊接接长的钢筋，要先做试验，合格后方可下料施工。严格按下料表加工制作，熟悉施工规范中有关钢筋加工的规定。已加工好的钢筋成品、半成品应按不同构件、部位，分不同钢筋型号、级别挂牌堆放，为钢筋运转及绑扎提供方便。

在梁侧模上画出箍筋间距，摆放箍筋；先穿主梁的下部纵向钢筋，将箍筋按已画好的部距逐个分开；穿次梁的下部纵向钢筋，并套好箍筋，放主次梁的上部钢筋，隔一定间距将上部筋与箍筋绑扎牢固。调整箍筋间距使其符合设计要求，主次梁同时配合进行。

绑梁上部筋的箍筋时，宜采用套扣法绑扎，箍筋在叠合处的弯钩，在梁中应交错绑扎，箍筋弯钩为135°，平直部分长度不小于10d(d为箍筋直径)。梁端第一个箍筋应设置在距柱节点边缘 50 mm 处。梁端与柱端交接处箍筋应加密，其间距与加密区长度必须满足混凝土结构设计规范要求。

在梁下受力筋下均垫塑料垫块，间距为 1m，以保证保护层的厚度。受力筋为双排的，用 ϕ25mm，$L=b-50$ 的短钢筋，b 为梁宽，@1000 垫在两层钢筋之间，钢筋排距应符合设计要求。

图7 钢筋绑扎

(2) 板钢筋绑扎。工艺流程：清理模板→模板上画线→绑扎下受力筋→绑扎分布筋→放好保护层的砂浆垫块。

板筋绑扎前要清理模板上面的杂物，用粉笔在模板上画好受力筋、分布筋间距，按画好的间距，先摆放受力筋，后放分布筋。预埋件、电线管、预留孔等及时配合安装。绑扎板筋用顺扣方法绑扎，外围两排钢筋的相交点应全部绑扎外，其余各点可交错绑扎(双向板相交点须全部绑扎)。跨度大于4mm的板，在板跨中按$L/500$起拱。

在板筋的下面垫好厚度为15mm的砂浆垫块，间距为1.5m，以保证板筋的保护层厚度。梁、板钢筋绑扎同时，按规定放好预埋件，每层在梁或楼板预埋好固定连墙杆的预埋件，在与沿墙每隔500mm预埋$2\times\phi6.5$拉结筋。

(3) 柱筋绑扎。

① 竖向钢筋的弯钩应朝向柱心，角部钢筋的弯钩平面与模板面夹角，对矩形柱应为45°角，截面小的柱，用插入振动器时，弯钩和模板所成的角度不小于15°。

② 箍筋的接头应交错排列垂直放置；箍筋转角与竖向钢筋交叉点均应扎牢(箍筋平直部分与竖向钢筋交叉点可每隔一根互成梅花式扎牢)。绑扎箍筋时，铁线扣要相互成8字形绑扎。

③ 柱筋绑扎时应吊线控制垂直度，并严格控制主筋间距。柱筋搭接处的箍筋及柱立筋应满扎，其余可梅花点绑扎。

④ 当梁高范围内柱纵筋斜度$b/a\leqslant1/6$时，可不设接头插筋；当$b/a>1/6$时，应增设上下柱纵筋的连接插筋，锚入柱内。

⑤ 下层柱的竖向钢筋露出楼面部分，宜用工具或柱箍将竖向主筋位置固定，以便于与上层柱的钢筋焊接，并与上层梁板筋焊接(见图8)，当上下层柱截面有变化时，其下层柱钢筋的露出部分，必须在绑扎梁钢筋之前，先行调整。

⑥ 柱筋保护层厚度应符合设计和规范要求，主筋保护层厚度为25mm，塑料垫块应套在柱竖筋外皮上，间距为500mm，以保证主筋保护层厚度准确。柱截面尺寸有变化时，柱应在板内弯折，弯后尺寸要符合设计要求。

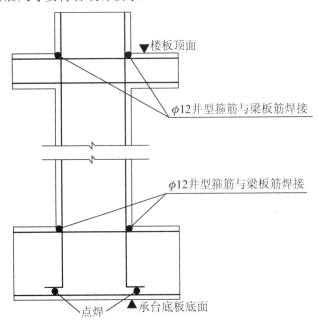

图8 柱筋定位图

(4) 楼梯钢筋绑扎。

工艺流程：画线位置→绑主筋→绑分布筋→绑踏步筋。

模板安装完清理后，在楼梯板上划主筋和分布筋的位置线，根据设计图纸中主筋、分布筋的方向，先绑主筋后绑分布筋，每个交叉点均应绑扎。板筋绑扎后垫砂浆垫块，厚度为 20 mm 。

4) 模板工程

本工程配两层模板。模板质量的好坏，不仅影响主体混凝土结构的几何尺寸及感观质量，也直接影响内外装修的质量和经济效益，为保证工程主体结构安全，对模板的选材、支撑、安装和拆模的要求按模板工程施工流程图(见图9)进行。

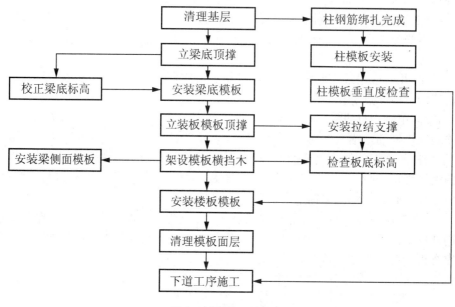

图 9　模板施工流程图

(1) 框架柱模板。当每一个流水段内的柱钢筋分段绑扎、分段验收完毕，即进行柱模板安装，柱模板用预先制作好的定型模板拼装而成。

柱子模板须采用拉撑结合的办法进行固定，模板的承力架和支撑采用 $\phi 48$ 钢管系统，夹模用井字形卡夹方式，并配合楼面梁板承力架互相搭拉形成整体架子。柱截面尺寸小于或等于 600mm 时，采用单管井字架，间距不大于 300mm。

模板安装前应在楼面上按柱截面尺寸每边加 50mm 模板厚度先弹出安装模板的定位线，然后用 4 块木板钉好的小方盘固定柱模，再安装柱的拼板，装好后要吊线检查其垂直度。模板底部(柱脚)处应留一块模板作清扫口，待全部工作完毕在混凝土浇筑前将模板湿润，清除杂物冲洗干净柱脚后再进行封口，同时用细砂将压脚处的缝隙堵住，以防漏浆，然后浇筑混凝土。柱子竖向拼模时，要错开板接头，以增强模板刚度。

模板安装完毕测量员校对后，再经过质检员和施工员的检查、核实，并做好检查评分记录。要重点检查卫生间、柱模板的标高是否符合设计图纸要求，柱、梁边模是否牢固，是否符合施工规范，为一次成活做好充分准备，避免模板胀模质量通病现象发生。

(2) 钢管支撑梁板模板。采用钢管支撑。本工程楼面主梁次梁和楼板跨度在大于 4m 时,要按规定起拱,起拱高度按 2‰跨度计算,在主次梁交接部位,先主梁后次梁和楼板起拱。

模板安装过程,每一段梁或楼板在跨中按计算需要高度做好标记,安装时认真按此标高拉线铺设模板,对于梁高扣除楼板厚度后的高度大于或等于 500mm 时,留一个侧面模板后装,待全部钢筋绑扎完经检查验收合格方可封模。

梁板模板采用厚度为 18mm 木胶板,个别辅以方木镶边嵌缝,楼板模板与梁侧模板镶边的地方,将此部分木模仔细刨光,两块竹胶板之间的板缝用胶带纸粘贴,使其接近或达到清水混凝土的效果。承力架和支撑采用 $\phi 48\times 3.5$mm 钢管,钢管架立杆采用带专用 100mm×100mm×20mm 的木垫板。

在梁、柱、板模板架搭设中,框架梁所对下方应设斜撑或剪刀撑,在楼板下方纵横方向均设斜撑或剪刀撑,架管接头位置要错开,保证梁柱承力架形成一个整体。楼面模板铺设完后,应认真检查支撑是否牢固可靠,以防塌模事故发生。每一大流水段内,楼板钢筋绑扎完毕,经验收合格即进行混凝土浇筑。

(3) 楼梯模板支模。模板支模应先根据层高放大样,一般先支基础和平台梁模板,再装楼梯斜梁或楼梯的模板、外帮侧板。在外帮侧板内侧弹出楼梯底板厚度线,用样板划出踏步侧板的挡木,钉侧板。如楼梯宽度大,则应沿踏步中间向上设反扶梯基加顶 1~2 道吊木加强,楼梯斜板在 1/3 处留缝,需装模板。

(4) 模板拆除。模板拆除应满足 GB 50204—2002《混凝土结构工程施工质量验收规范》中的有关要求。本工程混凝土采用商品混凝土,主体工程施工阶段配置两层结构模板,施工第二层时,最下面一层的梁、柱模均可往上转移,根据规范规定本工程梁板构件跨度小于或等于 8m,混凝土强度需达到设计强度的 75%后方可拆除底模,为确保质量安全,加速模板顶撑周转,减少模板和架管的投入,根据不同气温条件,预先做好在不同气温条件下在混凝土中掺加外加剂的试验,以满足拆模时混凝土能达到要求强度提供科学依据。每层楼的模板拆出后及时修整涂刷隔离剂,并分类分规格堆放整齐。

模板及其支架设计,模板及其支架设计依据 GB 50204—2002《混凝土结构工程施工质量验收规范》4.1.1 条执行。另详见《模板施工方案》。

5) 混凝土工程

(1) 商品混凝土。施工前先做坍落度测试检查和制作试块送检。如混凝土运到浇筑地点有离析现象时,必须在浇筑前进行二次拌和。

(2) 柱混凝土浇筑。混凝土浇筑前,必须将模板内的垃圾、泥土等杂物及钢筋上的油污清除干净,并检查钢筋的保护层垫块是否垫好。柱子模板的扫除口应在清除杂物及积水后再封闭。从房子两端成线对称浇捣,柱混凝土应分层振捣,使用插入式振动器时每层厚度小于或等于 500mm。自由倾落高度大于或等于 2m 时,采用吊筒下料。柱子混凝土浇筑应由外向内对称地依次浇筑,不得从一端向另一端推进,以避免柱模因混凝土单向浇筑受推倾斜而使误差积累难以纠正。浇筑完毕后,应随时将伸出的搭接钢筋整理到位。

柱振动采用插入式振动器振动时应快振慢拔,振点要均匀排列,逐点移动,顺序进行,不得遗漏,做到均匀振实。为便上下层混凝土接合成整体,振捣器应振入下层混凝土 5 cm。

对于柱与梁节点处混凝土强度等级不同,采用先浇柱混凝土,后浇梁混凝土的办法确保柱砼的强度符合设计要求,做法如图 10 所示。

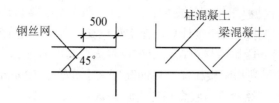

图 10　梁柱混凝土强度等级不同时浇筑方法

(3) 梁、板混凝土浇筑。梁、板混凝土应同时浇筑，浇筑方法用"赶浆法"，即先浇梁，根据梁高分层浇筑成阶梯形，当达到板底位置时再与板的混凝土一起浇筑，随着阶梯不断延伸，梁板混凝土浇筑连续向前行进。

梁振捣时采用插入式振动器，板振动用平板振动器，垂直浇筑方向来回振捣，厚板先用插入式振动器振动，然后再用平板振动器振动。浇筑板混凝土的虚铺厚度应略大于板厚，振捣过程中用铁插检查混凝土厚度，振捣完毕后用木抹子抹平。

(4) 楼梯混凝土浇筑。楼梯段混凝土自下而上浇筑，先振实底板混凝土，达到踏步位置时再与踏步混凝土一起浇捣，不断连续向上推进，并随时用木抹子将踏步上表面抹平。楼梯施工缝留置在楼梯段跨中 1/3 的部位，留缝时要垂直于板面留设，并用木头按楼梯板钢筋的间距锯成锯齿形，以便更好地固定梯板钢筋。

6) 混凝土的养护

养护工作是一个非常重要的环节，养护条件的好坏直接影响混凝土构件整体质量，因此混凝土养护工作必须派专人负责，并采取相应措施予以解决问题。顶板浇水养护时间不小于 14 天，楼层柱、梁、板浇水养护时间不小于 14 天。

7) 砌体工程

本工程墙体均为框架填充砌体，采用陶粒混凝土砌块，零点标高±0.000 以上均采用 M5 混合砂浆砌 MU5 砌块，±0.000 以下均采用 M5.0 水泥砂浆砌 MU5 砌块，并用 C20 细石混凝土灌孔。砖的品种、强度等级必须符合设计要求，并且每种规格都有出厂合格证明及试验单；水泥的品种与标号应根据砌体部位及所处环境选择，采用的水泥有出厂合格证明和试验报告方可使用；不同品种的水泥不得混合使用。砂采用中砂，配制水泥砂浆或水泥混合砂浆的强度等级等于或大于 M5.0 时，砂的含泥量不应超过 5%。砂浆强度等级小于 M5.0 时，砂的含泥量不应超过 5%。

(1) 拌制砂浆。砂浆采用机械拌和，手推车上料，磅秤计量。材料运输主要采用井架作垂直运输，人工手推车作水平运输。

① 根据试验提供的砂浆配合比进行配料称量，水泥配料精确度控制在 2%以内；砂、石灰膏等配料精确度控制在±3%以内。

② 砂浆应采用机械拌和，投料顺序应先投砂、水泥、掺和料后加水。拌和时间自投料完毕算起，不得少于 1.5min。

③ 砂浆应随拌随用，水泥砂浆和水泥混合砂浆必须分别在拌成后 3h 和 4h 内使用完毕。

(2) 组砌方法。

① 陶粒砌块墙砌筑应上下错缝，内外搭砌，灰缝平直，砂浆饱满，水平灰缝厚度和竖向灰缝宽度一般为 10mm，但不应小于 8mm，也不应大于 12mm。

② 砖墙的转角处和交接处应同时砌筑，均应错缝搭接，所有填充墙在互相连接、转角处及与混凝土墙连接处均应沿墙高设置 2Φ6.5@500 通长拉结筋。对不能同时砌筑而又必

须留置的临时间断处应砌成斜搓。如临时间断处留斜搓确有困难时，除转角处外，也可留直搓，但必须做成阳搓，并加设拉结筋，拉结筋的数量按每12mm墙厚放置一根直径φ6.5mm的钢筋，间距沿墙高不得超过500mm，埋入长度从墙的留搓处算起，每边均不小于100mm，未端应有90°弯钩。墙体接搓示意图，如图11所示。

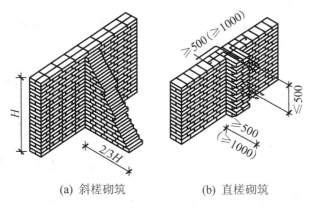

(a) 斜搓砌筑　　　(b) 直搓砌筑

图 11　墙体接搓示意图

③ 隔墙和填充墙的顶面与上部结构接触处用侧砌块或立砌块斜砌挤紧。

(3) 砖墙砌筑。施工顺序：弹划平面线→检查柱、墙上的预留联结筋，遗留的必须补齐→砌筑→安装或现浇门窗过梁。

① 排砌块撂底：一般外墙第一皮砌块先排砖，前后纵墙应排顺砌块。据已弹出的窗门洞位置墨线，核对门窗间墙、附墙柱(垛)的长度尺寸是否符合排砌块模，如若不合模数时，则要考虑用混凝土补及排砖的计划。

② 选砖：选择棱角整齐、无弯曲裂纹、规格基本一致的砖块。

③ 盘角：砌墙前应先盘角，每次盘角砌筑的砖块墙角度不要超过三皮，并应及时进行吊靠，如发现偏差及时修整。盘角时要仔细对照皮数杆的砖块层和标高，控制好灰缝大小水平灰缝均匀一致。每次盘角砌筑后应检查，平整和垂直完全符合要求后才可以挂线砌墙。

④ 挂线：砌筑一砖块厚及以下者，采用单面挂线；如果长墙几个人同时砌筑共用一根通线，中间应设几个支线点；小线要拉紧平直，每皮都要穿线看平，使水平缝均匀一致，平直通顺。

⑤ 砌砖块：宜采用挤浆法，端侧面要铺浆，并随手将挤出的砂浆刮去。操作时砌块块要放平、跟线，砌筑操作过程中，以分段控制游丁走缝和乱缝。经常进行自检，如发现有偏差，应随时纠正，严禁事后采用撞砖块纠正。应随砌随将溢出墙面的灰迹块刮除。

⑥ 门窗过梁为预制钢筋混凝土过梁，在砌块墙上的支撑长度不小于 250mm；当支撑长度不足时，应按过梁与柱、墙直接连接处理。当门窗洞边无砖墩搁置过梁时，采用在相应洞顶位置的混凝土墙、柱上予埋铁件或插筋，以便和过梁中的钢筋焊接。

安装过梁、梁垫时其标高、位置及型号必须符合设计图纸要求，坐浆饱满；如坐浆厚度超过20mm 时，要用细石混凝土铺垫，过梁伸入两端的支撑长度应一致。

⑦ 填充墙体与梁板交接的顶砌块用实心小砌块，并斜砌顶紧。

⑧ 卫生间四周砌块墙体底部构件200mm 高素混凝土反边，确保墙脚不渗水。

8) 屋面及防水工程

(1) 屋面找平层施工按工艺流程：基层清理→管根封堵→标高坡度弹线→洒水湿润→水泥砂浆找平→养护→验收，屋面板清理冲洗干净、铺素水泥浆后，随将1∶2水泥砂浆倒在板面上铺平，用木抹抹平压实、压平。找平层与女儿墙连接处和泛水做圆弧，圆弧半径大于或等于50mm。

(2) SBS改性沥青防水卷材施工工艺流程：基层清理修整→涂刷基层处理剂→节点(阴阳角等)处理→铺SBS改性沥青防水卷材。

施工方法。

① 屋面找平层施工前，必须将基层杂物彻底清理凿除凸出的灰块木渣和松动的石子，用水将表面冲洗用竹扫帚扫干净。

② 附加防水层的方法、搭接、收头应按设计要求，黏结必须牢固接缝封闭严密，无损伤、空鼓等缺陷。

③ 防水层厚度要均匀、黏结牢固严密，不允许有脱落以及开裂、孔眼、压接不严密的缺陷。

④ 防水层表面不应有积水和渗水现象。保护层不得有空鼓、裂缝脱落的现象。

⑤ 檐口、泛水、水落口等处的细部做法，必须符合设计要求和有关屋面工种技术规范的规定。

屋面防水工程施工前，对原材料必须实行双控检验，除有厂家产品出厂合格证外，现场必须取样送检，检验合格后才能使用。

施工操作应由专业人员进行，严格按施工验收规范要求操作，防水层施工结束后，经甲方、监理部门验收后方可进行下一道工序施工。

严禁在雨天施工，五级风及其以上不得施工。

成品保护：禁止尖锐物品触及防水层；避免在已完工的防水层上打凿孔洞，如确需打凿时，损坏部位防水层应重点密封处理。

(3) 细石混凝土施工。

① 保护层构造：防水层应留置分格缝，一般设在屋面板的支撑端，屋面转折处，屋面及防水层与突出屋面结构的交接处，并应与板缝对齐，每个分格板块以30m²为宜，纵横向设置，缝内嵌聚氯乙烯胶泥等密封材料。

② 工艺流程：处理、清理基层→铺贴附加层→涂刷隔离层→设置分格缝木条→浇筑细石砼→二次压光→覆盖养护→取出分格缝木条→清缝→嵌缝→铺贴板缝保护层→清扫、检查和修补→验收。

③ 处理、清理基层：基层上的混凝土或砂等浮渣杂物应清理干净。

④ 留置分格缝。

a、分格缝在隔离层干燥后，浇铺防水层前嵌好，其位置一般设在屋面板的支撑端，并与屋面板缝对齐，其纵横向间距不宜大于6m。

b、分格缝采用木板，宽度为10～20mm，高度等于防水层厚度，木条埋入部分应涂刷隔离剂，除屋脊处设置纵向分格缝外，应尽量不设纵向缝。

⑤ 浇筑细石混凝土。

a、屋面防水用细石混凝土的水灰比不应大于0.55。

b、混凝土应分板块浇筑，浇筑前先刷素水泥浆一遍，再将混凝土倒在板面上铺平，使其厚度一致，用平板振捣器振实后，用铁辊筒(长度为74cm、直径为25cm、重为50kg)十字交叉地往复滚压 5~6 遍至密实，表面泛浆，再抹平压实。待混凝土初凝前再进行二遍压浆抹光，最后一遍待水泥收干时进行。

c、每个分格板块的混凝土必须一次浇筑完成，不得留施工缝。

d、在混凝土抹压最后一遍时，取出分格木条，所留凹槽用 1∶2.5~3 的水泥砂浆填灌，缝口留 15~20mm 深作嵌缝用。

⑥ 养护：混凝土浇筑 12~24h 后，及时用草袋覆盖浇水养护，不少于 14 天。

(4) 铺设膨胀蛭石架空隔热层。

① 架空的高度一般在 100~300 ㎜，并要视屋面的宽度，坡度而定。如果屋面宽度超过 10 ㎜时，应设通风屋脊，以加强通风强度。

② 架空屋面的进风口应设在当地炎热夏季最大频率风向的正压区，出风口设在负压区。

③ 架空板要找平拉线铺设。铺设前，应清扫屋面上的落灰、杂物，以保证隔热层气流畅通，但操作时不得损伤已完成的防水层。

④ 架空板支座底面的柔性防水层上应采取增设卷材或柔软材料的加强措施，以免损坏已完成的防水层。

⑤ 架空板的铺设应平整、稳固；缝隙宜采用水泥砂浆或水泥混合砂浆嵌填。

⑥ 架空隔热板距女儿墙不小于 250 ㎜，以利于通风，避免顶裂山墙。

9) 外架搭拆

根据工程实际情况，确定选用钢管脚手架作外架，搭设高度(最高点)为 28.20m。主要用于工程主体施工、临边防护和外墙装修时使用，按不在架体内推车进行构造设计。另详见《脚手架施工方案》。

10) 外墙装修

(1) 外墙找平层施工。

① 基层处理。混凝土表面处理：当基体为混凝土时，先剔凿混凝土基体上凸出部分，使基体保持平整，毛糙。然后用火碱水或市售"洗洁精"类洗涤剂，配以钢丝刷将表面上附着的脱模剂、油污等清除干净，最后用清水刷净。基体表面如有凹入部位，则需用 1∶2 水泥砂浆补平。如为不同材料的结合部位，例如填充墙与混凝土的结合处，还应加压盖 30 cm宽的钢板网，用射钉按每米不少于十颗射钉子弹固定接缝。为防止混凝土表面与抹灰层结合不牢，发生空鼓，并采用 30%的 107 胶加 70%水拌和的水泥素浆，满涂基体一道，以增加结合层的附着力。

② 找平层施工。

a. 贴饼、冲筋：外墙面做找平层时，应在房屋小角用经纬仪和线锤，按找平层厚度，从顶到底测定垂直线，沿垂线做标志，贴灰饼。垂直线应一次吊线，严禁两次吊线。外柱到顶的外墙，每个外柱边角必须吊线(即柱面双线)，做双灰饼，然后再根据垂直线拉横向通线，沿通线每隔 1200~1500m，做灰饼；同时应在门窗或阳台等处拉横向通线，找出垂直方正后，贴好灰饼。特别注意各层楼的阳台和窗口的水平向、竖向和进出方向必须"三向"成线。连通灰饼进行冲筋，作为找平层砂浆平整度和垂直度的标准。对于外墙面局部镶贴饰面砖时，应对相同水平部分拉通线，对相同的垂直面吊线锤，进行贴灰饼、冲筋。

b. 抹底层砂浆：抹厚度为 15mm 保温砂浆；再抹厚度为 5mm1∶2.5 水泥砂浆，将耐碱玻璃纤维网布一层埋入砂浆中；严格控制找平层砂浆的稠度。

c. 湿水基层抹灰必须充分润湿基体，严禁在干燥的混凝土或砖墙上抹砂浆找平层。因为干燥的墙面，尤其当混凝土或砖砌体的表面温度较高时，紧贴基体的砂浆，很快被基体吸干水分，使贴靠基体的砂浆失水，形成抹灰层与基体的隔离层，即"干浆层"。此层水化极不充分，无强度，而引起基层抹灰脱壳和出现裂缝而影响质量。

d. 基层抹灰(即找平层抹灰)基层抹灰的质量，要控制好垂直及平整度，应分层抹灰，每一层厚度小于或等于 7mm。局部加厚部位应加挂钢丝网。抹灰时应快抹快找平，不得反复揉压，造成人为空鼓。

e. 为克服混凝土基层抹灰易于空鼓，可在抹灰前在基体表面刷界面胶粘剂。

f. 抹外墙面的找平层时，注意墙面的窗台，腰线、阳角及滴水线等部位细部做法和流水坡度。

g. 在找平层完成后，应洒水养护 7 天。

(2) 外墙涂料施工。

① 基层处理：将墙面等基层上起皮、松动及鼓包等清除凿平，并将残留在基层表面上的灰尘、污垢、溅沫和砂浆流痕等杂物清扫干净。

② 补腻子：用腻子浆墙面等基层上磕碰的坑、缝缝等处分遍找平，干燥后用一号纸打磨平，并将浮尘等扫净。

③ 满刮腻子：刮腻子是根据墙面或基层表面的平整度来决定遍数，一般情况多为 3 遍。第一遍腻子用胶皮刮板横向满刮，一刮板接着一刮板，接头不得错槎，每刮一刮板最后收头时，要收的干净利落。干燥后用一号砂纸打磨，将浮腻子及斑迹磨平磨光，并将表面清扫干净。第二遍腻子用钢片刮板竖向满刮，所用材料的操作方法同第一遍腻子，干燥后用一号砂纸打磨平、并清扫干净。第三遍腻子用钢片刮板刮平，用钢皮刮板满刮腻子，将墙面等基层刮平刮光，干燥后用细纸磨平磨光，应注意不要漏磨或磨穿腻子。

④ 刷涂涂料：涂刷涂料饰面，以 3 遍成活。第一遍先将墙面清扫干净，再用布将墙面粉尘擦净。涂料大面用滚筒小面宽排笔涂刷，使用新排笔时，就将活动的笔毛整理掉；涂料使用前就精心搅拌均匀。施涂顺序时刷墙面是先上后下，滚筒滚涂顺序是从左到右，从上到下，叠合滚涂，用力要均匀，不能漏滚和流坠，第一遍涂料干透后，进行打磨，若发现有不平之处，及时修补腻子，腻子干燥后用砂纸打磨光，将灰尘清理干净。第二遍涂料操作方法及要求同第一遍。用前交涂料充分搅拌，加水比第一遍略少，以防露底。等漆膜干燥后，用细砂纸将墙面小疙瘩和排笔毛打磨掉，表面打磨光滑后清扫干净。第三遍涂料操作方法及要求同第二遍，由于漆膜干燥较快，应连续迅速操作，涂刷时从一端开始，逐渐涂刷向另一端，要注意上下顺涂互相衔接，后一道接前一道，使滚筒运行均匀，避免出现干燥后再处理接头。

11) 内装饰工程

(1) 内墙、天棚施工。抹灰必须在有关部门进行结构验收合格之后方可进行，抹灰前，检查门窗框位置是否正确，与墙连接是否牢固，连接处按设计要求嵌实。

内墙天棚抹灰：抹灰是内墙装修的关键环节，抹灰质量的好坏直接影响到天棚、墙面饰面的垂直度、平整度等，因此一定要严抓抹灰质量本工程打底抹灰工程按普通抹灰控制，主要工序为阴阳角找方→设置标筋→抹底层灰→分层赶平→刮腻子和刷乳胶漆，表面要求刮平洁净、线角平直、清晰美观。

(2) 材料准备。根据施工图纸计算抹灰所需材料数量，确定材料进场的日期，在不影响施工用料的原则下，尽量减少施工用地，按照供料计划分期分批组织材料进场，材料的加工要集中解决，石灰膏在石灰池中集中硝化。

(3) 基层处理。

① 混凝土表面基层表面凹凸太多的部位，事先要进行剔平或用 1∶3 水泥砂浆补齐；表面太光的要剔毛，或用 1∶1 水泥浆掺 10%107 胶薄薄抹一层。表面的砂浆污垢、油漆等事先均要清除干净，并洒水湿润。

② 门窗口与立墙交接处用水泥砂浆或水泥混合砂浆(加少量麻刀)嵌填密实。

③ 墙面的脚手孔洞要堵塞严密，水、电管道通过的墙洞和楼板洞，凿剔墙后安装的管道必须用 1∶3 水泥砂浆堵严。

(4) 墙面抹灰要点。

① 抹灰前必须先找好规矩，即四角规方、横线找平、立线吊直、弹出准线和墙裙、踢脚板线。

② 施工时先用托线板检查墙面平整垂直程度，大致决定抹灰厚度(最薄处一般不小于 7mm)，再在墙的上角各做一个标准灰饼(用打底砂浆或 1∶3 水泥砂浆，也可用水泥∶石灰膏∶砂＝1∶3∶9 混合砂浆，遇有门窗口垛角处要补做灰饼)，大小 5cm 见方，厚度以墙面平整垂直决定，然后根据这两个灰饼用托线板或线锤挂垂直做墙面下角两个标准灰饼(高低位置一般在踢脚线上口)，厚度以垂直为准，再用钉子钉在左右灰饼附近墙缝里，拴上小线挂好通线，并根据小线位置每隔 1.2～1.5m 上下加做若干标准灰饼，待灰饼稍干后在上下灰饼之间抹上宽约 10cm 的砂浆冲筋，用木杠刮平，厚度与灰饼相平，待稍干后可进行底层抹灰。

③ 室内墙面、柱面的阳角和门洞口的阳角，如设计对护角线无规定时，一般可用 1∶2 水泥砂浆抹出护角，护角高度不应低于 2m，每侧宽度不小于 50mm。其做法是：根据灰饼厚度抹灰，然后粘好八字靠尺，并找方吊直，用 1∶2 水泥砂浆分层抹平，待砂浆稍干后，再用抒出小圆角。

④ 采用水泥砂浆面层时，须将底子灰表面扫毛或划出纹道，面层应注意接槎，表面压光不得少于两遍，罩面后次日进行洒水养护。

(5) 顶棚抹灰要点。

① 钢筋混凝土楼板顶棚抹灰前，要用清水润湿并刷素水泥浆一道。

② 抹灰前要在四周墙弹出水平线，以墙上水平线为依据，先抹顶棚四周，圈边找平。

③ 顶棚表面要顺平，并压光压实，不能有抹纹和气泡、接槎不平等现象，顶棚与墙面相交的阴角，要成一条直线。

(6) 腻子层施工。

① 基层处理：抹灰基层必须洁净，无砂粒、浮灰、无空鼓和起壳。抹灰基层面必须平整，阴阳角方正，表面观感良好。抹灰基层面必须干燥，基层含水率不大于 8%时，即可进行腻子施工。

② 腻子面层施工的工艺流程如下：烧制胶水→配制腻子灰→清理基层→腻子打底→第一道过面及修整→第二道过面及修整→腻子面层工程竣工验收。

③ 刮腻子总厚度控制在 2mm 左右，实际操作要根据基层面的平整度决定，按设计要求，本工程腻子刮两遍，第一层用刮板横向满刮(打底)，一刮板紧接着一刮板，接头不得留槎，每刮一刮板最后收头要干净利落。

④ 第二遍用钢片刮板满刮腻子，将面层刮平刮光。在该道腻子完成后，要求表面光滑，平整洁净，色泽一致，阴阳角方正，顺直，无接槎、疙瘩和刮痕，无凹凸不平等缺陷，各项偏差值要在规定允许的范围内。

(7) 乳胶漆刷涂施工。

① 乳胶漆面层在腻子面层施工完成后，用砂纸打磨光滑后即可进行刷涂施工。

② 乳胶漆使用前要用搅棍搅拌均匀，刷涂乳胶漆使用的工具有滚筒和毛刷，施工中根据实际情况选用。

③ 刷涂时，要从上往下刷涂，刷涂时用力要均匀，避免有太多的乳胶漆流坠，有较厚漆料的部位用滚子或刷子向较薄的部位滚刷，直至面层均匀。

(8) 瓷砖饰面。

① 操作工艺：清理基层→排砖→浸砖→施工测量→接通线、做标志→底层刮糙→抹砂浆结合层→担线、分格→涂刷水泥浆→面砖背抹水泥浆→铺贴面砖→勾缝、清理。

② 内墙在批灰打底前先确定批灰厚度，然后从左至右间隔 1800mm 垂直冲筋。内墙打底分两遍成活，要严格控制垂直度和表面平整度。内墙凸出墙面的部分，左右要平，上下有通线，要认真做好流水坡和滴水线，防止雨水倒流。打底完毕，按所贴面砖规格弹好水平控制线和垂直控制线，按线贴砖。面砖之间缝宽一般在 8㎜以上，用 1∶1 水泥砂浆勾缝，先勾水平缝再勾竖缝，勾好后要求凹进面砖外表面 2～3㎜，面砖缝勾完后用布或棉丝擦洗干净。

③ 铺贴面砖在大面积施工前，必须先做样板，样板报甲方、设计院认可后，照样板的质量标准展开大面积施工。铺贴面砖时要从下往上顺序铺贴。

④ 装饰的质量要求做到表面整洁、颜色均匀、协调一致，面层和基层粘贴牢固，无空鼓、歪斜，嵌缝密实、平直、宽窄一致，阴阳角压向正确。滴水线顺直，流水坡向正确。

(9) 油漆工程。工艺流程：基层处理→刷底子油(刷清油→抹腻子→磨砂纸)→刷第一遍油漆(刷铅油→抹腻子→磨砂纸)→刷第二遍油漆(刷铅油→磨砂纸)。

施工操作。

基层处理：清扫、起钉子、除油污、刮灰土，刮时注意不要刮出毛刺。然后磨砂纸顺木纹打磨，先磨线角，后磨四口平面，直到光滑为止。

① 刷底子油。

a. 操清油一遍：清油用汽油、光油配制，略加一些红土子，先从框上部左边开始顺木纹涂刷，框边涂油不得碰到墙面上，厚薄要均匀，框上部刷好后，再刷亮子。门扇的背面刷完后用木楔将门扇固定，最后刷门扇的正面。全部刷完后，检查一下有无遗漏，并将小五金等处沾染的油漆擦净，此道工序亦可在框或扇安装前完成。

b. 抹腻子：腻子的重量配合比为石膏粉∶熟桐油∶水＝20∶7∶50。待操作的清油干透后，将钉孔、裂缝、节疤以及边棱残缺处，用石膏油腻子刮抹平整，腻子要横抹竖起，将腻子刮入钉孔或裂纹内，使腻子嵌入后刮平、收净，表面上的腻子要刮光，无野腻子、残渣。上下冒头、榫头等处均应抹到。

c. 磨砂纸：腻子干透后，用 1 号砂纸打磨，磨法与底层磨砂纸相同，注意不要磨穿油膜并保护好棱角，不留野腻子痕迹。磨完后应打扫干净，并用潮布将磨下粉末擦净。

② 刷第一遍油漆。

a. 刷铅油：先将色铅油、光油、清油、汽油、煤油等混合在一起搅拌过箩，其重量配合比为铅油：光油：清油：汽油：煤油=50%：10%：8%：20%：10%；其稠度以达到盖底、不流淌、不显刷痕为准。厚薄要均匀。刷完一樘门后检查，有无漏刷、流坠、裹楞及透底，最后将门扇下口用木楔固定。

b. 抹腻子：待负油干透后，对于底腻子收缩或残缺处，再用石膏腻子刮抹一次，要求与做法同前。

c. 磨砂纸：等腻子干透后，用 1 号以下的砂纸打磨，要求与做法同前，磨好后用潮布将粉末擦净。

③ 刷第二、三遍油漆。

a. 刷铅油：刷油方法同前。但由于调合漆黏度较大，涂刷时要多刷多理，要注意刷油饱满，刷油动作要敏捷，不流不坠、光亮均匀、色泽一致。在玻璃油灰上刷油，应等油灰达到一定强度后方可进行。最后用梃钩或木楔子将门固定好。同前。

b. 磨砂纸：注意不得损伤油灰表面和八字色。然后用 1 号砂纸或旧细砂纸轻磨一遍，方法同前。

12) 楼地面工程

楼地面在装修前先作样板，经监理单位认可方可大面积施工。楼地面找平层施工时应特别注意各类房间地面的高低差和厨卫间地面的排水坡度。

耐磨地砖楼地面施工。

① 根据+50cm 水平线，打灰饼及用刮尺(靠尺)做好冲筋。

② 浇水湿润基层，再刷水灰比为 0.5 素水泥浆。

③ 根据冲筋厚度，用 1：3 干硬性水泥砂浆(以手握成团，不泌水为准)抹铺结合层。结合层要用刮尺(靠尺)及木抹子压平打实(铺结合层时，基层要保持湿润，已刷素水泥浆不得有风干现象)。

④ 对照十字中心线在结合层面上弹出面砖控制线，一般纵横每 5 块面砖设置一根控制线。

⑤ 根据控制线先铺贴好左右靠边基准行的面砖，以后根据基准行由内向外挂线逐行铺贴。

⑥ 水泥膏(2～3mm)涂满面砖背面，对准挂线后将面砖铺上，用小木锤着力敲击至平整。

⑦ 挤出的水泥膏及时清理干净。

⑧ 楼地面地砖铺贴的质量标准。

13) 门窗工程

(1) 门安装。

① 门框安装：采用后塞门框的方法安装门框。

② 后塞门框前要预先检查门窗洞口的尺寸、垂直度及木砖数量如有问题，事先修理好。

③ 门框用钉子固定在墙内的预埋木砖上，每边的固定点不少于两处，其间距不大于1.2m。

④ 在预留门洞口的同时，留出门框走头(门框上、下坎两端伸出口外部分)的缺口，等工人将门框调整就位后，封砌缺口。当受条件限制，门框不能留走头时，采取可靠措施将门框固定在墙内木砖上。

⑤ 后塞门框时需注意水平线要直。多层建筑的门框在墙中的位置，在一直线上。安装时，横竖均拉通线。当门框的一面需镶贴脸板则门框凸出墙面，凸出的厚度等于抹灰层的厚度。

(2) 门扇安装。

① 安装前检查门扇的型号、规格、质量是否合乎要求，如发现问题，要事先修好或更换。

② 安装前先量好门框的高低、宽窄尺寸，然后在相应的扇边上画出高低宽窄的线，双扇门要打迭(自由门除外)，先在中间缝处画出中线，再画出边线，并保证梃宽一致，上下冒头也要画线刨直。

③ 画好高低、宽窄线后，用粗刨刨去线外部分，再用细刨刨至光滑平直，使其合乎设计尺寸要求。

④ 将扇放入框中试装合格后，按扇高的 1/8～1/10，在框上按合页大小画线，并剔出合页槽，槽深一定要与合厚度相适应，槽底要平。

⑤ 门扇安装的留缝宽度，要符合有关标准的规定。

(3) 塑钢窗安装。

① 工艺流程：弹线找规矩→窗洞处理→防腐处理及埋设连接铁件→塑钢窗拆包、检查→就位和临时固定→窗固定及方法→塑钢窗扇安装→窗口四周堵缝、密封嵌缝→清理→安装五金配件→安装窗纱扇密条。

② 施工要点。

a. 打胶水、防水胶应平整光滑、厚度均匀、无气孔，窗扇、窗框转角处的胶水应细心压平、外观流畅。

b. 打防水胶时，缝两边要粘纸对道才能进行操作。

c. 窗框扇安装吊正，除四周连接片固定外，窗框下轨每隔 30～50mm 堵塞砂浆固定。

d. 安装玻璃前，应清除槽口的灰浆、杂物等，畅通排水孔。

e. 使用密封膏前，接缝处的玻璃、金属和塑料表面必须清洁干燥。

f. 安装于扇中的玻璃，应按开启方向确定其定位垫层的位置定位垫块的宽度应大于所支承的玻璃件的厚度，长度不宜小于 25mm，并要符合设计要求。

g. 玻璃安装就位后，其边缘不得和框、扇及其连接件相接触，所留间隙符合国家有关标准的规定。

h. 玻璃安装时所使用的各种材料均不得影响泄水系统的通畅。

i. 迎风面的玻璃镶入框内后，应立即用通长镶嵌条或垫片固定玻璃入框、扇内，填塞填充材料、镶嵌条时应使玻璃周边受力均匀。

j. 镶嵌条应和玻璃、玻璃槽中紧贴。密封膏贴缝口时，封贴的宽度和深度应符合设计要求，填充料必须密实，外表应平整光洁。

14) 电气安装工程

(1) 接地系统。

① 建筑物防雷：利用建筑结构主筋作为引下线引至综合接地网，建筑结构主筋(2 根不小于$\phi 16$)需与雨棚支撑架可靠连接。接地保护线引至室内均压环(40×4 镀锌扁钢)，所涉及的金属构件需可靠接地。所有埋地进户线入口处，将进户缆线的金属外护套及进户的金属穿墙套管接地，接地线引至综合接地体。

② 接地及安全保护。

a. 本工程所有电气设备、安全保护及建筑物防雷的接地，采用共用接地装置，测试后的综合接地电阻小于1Ω，达不到要求时，应采取有效的降阻措施。

b. 弱电机房工作接地采用 BV-1×25mm^2 铜线穿塑料管直接引至综合接地体。机房内予留接地端子箱。

③ 接地体安装。

a. 按设计标高挖沟至要求深度，然后与接地体连接线焊接，焊完后清掉烫皮，刷沥青油，将接地线引出至需要位置，填土夯实，并遥测基地电阻值，填写隐蔽工程测试记录。

b. 位置标高要正确，焊接要牢固。焊接面：扁钢不小于其宽度的两倍，焊 3 面；圆钢不小于其直径的 6 倍，焊两面。

c. 焊接处应饱满，不得有夹渣、咬肉、裂纹、气孔等缺陷。清除烫皮刷沥青油防腐。

d. 镀锌扁钢要调直，在直线段上不应有明显弯曲。

e. 所有镀锌材料，在操作时，不得破坏镀锌层。

f. 接地体不应埋设在垃圾、灰渣及腐蚀性土壤处，需换土回填，如遇有白灰焦渣层时，应用水泥砂浆全面保护。

g. 接地装置埋设地点距建筑物入口或人行道小于 3mm 时，应在接地装置上面敷设沥青层。

h. 接地电阻值小于1Ω。

④ 防雷引下线敷设。

a. 利用基础地梁的两条钢筋用镀锌圆钢将每根地梁内的两主筋焊接成电气通路，并将两主筋做好记号。

b. 引下线下端与接地体焊接好，或与断接卡子连接，随着主体结构的增高，将柱内作为引下线的两条钢筋自下而上按做标记的两条钢筋引至屋顶敷设。凡接头处均需焊接，清除烫皮了。

c. 引下线采用镀锌圆钢直径不小于$\phi 10$mm。

d. 引下线须作断接卡子(整线除外)，断接卡子螺栓不小于 10mm，并需加垫圈，断接卡子须镀锌。

e. 利用主筋作引下线时，每条引下线钢筋直径大于$\phi 16$mm。不得少于两根主筋。

f. 焊接面：扁钢不小于其宽度的两倍，焊 3 面；圆钢不小于其直径的 6 倍，焊两面。

g. 焊接饱满，不得有夹渣、咬肉、裂纹、气孔等缺陷，清除烫皮，混凝土内不刷防锈漆。

⑤ 综合接地体应保证接地电阻小于或等于1Ω，为便于检测在室外设测试手孔井。

(2) 保护管安装。

① 金属电缆管不应有裂缝、显著的凹凸及严重锈蚀情况,管子弯制后不应有裂缝或凹凸现象,一般弯扁程度不大于管子外径的 1/10,管口应作成喇叭口或磨光。

② 电缆管的弯曲半径应符合所穿入电缆半径的规定。每根电缆套管最多不超过 3 个弯,直角弯不应多于 2 个,采用钢管作保护管时,应在外表涂防锈油漆。

③ 引至设备的管口位置应便于设备连接,并不妨碍设备的拆装和进出,并列敷设的电缆管管口应排列整齐,利用电缆管做接地线时应先焊好接地线,再敷设电缆,电缆敷设应有不小于 0.1%的排水坡度。

④ 电缆套管埋地敷设埋深大于 700mm 电缆敷设后应封堵。

a. 电缆进入箱、柜,用绝缘板封,缝隙打玻璃胶。

b. 建筑穿过楼板、隔墙的保护套管,先用石棉填充,管口封严,防火胶泥,最后用玻璃胶封死。

(3) 配管施工。

① 本工程的照明线路、动力线路一部分暗敷,采用材质包括镀锌钢管、镀锌电线管;等电位连接采用 PVC 管暗敷。

② 镀锌管采用螺纹连接,管端套螺纹时,应注意使其螺纹长度不小于管接头长度的 1/2,螺纹表面光滑无缺损,连接后螺纹外露 2~3 扣,管接头两端采用专用接地线卡及 BV2.5~4mm^2 的专用 PE 铜芯电线跨接,并用平口钳,将接地卡钳紧,牢固,使其保持良好的电气通路。钢管与盒(箱)连接,用护口及锁紧螺母固定,与设备连接采用可挠金属软管连接,外加 PE 加地线。

③ PVC 管采用配套的管接头用专用胶粘剂粘接,敷设完毕后,要逐个检查接头处是否粘接牢固,避免只套上管接头而忘记使用胶粘剂的虚接情况发生。PVC 管与盒(箱)的连接必须使用专用的盒接头固定,不得采用其他的方式连接固定。

④ 直径大于或等于 32mm 的 PVC 管,敷设弯管时,弯曲半径不得小于管外径的 10 倍,并且必须采用液压弯管器弯制,以防止弯曲处破裂或明显凹瘪;保护管口用扩管器作成喇叭形,管口边缘锉光滑,避免电缆穿保护管时损伤电缆外皮;电缆穿管完毕后,管口要用防火防水填料作妥善密封处理。

⑤ 公称直径大于或等于 25mm 的 PVC 管,线管敷设时,钢管采用手动弯管器,PVC 管采用专用弯管器(与管内径匹配的弹簧),弯曲半径不得小于管外径的 6 倍。

⑥ 直线长度超过 40m 或 30m 以上有 1 个弯、20m 以上有 2 个弯、12m 以上有 3 个弯的都必须加装接线盒。

⑦ 线管敷设完毕后,对所有外漏的管口作临时的密封保护,防止杂物进入线管内。在穿线前,钢管管口要倒口、清除毛刺并加塑料护口,防止导线绝缘层损伤。

⑧ 为保证开关、插座面板的安装高度与设计高度一致,在安装开关盒、插座盒稳盒时,要按照混凝土地面标高提高 30~50mm(留出地面砖的高度)。

(4) 电缆敷设的方法和要求。

① 电缆敷设是低压配电工程的关键工序,是联络用电设备的纽带,直接影响整个低压配电工程的进度,因此必须投入足够的人力,并做重点安排。

② 敷设前要检查所要敷设的电缆型号、规格是否与设计相同，外观是否有纽绞、压扁、断裂等缺陷，并用 500V 绝缘电阻表测量其绝缘情况，合格后方可敷设。其原则为：先标好标志牌，按走向、电缆型号及上小下大、外小内大确定排列位置，并要留出以后工艺设备用电缆的位置。

③ 敷设中避免电缆交叉、缠绕或纽绞，敷设到位后，电缆头要立即挂牌，在电缆转弯或进出电缆沟处要贴上写有电缆型号的标签。

④ 在电缆桥架上敷设时，要搭设工作台，严禁工人站在桥架上拖拉而损坏桥架。大截面电缆要用滑轮协助敷设，避免电缆皮损伤，并提高工作效率。

⑤ 电缆进盘内接线，应先按照电缆本身的编号，避免电缆连接错误，接完线后，将电缆及露出部分排列整齐，绑扎牢固，使电缆头及接线端不受机械拉力，并作到一目了然。电缆头切断时，要留有足够的长度，以便以后的接线。

⑥ 电缆头制作时，应严格遵守工艺规程，根据电缆型号采用浇注式或干包式加塑料护套用机械压线钳压接。制作电缆头时，应在气候良好的条件下进行，并有防尘和防污措施。切割电缆要小心，不能损坏芯线和绝缘层，包缠时应注意清洁，防止污物与潮气侵入绝缘层。电缆头应有明显的鼓凸，三叉口绝缘包扎良好，线耳压接应紧密牢固，相位标志清晰。电缆头施工完毕，必须用绝缘电阻表再摇一次绝缘，并做好记录。

(5) 管内穿线及开关、插座、灯具安装。当管敷设完毕后，房间具备锁门的条件，墙面、楼板抹灰完，初装修完毕即可进行穿线、安装开关、插座和灯具。以上所用材料的型号规格必须符合设计要求，并有出厂合格证，具体技术措施如下。

① 穿线前，管口毛刺要处理掉，并配装相应的护口，防止损坏导线绝缘。

② 当管线较长或转弯有两个以上时，应清扫管道，并且在穿线时往管内吹入适量的滑石粉。

③ 导线要留有适当的余量，接线盒内无吊顶时一般留长 150mm，有吊顶时留长为：室内净空－吊顶高度＋150mm；配电箱内留长为箱周长 1/2，同时需要共用一条回路的导线必须在同一管内、不同回路或不同电压的导线不得穿于同一度超过 30m 时，导线在过渡盒管口处加以固定。

④ 导线穿完后，要对每一回进行绝缘测试，合格后方可进行开关插座、照明灯具的安装。

⑤ 灯具的金属外壳部分应作好接地或接零保护，器具成排安装中线，允许偏差 5mm 以内。

⑥ 成排安装的开关高度一致，高低差不大于 2mm，同一室内安装的插座高差不大于 5mm，成排安装的插座高低差不应大于 0.5mm，面板垂直度 0.5mm 以内。

⑦ 同一场所的开关切断位置应一致，灯具电器的开关应装设在相线上。

⑧ 插座的接线必须按以下方式接线：面对插座、左零右火上地。

⑨ 开关插座的安装位置正确，盒内清洁，无杂物，开关插座面板清洁无变形，盖板紧贴建筑物的表面。

⑩ 导线与器具连接时，导线牢固紧密，不伤芯线，压板连接时，无松动，在同一螺栓上不能同时有 2 根以上导线连接，并有防松垫圈等配件，三相插座的排列要一致，单相三孔插座接线，面对插座右极接相线，左极接零线，上方中为地线。

⑪ 电缆调试。

a. 电缆敷设完毕后,逐条检查绝缘,必须大于 0.5 MΩ,校对标牌及开关设备编号,全部正确后方可送电。

b. 送电后,要在末端和 T 接箱处逐点检查,三相电压是否正常,是否有异常声响等情况出现,无异常情况后,即可算送电成功,并做好记录,作为资料归档。

⑫ 电力控制设备调试。

a. 对电力配电箱、控制箱进行调试时,要先查清所有出线是否具备送电条件,因为一经操作,其出线所接用电设备即有可能带电。

b. 配电箱的主开关、分开关要分别操作几次,每次均应正常,三相开关出线要保证全相。出线开关编号同设备编号要相互对应,送电启动后检查设备运行情况,一看指示是否正确,二听运转声音是否正常,三检查各外壳有无漏电,四检查设备是否过热。全部正常后,调试才完毕,对于结果做好记录。

⑬ 灯具、开关、插座调试。灯具通电控制正确,荧光灯不能有声响,控制开关动作灵活可靠,插座界限正确,面对插座左零右火上地,保护门工作正确,对于装设漏电保护的回路,要对每一漏电开关进行试验,要求动作正确。

15) 给排水安装工程

(1) 给水管道安装。

① 工艺流程:安装准备→预制加工→干管安装→立管安装→支管安装→管道试压→管道通水试验、管道冲洗→管道防腐和保温。

② 主要施工方法。

a. 安装准备:认真熟悉图纸,根据施工方案决定的施工方法和技术交底的具体措施做好准备工作。参看有关专业设备图和装修建筑图,核对各种管道的坐标、标高是否有交叉,管道排列所用空间是否合理。有问题及时与设计和有关人员研究解决,办好变更洽商记录。

b. 预制加工:按设计图纸画出管道分路、管径、变径、预留管口、阀门位置等施工草图,在实际安装的结构位置做上标记,按标记分段量出实际安装的准确尺寸,记录在施工草图上,然后按草图测得的尺寸预制加工(断管、套螺纹、上零件、调直、校对,按管段分组编号)。

c. 干管安装:安装时一般从总进入口开始操作,总进口端头加好临时丝堵以备试压用,因为设计有防腐要求,固应在预制后、安装前做好防腐。把预制完的管道运到安装部位按编号依次排开。安装前清扫管膛,按编号依次对好管,安装完后找直找正,复核甩口位置、方向及变径无误。所有管口要加好临时丝堵。

d. 立管安装:每层从上至下统一吊线安装卡件,将预制好的立管按编号分层排开,顺序安装,对好调直时的印记,校核预留甩口的高度、方向是否正确。支管甩口均加好临时丝堵。立管截门安装朝向应便于操作和修理。安装完后用线坠吊直找正,配合土建堵好楼板洞。

e. 支管安装:将预制好的支管从立管甩口依次逐段进行安装,有阀门应将阀门盖卸下再安装,根据管道长度适当加好临时固定卡,核定不同卫生器具的给水预留口高度、位置是否正确,找平找正后裁支管卡件,去掉临时固定卡,上好临时丝堵。支管如装有水表先装上连接管,试压后在交工前拆下连接管,安装水表。

f. 管道试压：铺设、暗装、保温的给水管道在隐蔽前做好单项水压试验。水压试验时放净空气，充满水后进行加压，当压力升到规定要求时停止加压，进行检查，如各接口和阀门均无渗漏，持续到规定时间，观察其压力下降在允许范围内，通知有关人员验收，办理交接手续。然后把水泄净，被破损的镀锌层和外露螺纹处做好防腐处理，再进行隐蔽工作。

g. 管道冲洗：管道在试压完后即可做冲洗，冲洗应用自来水连续进行，应保证有充足的流量。冲洗洁净后办理验收手续。

(2) 排水管道安装。

① 工艺流程：安装准备→预制加工→干管安装→立管安装→支管安装→卡件固定→封口堵洞→闭水试验→通水试验。

② 主要施工方法。

a. 安装准备：认真熟悉图纸，根据施工方案决定的施工方法和技术交底的具体措施做好准备工作。参看有关专业设备图和装修建筑图，核对各种管道的坐标、标高是否有交叉，管道排列所用空间是否合理。有问题及时与设计和有关人员研究解决，办好变更洽商记录。

b. 预制加工：根据图纸要求并结合实际情况，按预留位置测量尺寸，绘制加工草图。根据草图量好管道尺寸，进行断管。断口要平齐，用刮刀除掉断口内外飞刺，外棱铣出 150 角。粘接前应对承插口先插入试验，不得全部插入，一般为承口的 3/4 深度。试插合格后，用棉布将承插口需粘接 部位的水分、灰尘擦拭干净。如有油污需用丙酮除掉。用毛刷涂抹黏接剂，先涂抹承口后涂抹插口，随即用力垂直插入，插入粘接时将插口稍作转动，以利黏接剂分布均匀，30s～1min 即可粘接牢固。粘牢后立即将溢出的黏接剂擦拭干净。多口粘连时应注意预留口方向。

c. 干管安装：首先根据设计图纸要求的坐标、标高预留槽洞或预埋套管。埋入地下时，按设计坐标、标高坡向、坡度开挖槽沟并夯实。施工条件具备时，将预制加工好的管段按编号运至安装部位进行安装。各管段粘连时也必须按粘接工艺依次进行。全部粘连后管道要直，坡度均匀，各预留口位置准确。安装立管需装伸缩节，干管安装完后应做闭水试验，出口用充气橡胶堵封闭，达到不渗漏，水位不下降为合格。地下埋设管道应先用细砂回填至管上皮 100mm 上覆过筛土，夯实时勿碰损管道。最后将预留口封严和堵洞。

d. 立管安装：首先按设计坐标要求，将洞口预留或后剔，洞口尺寸不得过大，更不可损伤受力筋。安装前清理场地，根据需要支搭操作平台。将已预制好的立管运到安装部位。首先清理已预留的伸缩节，将锁紧螺母拧下，取出 U 形橡胶圈，清理杂物。检查上屋洞口是否合适。立管插入端应先划好插入长度标记，然后涂上肥皂液，套上锁母及 U 形橡胶圈。安装时先将立管上端伸入上一层洞口内，垂直用力插入至标记为止(一般预留胀缩量为 20～30mm)合适后即用自 U 形钢制抱卡紧固于伸缩节上沿。无误后即可堵洞，并将上层预留伸缩节封严。

e. 支管安装：首先剔出吊卡孔洞或复查预埋件是否合适。清理场地，根据需要支搭操作平台。将已预制好的支管按编号运到场地。清除各粘接部位的污物及水分，将支管水平初步吊起，涂抹黏接剂，用力推入预留管口。根据管段长度调整好坡度。合适后固定卡架，封闭各预留口和堵洞。

f. 器具连接管安装：核查建筑物地面、墙面做法、厚度。找出预留口坐标、标高。然后按准确尺寸修整预留洞口。分部位实测尺寸做记录，并预制加工、编号。安装粘接时，必须将预留管口清理干净，再进行粘接。粘牢后找正、找直，封闭管口和堵洞。打开下一层立管扫除口，用充气橡胶堵封闭上部，进行闭水试验。合格后撤去橡胶堵，封好扫除口。

g. 排水管道安装后，按规定要求必须进行闭水试验。凡属隐蔽暗装管道必须按分项工序进行。卫生洁具及设备安装后，必须进行通水试验。且在油漆粉刷最后一道工序前进行。

(3) 室内消防管道及设备安装。

① 工艺流程：安装准备→干管安装→立管安装→分层干支管、消火栓及支管安装→管道试压→管道冲洗→消火栓配件→系统通水试验。

② 主要施工方法。

a. 干管安装。

消火栓系统干管安装应根据设计要求使用管材，按压力要求选用无缝钢管。

管道在料接前应清除接口处的浮锈、污垢及油脂。当壁厚大于或等于 4.5mm，直径大于或等于 70mm 时应采用电焊。

不同管径的管道焊接，连接时如两管径相差不超过管径的 15%，可将大管端部缩口与小管对焊。如两管相差超过小管径的 15%时，应加工异径短管焊接。

管道对口焊缝上不得开口焊接支管，焊口不得安装在支吊架位置上。

管道穿墙处得有接口，管道穿过伸缩缝处应有防冻措施。

管道焊接时先点焊三点以上，然后检查预留口位置、方向、变径等无误后，找直、找正，再焊接，紧固卡件、拆掉临时固定件。

b. 立管安装。

立管安装在竖井内时，在管蟒内预埋铁件上安装卡件固定，立管底部的支吊架要牢固，防止立管下坠。

立管明装时每层楼板要预留孔洞，立管可随结构穿入以减少立管接口。

c. 消火栓及支管安装。

消火栓箱要符合设计要求，产品均应有消防部门的制造许可证出厂及合格证方可使用。

消火栓支管要以栓阀的坐标、标高定位甩口，核定后再稳固消火栓箱，箱体找正稳固后再把栓阀安装好，栓阀侧装在箱内时应在箱门开启的一侧，箱门开启灵活。

消火栓箱体安装在轻质隔墙上时应有加固措施。

消防管道试压可分层分步进行，上水时最高点要有排气装置，高低各装一块压力表，上满水后检查管路有无渗漏，如有法兰、阀门等部位渗漏，应在加压前紧固，升压后再出现渗漏时做好标记，卸压后处理。试压合格后及时办理验收手续。

管道冲洗：消防管道在试压完毕后可连续做冲洗工作。冲洗前先将系统中的流量减压孔板、过滤装置拆除，冲洗水质合格后重新装好，冲洗出的水要有排放去向，不得损坏其它成品。

d. 消火栓配件安装。

应在交工前进行。消防水龙带应折好放在挂钩上或卷实、盘紧放在箱内，消防水枪要竖放在箱体内侧，自救式水枪和软管应放在挂卡上或放在箱底部。消防水龙带与水枪快速接头的连接，一般用 14#铅丝绑扎两道，每道不少于两圈，使用卡箍时，在里侧加一道铅丝。设有电控按钮时，应注意与电气专业配合施工。

e. 阀门安装。

Ⅰ. 连接阀门内螺纹的管子处螺纹采用圆锥形短螺纹，且套螺纹时不得偏斜，以保证管子和阀门的连接在一条中心线上。

Ⅱ. 直径较小的阀门，运输时严禁随手抛掷。

Ⅲ. 在水平管道上安装阀门时，其阀杆和手轮应垂直向上或倾斜一定角度安装，不得向下安装(倒装)。

Ⅳ. 所有阀门均应装在易于操作和检漏修理处，严禁埋在地下。地下敷设阀门时，阀门处作井室，以便于阀门开闭。

Ⅴ. 阀门安装时，截止阀、单向阀应注意流体方向，禁止接反。安装单向阀时，按附件上标明的介质流动方向安装，才能保证阀盘垂直自动开启。对于直通升降式单向阀,应水平安装,要求阀盘垂直中心线与水平管中心线互相垂直,保证阀盘升降灵活可靠。对旋启式单向阀，要求保证摇板转枢轴水平，可靠在水平或介质由下向上流动的垂直管道上。

Ⅵ. 阀门在安装时应保持关闭状态，螺纹闸阀安装时需要卸掉阀杆、阀芯和手轮，以便阀体转动，此时，需拆卸阀门的压盖，拆卸压盖时应先转动手轮，使闸阀处于逐渐开启状态，若阀芯紧紧地关闭用力转动压盖螺纹，就会把阀杆扭断。

Ⅶ. 施工现场领用的阀门应有出厂合格证。

(4) 阻燃塑料管(PVC-U)管暗敷设工程。

① 工艺流程：弹线定位→盒、箱固定→管路敷设→扫管穿带线。

② 主要施工方法。

a. 按弹出的水平线，对照设计图用小线和水平尺测量出盒、箱准确位置，并标注出尺寸。

b. 盒、箱固定应平正、牢固，灰浆饱满，纵横坐标准确。

c. 砖墙稳注盒、箱：首先按设计图加工管子长度，配合瓦工施工，在距盒箱的位置约300mm 处，预留出进入盒、箱的长度，将管子甩在预留孔外，端头堵好。待稳住盒、箱时，一管一孔的穿入盒、箱。

d. 混凝土墙稳注盒、箱：在模板上钻孔，用螺钉将盒、箱固定在模板上。

e. 用穿筋盒直接固定在钢筋上，在拆模前及时将固定盒、箱的螺钉拆除。

f. 管路敷设。

Ⅰ. 配管要求：半硬质塑料管的连接可采用套管粘接法和专用端头进行连接。套管的长度不应小于管直径的 3 倍，接口处应该用胶粘剂粘接牢固。

Ⅱ. 敷设管路时，应尽量弯曲。当线路的直线段的长度超过 15m 时，或直角弯有 3 个且长度超过 8m 时，均应在中途装设接线盒。

Ⅲ. 剔槽敷管应加以固定并用高标号水泥砂浆保护，保护层不得小于 15mm。

Ⅳ. 管子最小弯曲半径，管子弯曲处的弯扁度应小于或等于 $0.1D$。

Ⅴ. 空心砌块敷管：管路连接采用在砌块孔内埋设,不得凿槽。

g. 管进盒、箱连接采用粘接，管进入盒、箱不允许内进外出，应与盒、箱里口平齐，一管一孔，不允许开长孔。

h. 混凝土墙板配管时，应先将管口封堵好，管穿盒内不断头，管入盒后，管路沿着钢筋敷设，并用铅丝将管绑扎在钢筋上。

i. 埋管、穿带线时，将管口与盒、箱里口切平。

16) 节能工程

(1) 外墙砌体节能施工。详见砌体工程。

(2) 屋面保温层施工。待屋面防水层施工完并验收合格后，施工架空隔热层。

(3) 门窗施工：

① 窗框与窗洞侧壁之间安装缝隙的密封和保温处理。处理方式宜采用在施工现场灌注聚氨酯泡沫塑料，或填塞聚乙烯泡沫塑料棒作背衬，外侧再做建筑密封膏封闭。

② 窗洞侧壁部位的保温处理。在窗框外侧的窗洞侧壁部位，用厚度为 10mm 的聚苯板粘贴，或用聚苯颗粒保温浆料抹灰。

知识链接

GB/T 50502—2009《建筑施工组织设计规范》规定，主要施工方案应按以下要求：

(1) 单位工程应按照 GB 50300—2001《建筑工程施工质量验收统一标准》中的分部、分项工程的划分原则，对主要分部、分项工程制定施工方案。

(2) 对脚手架工程、起重吊装工程、临时用水用电工程、季节性施工等专项工程所采用的施工方案应进行必要的验算和说明。

应结合工程的具体情况和施工工艺、工法等按照施工顺序进行描述，施工方案的确定要遵循先进性、可行性和经济性兼顾的原则。施工进度可参照图 12。

6 施工现场平面布置

详见附图 13 施工现场平面布置图所示。

知识链接

GB/T 50502—2009《建筑施工组织设计规范》规定如下：

(1) 施工现场平面布置图应参照本规范第 4.6.1 条和第 4.6.2 条的规定并结合施工组织总设计，按不同的施工阶段分别绘制。

(2) 施工现场平面布置图应包括下列内容。

① 工程施工场地情况。

② 拟建建(构)筑物的位置、轮廓尺寸、层数等。

③ 工程施工现场的加工设施、存贮设备、办公和生活用房等的位置和面积。

④ 布置在工程施工现场的垂直运输设施、供电设施、供水供热设施、排水排污设施和临时施工道路等。

⑤ 施工现场必备的安全、消防、保卫和环境保护等设施。

⑥ 相邻的地上、地下既有建(构)筑物及相关环境。

单位工程施工现场平面布置图一般按地基基础、主体结构、装修装饰和机电设备安装三个阶段分别绘制。

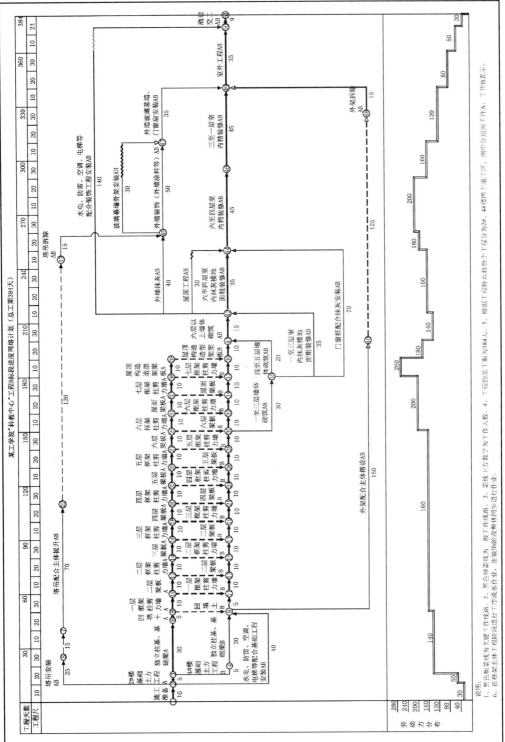

图12 施工进度网络计划表

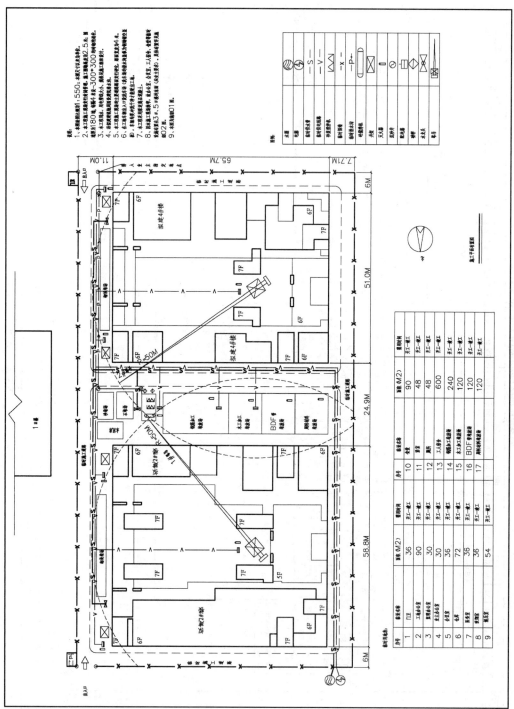

图13 施工现场平面布置图

参 考 文 献

[1] 周国恩. 建筑施工组织与管理[M]. 2版. 北京：高等教育出版社，2001.
[2] 周国恩. 建筑施工组织与管理(工业与民用建筑专业)[M]. 北京：高等教育出版社，2002.
[3] 邵全. 建筑施工组织[M]. 重庆：重庆大学出版社，1998.
[4] 余群舟，刘元珍. 建筑工程施工组织与管理[M]. 北京：北京大学出版社，2006.
[5] 刘宗仁，王士川. 土木工程施工[M]. 北京：高等教育出版社，2003.
[6] 孙震. 建筑施工技术(应用新规范)[M]. 北京：中国建材工业出版社，1996.
[7] 曲颐胜. 建筑施工组织与管理[M]. 北京：科学出版社，2007.
[8] 蔡雪峰. 建筑工程施工组织管理[M]. 北京：高等教育出版社，2002.
[9] 严微. 土木工程项目管理与施工组织设计[M]. 北京：人民交通出版社，1999.
[10] 阎西康. 土木工程施工[M]. 北京：中国建材工业出版社，2000.
[11] 贾晓弟，王文秋，等. 建筑施工教程[M]. 北京：中国建材工业出版社，2004.
[12] 孙震，穆静波. 土木工程施工[M]. 北京：北京：人民交通出版社，2004.
[13] 蔡雪峰. 建筑施工组织[M]. 武汉：武汉理工大学出版社，2002.
[14] 孟小鸣. 施工组织与管理[M]. 北京：中国电力出版社，2008.
[15] 张新华，范建洲. 建筑施工组织[M]. 北京：中国水利水电出版社，2008.
[16] 周国恩，周兆银. 建筑工程施工[M]. 重庆：重庆大学出版社，2010.
[17] 周兆银，周国恩. 建筑工程施工实训指导[M]. 重庆：重庆大学出版社，2010.

北京大学出版社土木建筑系列教材(已出版)

序号	书名	主编	定价	序号	书名	主编	定价
1	建筑设备(第2版)	刘源全 张国军	46.00	58	房地产开发与管理	刘薇	38.00
2	土木工程测量(第2版)	陈久强 刘文生	40.00	59	土力学	高向阳	32.00
3	土木工程材料(第2版)	柯国军	45.00	60	建筑表现技法	冯柯	42.00
4	土木工程计算机绘图	袁果 张渝生	28.00	61	工程招投标与合同管理	吴芳 冯宁	39.00
5	工程地质(第2版)	何培玲 张婷	26.00	62	工程施工组织	周国恩	28.00
6	建设工程监理概论(第2版)	巩天真 张泽平	30.00	63	建筑力学	邹建奇	34.00
7	工程经济学(第2版)	冯为民 付晓灵	42.00	64	土力学学习指导与考题精解	高向阳	26.00
8	工程项目管理(第2版)	仲景冰 王红兵	45.00	65	建筑概论	钱坤	28.00
9	工程造价管理	车春鹏 杜春艳	24.00	66	岩石力学	高玮	35.00
10	工程招标投标管理(第2版)	刘昌明	30.00	67	交通工程学	李杰 王富	39.00
11	工程合同管理	方俊 胡向真	23.00	68	房地产策划	王直民	42.00
12	建筑工程施工组织与管理(第2版)	余群舟 宋会莲	31.00	69	中国传统建筑构造	李合群	35.00
13	建设法规(第2版)	肖铭 潘安平	32.00	70	房地产开发	石海均 王宏	34.00
14	建设项目评估	王华	35.00	71	室内设计原理	冯柯	28.00
15	工程量清单的编制与投标报价	刘富勤 陈德方	25.00	72	建筑结构优化及应用	朱杰江	30.00
16	土木工程概预算与投标报价(第2版)	刘薇 叶良	37.00	73	高层与大跨建筑结构施工	王绍君	45.00
17	室内装饰工程预算	陈祖建	30.00	74	工程造价管理	周国恩	42.00
18	力学与结构	徐吉恩 唐小弟	42.00	75	土建工程制图	张黎骅	29.00
19	理论力学(第2版)	张俊彦 赵荣国	40.00	76	土建工程制图习题集	张黎骅	26.00
20	材料力学	金康宁 谢群丹	27.00	77	材料力学	章宝华	36.00
21	结构力学简明教程	张系斌	20.00	78	土力学教程	孟祥波	30.00
22	流体力学	刘建军 章宝华	20.00	79	土力学	曹卫平	34.00
23	弹性力学	薛强	22.00	80	土木工程项目管理	郑文新	41.00
24	工程力学	罗迎社 喻小明	30.00	81	工程力学	王明斌 庞永平	37.00
25	土力学	肖仁成 俞晓	18.00	82	建筑工程造价	郑文新	38.00
26	基础工程	王协群 章宝华	32.00	83	土力学(中英双语)	郎煜华	38.00
27	有限单元法(第2版)	丁科 殷水平	30.00	84	土木建筑CAD实用教程	王文达	30.00
28	土木工程施工	邓寿昌 李晓目	42.00	85	工程管理概论	郑文新 李献涛	26.00
29	房屋建筑学(第2版)	聂洪达 郄恩田	48.00	86	景观设计	陈玲玲	49.00
30	混凝土结构设计原理	许成祥 何培玲	28.00	87	色彩景观基础教程	阮正仪	42.00
31	混凝土结构设计	彭刚 蔡江勇	28.00	88	工程力学	杨云芳	42.00
32	钢结构设计原理	石建军 姜袁	32.00	89	工程设计软件应用	孙香红	39.00
33	结构抗震设计	马成松 苏原	32.00	90	城市轨道交通工程建设风险与保险	吴宏建 刘宽亮	75.00
34	高层建筑施工	张厚先 陈德方	32.00	91	混凝土结构设计原理	熊丹安	32.00
35	高层建筑结构设计	张仲先 王海波	23.00	92	城市详细规划原理与设计方法	姜云	36.00
36	工程事故分析与工程安全(第2版)	谢征勋 罗章	38.00	93	工程经济学	都沁军	42.00
37	砌体结构	何培玲	20.00	94	结构力学	边亚东	42.00
38	荷载与结构设计方法(第2版)	许成祥 何培玲	30.00	95	房地产估价	沈良峰	45.00
39	工程结构检测	周详 刘益虹	20.00	96	土木工程结构试验	叶成杰	39.00
40	土木工程课程设计指南	许明 孟茁超	25.00	97	土木工程概论	邓友生	34.00
41	桥梁工程(第2版)	周先雁 王解军	37.00	98	工程项目管理	邓铁军 杨亚频	48.00
42	房屋建筑学(上:民用建筑)	钱坤 王若竹	32.00	99	误差理论与测量平差基础	胡圣武 肖本林	37.00
43	房屋建筑学(下:工业建筑)	钱坤 吴歌	26.00	100	房地产估价理论与实务	李龙	36.00
44	工程管理专业英语	王竹芳	24.00	101	混凝土结构设计	熊丹安	37.00
45	建筑结构CAD教程	崔钦淑	36.00	102	钢结构设计原理	胡习兵	30.00
46	建设工程招投标与合同管理实务	崔东红	38.00	103	土木工程材料	赵志曼	39.00
47	工程地质	倪宏革 时向东	25.00	104	工程项目投资控制	曲娜 陈顺良	32.00
48	工程经济学	张厚钧	36.00	105	建设项目评估	黄明知 尚华艳	38.00
49	工程财务管理	张学英	38.00	106	结构力学实用教程	常伏德	47.00
50	土木工程施工	石海均 马哲	40.00	107	道路勘测设计	刘文生	43.00
51	土木工程制图	张会平	34.00	108	大跨桥梁	王解军 周先雁	30.00
52	土木工程制图习题集	张会平	22.00	109	工程爆破	段宝福	42.00
53	土木工程材料	王春阳 裴锐	40.00	110	地基处理	刘起霞	45.00
54	结构抗震设计	祝英杰	30.00	111	水分析化学	宋吉娜	42.00
55	土木工程专业英语	霍俊芳 姜丽云	35.00	112	基础工程	曹云	43.00
56	混凝土结构设计原理	邵永健	40.00	113	建筑结构抗震分析与设计	裴星洙	35.00
57	土木工程计量与计价	王翠琴 李春燕	35.00				

请登陆www.pup6.cn免费下载本系列教材的电子书(PDF版)、电子课件和相关教学资源。

欢迎免费索取样书,并欢迎到北大出版社来出版您的大作,请登www.pup6.cn在线申请样书和进行选题登记,也可下载相关表格填写后发到我们的邮箱,我们将及时与您取得联系并做好全方位的服务。

联系方式:010-62750667、donglu2004@163.com、linzhangbo@126.com,欢迎来电来信咨询。